国际时尚设计丛书·服装

国际服装立裁设计

美国经典立体裁剪技法
（基础篇/提高篇）（原书第4版）

［美］康妮·阿曼达·克劳福德　著

周　莉　译

国家一级出版社　中国纺织出版社　全国百佳图书出版单位

内 容 提 要

本书是引进美国的经典服装类版权图书。内容全面、详细，包括立体裁剪概述，上衣原型、裙子、罩衫、裤子、针织衫、连衣裙、礼服裙等款式的立体裁剪，并介绍了服装各部位的个性化立体裁剪设计和板型修正方法。书后附有尺码换算表。

全书图文并茂、由浅入深、裁剪步骤详细，从基本款到高级时装和斜裁设计均有分步骤图解说明，详细讲解了处理和利用不同面料的立裁设计。书中涵盖很多经典实用的设计原则和对当前流行廓型的分析。本书适合服装设计师、服装制板师、高等院校纺织服装专业学生和服装爱好者阅读学习。

原文书名：The Art of Fashion Draping

原作者名：Connie Amaden-Crawford

ⓒ Fairchild Books，2012

This translation of The Art of Fashion Draping is published by China Textile & Apparel Press by arrangement with Bloomsbury Publishing Inc. All rights reserved.

本书中文简体版经Fairchild Books授权，由中国纺织出版社独家出版发行。

著作权合同登记号：图字：01-2013-2362

图书在版编目(CIP)数据

国际服装立裁设计：美国经典立体裁剪技法：基础篇/提高篇/（美）康妮·阿曼达·克劳福德著；周莉译.—北京：中国纺织出版社，2018.6（2022.8 重印）

（国际时尚设计丛书.服装）

书名原文：The Art of Fashion Draping

ISBN 978-7-5180-4940-0

I. ①国… Ⅱ. ①康… ②周… Ⅲ. ①立体裁剪—美国②服装设计—美国 Ⅳ. ① TS941.631 ② TS941.2

中国版本图书馆 CIP 数据核字（2018）第 079337 号

责任编辑：张晓芳　朱冠霖　　特约编辑：张一帆
责任校对：楼旭红　　责任印制：何　建

中国纺织出版社出版发行
地址：北京市朝阳区百子湾东里A407号楼　邮政编码：100124
销售电话：010－67004422　传真：010－87155801
http://www.c-textilep.com
中国纺织出版社天猫旗舰店
官方微博 http://weibo.com/2119887771
北京华联印刷有限公司印刷　各地新华书店经销
2018年6月第1版　2022 年 8 月第 2 次印刷
开本：889×1194　1/16　印张：31.25
字数：480千字　定价：128.00元

前　言

　　《国际服装立裁设计》（原书第 4 版），有助于通过立体裁剪技法的学习提高设计水平，适用于服装专业教师、学生和服装设计相关人士。本书从立体裁剪基本原理入手，讲解了基本款式的立体裁剪技法、系列款式的立体裁剪技法、变化款式的立体裁剪技法及应用。第 4 版的出版，仍然延续通俗易懂的表达方式和循序渐进的步骤演示图解，以期为设计师在原创和专业技术上提供指导作用。同时，本书内容涵盖了最新立体裁剪方法的系统训练。新版本中，所有的内容都更新了，还用颜色更严谨地注明了每一步的具体操作细节。

　　新版增加了 15 个原创设计，100 张技法图解。第 13 章裤子设计部分，关于裤子腰线和裤型，增加了很多的细节介绍。第 14 章针织衫设计部分，涉及针织伸缩和回弹率及更多变化因素。裙子设计分成两个部分，第 18 章连衣裙设计和第 19 章礼服裙设计，着重区分日间穿着和夜间穿着。增加的章节目标，标明了相关的教学重点。

　　新版的出版，主要目的是更新设计和提供新的立体裁剪方法。增加了以下内容：袖窿公主线连衣裙和落肩公主线上衣设计（第 9 章），无省设计的上衣和裙子（第 10 章），六片加褶裙（第 12 章），两省设计的裤子基本纸样（第 13 章），一字领 T 型针织衫、不对称包裹式针织裙、针织窄腿裤（第 14章），波浪领和原身出领（第 15 章），短上衣、一片袖、二片袖、宽松外套（第 16 章），露肩连衣裙（第 18 章），高腰挂脖礼服裙和悬垂褶礼服裙（第 19 章）。

　　第一部分，立体裁剪的介绍，读者逐渐理解面料的经纱方向在进行立体裁剪创作中的重要性，如何在人台上进行基本操作，如缝份预留和对位点的讲解非常透彻。也讲解了用到的所有工具和设备，以及一系列专业术语。

　　第二部分，通过讲授基本纸样，阐述立体裁剪的原理和方法。上衣原型、裙原型、袖原型、外套基本纸样和廓型变化基本纸样的立体裁剪操作，可以很生动地理解如何在人台上熟练操作、精确造型和完美呈现出服装的技巧。这种完成简单设计的直观视觉感受和触感，是平面裁剪所无法体会的。

　　在第二部分循序渐进的讲解中，我们理解了纱向、省、塔克褶和普里特褶在造型中的重要作用，以及松量、造型腰线和纸样平衡关系。袖原型也包含在此部分，为了更快更好完成袖片，先平面绘制袖原型，然后在完成其他部分设计的人台上，再进行调整、松量匹配和别合。外套基本纸样部分更新为外套基本纸样和廓型变化基本纸样，重点是掌握几款外套的造型和立体裁剪操作方法。

　　掌握好基本纸样的操作方法和应用变化，是学好立体裁剪理论的坚实基础。虽然讲解是循序渐进的，但是本版讲解更清晰透彻，专业老师可以选择其中之一或全部原型在课堂上讲授。同时，增加了紧身胸衣的部分，也为高级成衣定制打下一定基础。

　　第三部分，款式变化设计，设计师将学习利用已掌握的基本立体裁剪技术，进行包括上衣变化设计、荷叶边和褶皱设计、公主线设计、无省设计、裙子设计以及袖子变化设计等。训练项目主要是在胸、臀、腰的风格和造型，着重采用活褶、省、碎褶和填充来表达。款式自上而下简洁自然，对面料的把握要松量适度、比例协调和合理搭配。

　　第四部分，提高篇。训练项目是用立体裁剪操作的基本原则和技法，进行创意服装和高级时装设计，前提是有丰富的操作经验和高超的缝制技术。主要包括裤子设计、针织衫设计、领子和领口设计、外套设计、斗篷设计、连衣裙设计（包括斜裁和垂褶连衣裙）等的立体裁剪。通过一步一步的操作，展示操作中的效果和技法运用。

根据读者需求，增加了第 20 章，板型修正方法。本章的重点是使用立体板型修正方法，解决上衣、衬衫、连衣裙、夹克、袖子、针织衫、裙子和裤子的合体度问题。立体裁剪过程中的板型修正，也为试衣模特上的产品板型调整提供参考。评价并修正变化的关键部位，如省，肩缝、侧缝、松量、袖型和裆部造型等。同时，关于廓型、省、公主线和袖子活动量的调节细节，也在本章做了详细讲解。

这本书，是服装设计和高级时装设计专业的优秀教材，既可以作为服装设计学生的入门课程，也可以作为立体裁剪爱好者的学习教程。总之，《国际服装立裁设计》这本书，有助于培养每一个人对服装设计的学习兴趣。

多年从事服装设计、产品设计和服装教学的经验，使我深深体会到好的设计作品必须要有扎实熟练的立体裁剪技术。非常期望通过本书的学习，能够打下坚实的操作基础，可以帮助读者在服装设计领域取得成功。

著者

目　录

基础篇

第一部分

立体裁剪概述

很多设计师喜欢用立体裁剪的方法来完成设计。在人台上进行立体裁剪，设计师可以直接地调整设计比例、合体度、平衡感和款式线条。直接用面料进行立体裁剪，能更好地激发设计师的创作灵感，掌握面料的形态和用量。

第一部分，讲解了立体裁剪的优势和使用情况；探讨不同服装设计中所使用的面料、纤维、混纺织物、色彩和组织结构；还讲解了立体裁剪使用的工具和设备，布纹与设计的关系，立体裁剪中的专业术语和操作的基本原则。

本部分通过基本的立体裁剪操作技法培养学生规范操作。在掌握这些技法的同时，学生要理解从面料到造型的过程。

第1章

立体裁剪操作原则和技法

» 设计构思
» 面料选择
» 面料元素
» 经纬布纹
» 立体裁剪准备
» 纸样修正原则
» 缝份
» 对位剪口

立体裁剪操作原则和技法

立体裁剪，是指设计师直接在人台或模特上进行面料操作的裁剪技术，用大头针把立体裁剪操作的裁片进行别合形成服装款式的过程。立体裁剪是服装缝制最古老的方式，是面料的一种艺术形式。设计师采用不同的操作技术，往往会产生不同的效果。很多设计师喜欢用立体裁剪的方法来完成设计，是因为用面料进行立体裁剪，能更好地激发设计师的创作灵感，掌握面料的形态和用量。同时，在人台上进行立体裁剪，设计师可以很直接地调整设计比例、合体度、平衡感和款式线条。

立体裁剪的过程就是一个设计构思到造型的过程。下面讲解的立体裁剪操作原则和步骤，对于设计师是非常容易理解的。与平面裁剪相比，在人台或模特上进行立体裁剪的优势在于：

» 立体裁剪便于设计师观察服装在人台或人体上的合体度。

» 立体裁剪便于调整设计细节，比如育克、领型和袖型。

» 立体裁剪便于设计师确定分割线、设计线、领口细节、复杂变化、长度、开口和部件的位置，比如精确到口袋的开口大小和开口位置。

» 立体裁剪便于对省线和缝合线的调整，使设计更完美。

本书阐述立体裁剪操作步骤，从基本款式到高级时装和斜裁设计，都是一步一步图解说明。贯彻于全书的步骤讲解，有助于设计师理解立体裁剪操作原则。本书还对处理和利用不同面料完成设计，进行了全面的讲解。

书中的设计原则对当前流行廓型的分析，有助于设计师对款式的理解，也有助于设计师观察、分析和操作每个款式的细节。掌握立体裁剪操作步骤，是精确设计、规范操作和形成个人设计风格的关键。

通过立体裁剪训练，理解面料处理在整体设计中的视觉影响。一个优秀的设计作品，面料因素非常重要。立体裁剪技法，就是要求设计师在进行特殊造型设计时，要有熟练的操作技能、灵活的手法和特殊的造型能力。通过立体裁剪的运用，柔软的服装面料在色彩和质地上形成丰富的明暗层次。

掌握特殊的立体裁剪技法，结合面料纹理和缝型，以及创新设计都会产生意想不到的立体裁剪技术变革，也是设计师对面料性能和创新风格服装的尝试。

设计构思

原创服装设计是最吸引人的。无论是设计稿或设计构思，通过感官对面料线条和廓型的表达都是直观的。线条、比例、平衡感和设计细节的洞察力，对于选择什么面料进行设计非常重要。同时要具备敏锐的洞察力、娴熟的裁剪和制作技术，在不断的练习中提高选择面料和精确造型的能力，用心体会设计达到理想效果。然后完善设计、调整合体度、修正样板和复制左半身。同时，坚持研究服装杂志上的设计作品、经常逛逛精品店来激发设计灵感和促进专业学习，要想设计丰富、创作源源不断，就必须具备扎实的专业知识。

一个成功的设计要具备至关重要的三个要素：

① 服装要与目标顾客的风格、形象、年龄、着装场合以及生活方式一致。

② 服装的品质要与面料和结构保持一致。

③ 服装的色彩和细节要有设计美感。

图1-1

时尚先锋

要理解服装设计，就要了解时尚先锋和设计师对激发和引领流行趋势所起的重要作用。时尚作为历史发展的一部分，有轮回或再现过去的功能。20世纪的时装设计可以很轻易地归功于技术发展。这些技术极大影响了面料设计和处理方式，也影响了时装设计师将基础技术转变成新设计应用在面料的处理方式上。面料处理的视觉元素和合理搭配，是设计师必须清楚的。设计师查尔斯·沃斯（Charles Worth）、玛德琳·维奥内特（Madeleine Vionnet）、格蕾夫人（Madame Alix Gres）、莲娜丽姿（Nina Ricci）、乔治·阿玛尼（Giorgio Armani）、加布里埃·香奈儿（Coco Chanel）、巴伦夏卡（Cristobal Balenciaga）、梅因布彻（Mainbocher）、克莱尔·麦卡德尔（Claire McCardell）、吉尔伯特·艾德里安（Gilbert Adrian）、于贝尔·德·纪梵希（Hubert de Givenchy）、唐纳·卡兰（Donna Karan）、三宅一生（Issey Miyake）、诺玛·卡玛丽（Norma Kamali）、派瑞·艾磊仕（Perry Ellis），以及时装界泰斗南希·米德福德（Nancy Mitford）和盖·特立斯（Gay Talese）都为新锐设计师搭建好了表现的平台。

确定设计细节

服装杂志会发布每年的流行趋势。分析这些设计作品的趋势，实际是对最新款式的艺术欣赏，是所有设计元素的视觉盛宴。你所具备的专业知识，决定你是否能从设计作品的万般变化中，敏锐地抓住设计灵感。

完美的创新系列设计中，除了有基本的核心款式，还可以延伸设计出很多附加款式，但每一款的设计点要统一。设计点可以是设计线、裁剪线、袖子形状的变化，也可以是裙子的廓型，是修身型还是钟型，长度是短还是长，是侧开口还是前开口或是后开口。设计点主要集中在以下几方面：

» 廓型：基本型、公主线型、无省型、紧身型等。
» 设计线：公主线设计、育克分割线设计等。
» 领线设计：前领口或后领口形状，有高领口、低领口、V领口、圆领口等。
» 省线或褶裥：一个、两个、多个等。
» 丰满度变化：肩部丰满、腰部填充、侧缝发散、设计线型、样板设计风格等。
» 长度：迷你、传统及膝长、长至小腿中部、长及脚踝、拖地长度等。
» 开口：前开口、后开口、侧开口、两个开口或不开口等。
» 袖型：短袖、长袖、克夫袖或无袖、钟型袖、衬衫袖、一片袖、两片袖等。
» 部件设计：领子、袖克夫、门襟、口袋、腰带等，影响服装最终的效果。

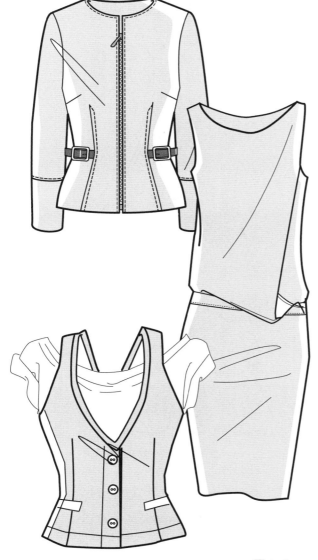

图 1-2

设计元素

服装是三维的，也就是说要立体地去感知。当我们在图纸或杂志上看服装款式时，要清楚我们的观测角度只是二维的形状。设计新款式最基本的概念，就是将所有与款式有关的设计元素完美地结合在一起。设计元素包括色彩、明度、线条、形状和面料质地。

色彩

色彩在款式设计中是受众感受第一位的元素。色彩能体现设计目的、传达情感和引起共鸣。色彩在设计中的使用要谨慎。色彩、面料和款式的完美结合，能使服装凸显着装者的美好体型。从头到脚的色彩组合运用，能最大限度地提升人体高度，对比色能平衡身材比例，中性色能遮挡体型缺陷，深色能使部位显得修长。靠近脸的强调部位和重点设计部位，通常使用明亮的颜色，可产生视觉冲击力。

明度

明度就是指色彩的深浅。明度高的叫浅色，在调色板上会显得跳跃。明度低的叫暗色，在调色板上不太显眼。纯白和纯黑是最强的对比色。色彩中混入暗色（黑、棕、灰、米色），就会在视觉上产生瘦的错觉，使形体更美，浅色则成为视觉亮点。

线条

线条除了指缝合线还有其他设计细节如自然褶、塔克褶、碎褶和开口线所形成的线条感。竖线条的设计会收缩廓型，使形体显瘦，相反横线条会显胖。用向下的斜线设计，会使形体显得瘦而高，向上的斜线设计则相反，会使形体显得胖而矮。有线条图案（曲线、斜线、竖纹、横纹）的面料设计，更能吸引不同的消费者，反映不同的着装心理。比如，曲线表达愉悦和韵律，竖直线显得威严，而水平线表示稳定，斜线则产生跳跃感。

形状

忽略细节的服装外形线就叫作廓型，它只能远观，一个流行周期会集中表现在一个特定的廓型。廓型一般包括沙漏型、A型、H型、V型和钟型，服装的长度不影响廓型。

面料质地

面料，是设计师的设计作品与人体之间的物质基础。选用什么面料进行设计最适合，不仅取决于设计师的经验和洞察力，也来自平时的磨炼和经验总结。除了在面料上用线条图案（如前面所讲），宽松服装也可以用绘画图案的面料进行设计，因为这时形体是次要的，绘画图案的面料是最重要的特征。用丝滑的、柔软的、并且表面反光的面料会使服装产生雕塑艺术的感觉。另外，使用纯度高的颜色，会使服装形态与设计理念结合紧密或者相距甚远。

总而言之，设计师要把面料作为设计作品与人体之间的造型工具，去实现自己的创作。对面料质地、质量、耐磨性、重量、印染和色彩图案的了解，有助于选择最适合的面料进行设计。要做好设计，有几条原则必须遵循，比如，薄面料要减小尺寸，厚面料要增加尺寸。

面料选择

在进行任何立体裁剪操作之前，要了解所使用面料的性能。一件服装面料的选择，很大程度上影响其最终效果。面料质地是否适合是非常重要的，因为这些决定了服装最后的着装效果、耐磨性、价值和舒适性。一个优秀的设计师，不但要了解面料纱线成分、组织结构和最终效果，还要分析、理解结构和放松量设计的关系，以及服装样衣或样板的调整。选用什么面料进行设计最适合，取决于设计师的经验和洞察力，以及平时的磨炼和经验总结。

手感、外观和质地

手感是指面料的触感，面料外观是很难把握的。质地包括重量、条干以及打褶性。不同种类及结构的纤维、纱线和组织结构，会形成不同的面料质地，染色和后整理也一样。

面料质量和重量的选择

在设计中，面料质量和重量的选择非常重要。天然纤维，如棉、麻、丝和毛，有很好的透气性，穿着舒适。柔软的面料显瘦，也使着装者看上去温柔。这样的面料易形成纵向褶，使着装者显得苗条和修长。

粗糙的、反光的或硬挺的面料，如果全身使用的话，会很显眼并且使廓型平庸。如果把这些面料与柔软的面料组合使用，就会给设计带来趣味。在选择最适合的面料的重量时，请牢记薄面料要减少面料的使用量，厚面料要增加面料的使用量。

面料颜色的选择

完善和个性化的设计，需要谨慎选择面料的颜色。色彩有一定的含义，也反映情感。色

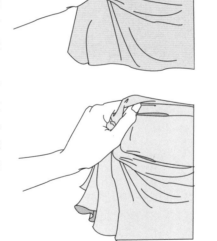

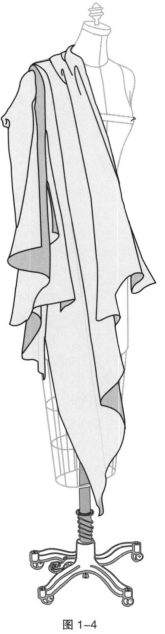

图1-3　　　　　　　　　　　图1-4

彩、面料和款式的完美组合，可以使服装充分呈现身体优势。从头到脚使用流动的色彩，可以最大限度地加长高度，产生修长优雅的形象。色彩对比可以协调身体比例，隐藏缺陷。厚重的颜色会强调细节，格子和印花图案有削弱细节设计的作用。中性色（黑、棕、灰、米）视觉上会很弱化，而浅色和亮色则会吸引视线。因此深色会显瘦，所以"小黑裙"是每个女性衣橱必备品，也是适合任何场合的理想着装。

面料印花的选择

全印花面料结合舒适的廓型，是体现浪漫和简洁风格的最好搭配。面料是竖线条花纹，形体会显瘦，相反横线条花纹，形体会显胖。时下流行的印花图案有：几何形、绘画、植物、花卉、波点和条纹等。

面料元素

面料和我们的生活方式、着装场合和着装目的息息相关。在我们的生活中，运动服装通常使用牛仔面料、平纹针织面料、棉和人造纤维的混纺面料。透明面料会使身体部位暴露，因此绢纱、欧根纱、薄透的棉和针织面料要谨慎使用。晚礼服面料，如雪纺、中国绉、丝绸、巴厘纱和织锦，能完美呈现现代女性的优雅。亚麻、泡泡纱、土织格布、天然棉、灯芯绒、毛和人造纤维机织布，常用于制作实用的、耐磨的和耐穿的服装。

织造技术

面料的质地取决于面料的织造过程和纤维类型。纤维加捻形成纱线，纱线经过机织或针织形成面料，颜色可以染上或印上。最后，通过后整理技术（通常是化学加工）改善面料的外观，使面料的性能满足需要，适合最终用途。

如今，最新面料是有机纤维和高科技机器的结合。这也是新兴面料性能研究的最新进展。初看上去，最新的面料和纱线能再现经典，但是创新的复杂性能表现在后整理中，包括喷绘、硬化、松散、水洗、做旧和变形，这些后整理使面料更鲜亮、更耐磨并且拥有更好的手感。优质的原材料和精细的工艺，赋予面料外观、性能和手感新的感受。比如，被称为"高科技天然纤维"的混纺面料，通常是天然纤维和人造纤维的混合物，可以明显改善面料性能。企业也把天然纤维，诸如开司米、真丝和毛进行混纺，改善面料的重量、起毛现象和保暖性。优质的面料，如开司米、小羊驼毛、马海羔羊毛和纯新羊毛织物，只需要经过简单的后整理，就能呈现出柔软、柔和、骨感、毛感和粗糙的风格。毛、麻、丝与棉或亚麻混纺，也能改善面料服用性能。

混纺面料

混纺面料是指两种以上不同的纤维织在一起，混纺纤维改善了面料的品质。通常在纤维的性能不能满足服用要求时，就需要混纺。比如，棉容易起褶皱，但是它却有很好的吸湿性和柔软性，把棉与具有良好抗皱性能的涤纶混纺，就可以生产出抗皱性和吸湿性良好的柔软面料。现在，在机织和针织面料里加入氨纶是很常见的。科技的发展，混纺面料的种类和数量几乎没有局限，任何纤维都可以混纺。随着天然纤维、合成纤维和人造纤维产品和织造工艺的迅速革新，面料也日新月异。

新的棉织造技术，生产出有光泽和非常柔软的面料。而且，天然纤维也能与合成纤维或其他天然纤维混纺。比如，毛和棉混纺、毛和亚麻混纺的产品在市场上随处可见。新的纤维包括超细纤维，经过超精细的织造使面料非常轻薄、具有高品质的外观和梦幻般的手感。

环保面料

在服装行业，环保理念已经使服装面料产生巨大变革。要求纤维来源于原生态、可回收和有机原材料，纺织品就要来源于原生态的棉、大麻、亚麻、苎麻、竹子、大豆、玉米和纤维素纤维。一种环保的多功能面料正在研发中，利用先进技术从回收的塑料和其他材料中提取有用的原料；不同的染整技术和后整理工艺是研发的关键技术。动植物纤维生产和提取的新技术，对环保纤维、细而柔软的高品质纱线非常重要。

纤维

纤维的选择以及用于这些纤维的生产技术，决定了所生产面料的差异。纤维分为天然纤维和人造纤维。天然纤维来源于植物，包括棉花、亚麻、大麻、苎麻、竹子、大豆、玉米和黄麻。植物纤维，如木浆、竹子、海藻和大豆，经过压榨出汁液和使用化学药剂进一步萃取形成，适合于纺织纱线。天然纤维来自于动物的，包括绵羊毛、安哥拉山羊毛、安哥拉兔毛、骆驼毛和羊驼毛。丝是从蚕茧经过缫丝，抽出的单丝纤维。

人造纤维在自然界是不存在的，它是通过不同化学工艺生产出来的。人造纤维包括醋酸纤维、丙烯酸纤维、尼龙、涤纶、人造丝、氨纶、绒纤维、天丝和人造毛皮。金属纤维是从金、银、铜、不锈钢和铝中抽丝形成。金属纤维通常是缠绕在其他纤维上，再织入面料的。

超细纤维也是人造纤维，他们是比人的头发丝或丝纤维还细的纤维。超细纤维技术生产的面料，看起来像真丝，非常柔软，纹理清晰。也能生产出纤细、轻薄的亚麻织物和耐洗、抗皱的毛织物，同时还有丝一般的手感。最常见的超细纤维是涤纶、尼龙或它们的混纺。

图 1-5

织物结构

从纱线、纤维和长丝形成织物，有不同的织造方法，其中机织和针织是最常见的两种。理解机织和针织的织造原理，就能轻松理解其他织造方法。

机织面料

机织面料包括两组纱线——经纱和纬纱。经纱是长度方向的纱线，纬纱是填充或横向纱线。经纱、纬纱交错，形成不同的组织结构，如平纹织物、斜纹织物和缎纹织物，还有烂花织物、提花织物和加绒织物。机织面料的一个共同点，就是裁剪的边缘容易脱散，织得越松，越容易脱散。通常可通过增加织造的紧度和密度，提高机织面料的耐磨性。

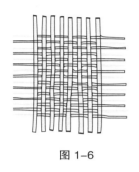

图1-6

图1-7

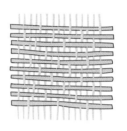

图1-8

平纹织物 经、纬纱交替，沿织造方向上、下排列

斜纹织物 斜纹织物的表面有浮线，一根纬纱至少与两根以上经纱交替，沿织造方向上、下排列

缎纹织物 一根纬纱在上、多根纬纱在下与经纱交替，面料表面比较有光泽

表1-1 机织物

织物名称	轻薄型	适中	厚重型
棉织物	细棉布、雪纺、薄纱、欧根纱、巴厘纱 适合常服和晚礼服，多层设计、里料、打底服装和加固衬料	仿羔皮棉布、印花棉布、绉布（处理后的棉布）、缎纹棉布、牛津布、法兰绒、华达呢、粗布、平纹细布、印花细布、凸纹硬布、泡泡纱、府绸、斜纹布和平绒布 适合运动服、常服、男士衬衫、童装、睡衣、上衣、裙子	锦绒、灯芯绒、锦缎、牛津布、鸭绒、华达呢、提花凸纹布、毛圈布、斜纹布、丝绒、天鹅绒、平绒布 适合晚礼服、运动服、裙子、夹克、睡衣、定制服装、童装
麻织物	用优质的麻纱，不同的组织结构织成纱布和手绢布 适合晚礼服、上衣、裙子	用中等重量的麻纱，不同的组织结构织成中厚的麻织物 适合裙子、上衣、礼服、童装	用厚重的麻纱，不同的组织结构织成厚重的麻织物 适合裤子、定制服装、运动服、夹克、套装、外套

织物名称	轻薄型	适中	厚重型
丝织物	雪纺、加萨尔、乔其纱、网格纱、薄纱、丝绸、麻纱、中国丝绸 适合常服和晚礼服、上衣、裙子和衬料	双绉、软缎、绸缎、天鹅绒、针织牛津布、提花织物 适合连衣裙、晚礼服、飘逸的裤子。双绉还适合常服、裙子、夹克	双宫绸、府绸、斜纹、粗花呢、生丝 适合定制服装、裤子、运动服、晚礼服
毛织物	细呢绒、印花毛料 适合晚礼服、礼服、围巾、裙子、短上衣、裤子	法兰绒、华达呢、人字呢、斜纹呢、印花呢、粗花呢、精纺（绒面呢） 适合男女套装、男女外套、定制服装、裙子、裤子、运动服、户外服、运动外套	罗登呢、粗花呢、麦尔登呢 适合所有外套
新型天然纤维（苎麻、大麻、竹）织物	用轻薄的纱线，不同的组织结构织成轻薄的织物 适合晚礼服、礼服、围巾、裙子、短上衣、裤子	用中等重量的纱线，不同的组织结构织成中厚的织物 适合男女套装、男女外套、定制服装、裙子、裤子、运动服、户外服、运动外套	用厚重的纱线，不同的组织结构织成厚重的织物 适合所有外套
合成纤维（粘胶人造丝、莫代尔、竹纤维、天丝）织物	用轻薄的纱线，不同的组织结构织成轻薄的织物 适合晚礼服、礼服、围巾、裙子、短上衣、裤子	用中等重量的纱线，不同的组织结构织成中厚的织物 适合男女套装、男女外套、定制服装、裙子、裤子、运动服、户外服、运动外套	用厚重的纱线，不同的组织结构织成厚重的织物 适合所有外套
人造纤维（尼龙、醋酸纤维、丙烯酸纤维、聚酯纤维和氨纶）织物	用轻薄的纱线，不同的组织结构织成轻薄的织物 适合上衣、裙子、礼服、内衣、晚礼服	用中等重量的纱线，不同的组织结构织成中厚的织物 适合上衣、裙子、礼服、晚礼服、裤子、新娘礼服	用厚重的纱线，不同的组织结构织成厚重的织物 适合运动服、上衣、裙子、定制服装、大衣、外套

注　混纺面料是由两种以上的纤维，经过组合、加捻、纺织而成，可以改善面料的很多性能。混纺面料中，所占比例最大的纤维决定了面料的性能特征，也是其主要构成成分。例如，70%的棉纤维和30%的聚酯纤维混纺后，面料的性能特征就接近棉织物。随着科技的进步，混纺面料的种类多而丰富。具体参照上表，不同重量的织物有不同的性能和用途。

蕾丝面料：从古至今，棉、麻、丝和金属丝都常用于制作蕾丝面料，丝线间相互缠绕、扭结和交错，形成镂空通透的图案。现在，很多混纺纤维也用来制作松散的机织蕾丝，比较轻薄。

针织面料

针织面料的结构是由纱线线圈的相互圈套形成，一般分为两种。

纬编针织物是指由一根纱线运行圈套而成。经编针织物是指在面料的长度方向，由一组纱线形成一列一列的线圈。可以改变针织物的针迹和线圈，形成不同的面料图案。针织面料的一个最重要的特征，就是弹性大。弹性的大小和方向（一个方向或两个方向），取决于织造时线圈的运行情况。具体参看第14章，针织物的设计部分所讲解的回弹率。

针织面料的外观，与其织造方式息息相关。针织物的性能，也与使用的纤维性能大致相同。纤维的种类、重量、性能和图案，使得针织面料也变化丰富。在服装设计中，可以匹配合适的针织面料进行制作。

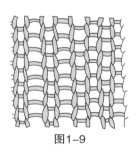

图1-9

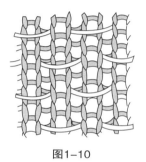

图1-10

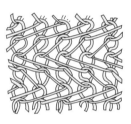

图1-11

单面针织物

沿面料宽度方向，只有一排针形成线圈。单层毛衫可以织出不同厚度，不同于双面针织物，经向只有20%的弹性。单面针织物在正面有经向骨感，反面有纬向的纹理，常用于T恤衫

双面针织物

需要用两组针，在面料的正、反面排列形成线圈。双面针织物一般比较厚，有较好的骨感能依身塑型

经编针织物

是指有些线圈穿插在长度方向的针织物。经编针织物通常使用性能优良的纱线，常常用来制作束身衣。经编针织物的正面，有经向骨感和纬向纹理

表1-2 针织织物

织物名称	纤维构造	适用品类	手感和面料特征	
双面针织物	涤纶、棉、毛、丝、人造丝和莱卡	时尚T恤和常礼服	硬挺、平服、牢固。不适宜做柔软的褶，保型性优良	
双罗纹织物	尼龙、直丝涤纶和棉	时尚T恤、腰部松紧带裤子和裙子、常礼服	平服顺滑，正反面一样。若抽褶或配以松紧带，则造型突出，柔和流畅	
提花针织物	涤纶或尼龙、丝、聚酯纤维混纺	时尚T恤、有分割线的紧身裙	表面纹理特别突出，自然流畅	
运动针织物	涤纶、棉、毛、丝、涤纶混纺	时尚T恤、常礼服	不适宜做柔软的褶，保型性优良	
米兰尼斯经编针织物	尼龙	甜美的短上衣和裙子、腰部松紧带裙子	丝滑般感受，边线不会卷曲，其纬向有弹性、经向没有弹性。若抽褶或配以松紧带，则造型突出，柔和流畅	
拉舍尔经编针织物	人造毛、毛、棉、涤纶	宽松、飘逸的夹克	模仿钩针，形如蛋挞。外观柔软，廓型流畅	
凸条花纹针织物	人造毛、棉、涤纶	领圈、袖克夫、夹克下摆边	伸缩性很强，易于造型。纬向的伸缩率和回弹率都很高	
单面针织物	所有纤维，特别是人造毛、棉、丝、涤纶	时尚T恤和简洁的裙子	正面平服，反面有线圈的针织物。其纬向弹性大、经向弹性小。不适宜做柔软的褶，保型性优良	
氨纶和莱卡针织物	氨纶或莱卡、人造丝和尼龙金属丝的混合	极限运动服装、泳装	非常高的伸缩率和回弹率，紧贴人体、随身造型	
经编针织物	尼龙、棉	家居服和内衣，如裤子、吊带衫、睡衣	几乎都是中厚型针织物，不适宜做柔软的褶。抽褶或配以松紧带，造型突出，柔和流畅	

经纬布纹

要熟练和准确地进行立体裁剪操作，就要了解织物结构的基本常识。布纹方向就是面料的纱线方向。当你在人台上进行立体裁剪操作或款式制作时，不同的布纹方向呈现出不同的风格。

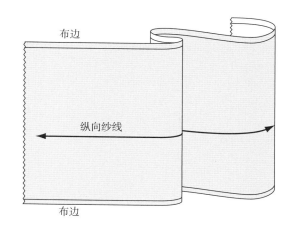

纵向纱线（直丝）

面料的纵向纱线通常是与布边平行，也叫经纱。布边在面料的两边织得很结实，布边不容易磨损，是沿长度方向最结实的经纱，经纱比纬纱的伸缩小。纵向纱线通常在服装设计中作为身长方向。

横向纱线

横向纱线是指与经纱垂直方向的纱线，从布边的一头到另一头。横向纱线也叫填充纬纱或纱线。机织物的纬纱比经纱柔软。纬纱在服装设计中常用于围度方向，使服装显得丰满。在立体裁剪操作中，纬纱通常与地面平行。

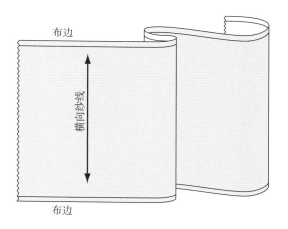

斜丝

斜丝比直丝和横丝的弹性都大。要确定斜丝方向，把直丝折叠与横丝重合，形成刚好45°的折痕就是斜丝方向。设计师用斜丝形成服装的轮廓线，会随身下垂且不需要设计省道。

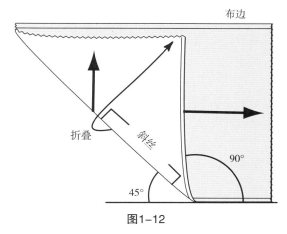

图1-12

立体裁剪准备

布纹整理

立体裁剪前，检查面料的经纱和纬纱是否成90°。布纹整理就是调整经纱和纬纱垂直的过程。如果面料的经纱和纬纱有变形，就要调整纱线的方向。

可以把两个布边折叠检查是否需要调整。在布边上每隔5.1cm（2英寸）打剪口，来消除布边的紧密度。用大头针把布边别在一起（包括折痕线），然后沿着斜丝方向缓慢地拉伸。重复拉伸变形直到面料平复，纬纱和经纱的夹角成90°。

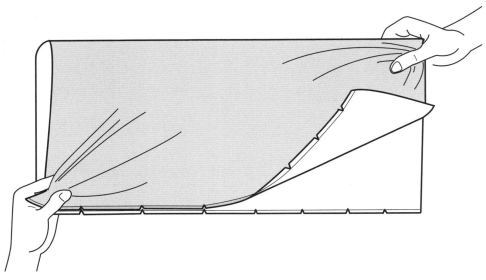

图1-13

坯布

有的设计师进行立体裁剪操作时直接用成衣面料，但是更多的设计师在立体裁剪中常使用坯布。坯布是原色粗疏纱线的平纹织物，有不同质量之分，结构上也有柔软和粗糙差别。坯布的经纬纱线清晰，常常用来进行机织服装的立体裁剪操作用布。用坯布做试验也避免浪费成衣面料，坯布的品质和手感应和所设计服装面料一致。初学者应该选用不同厚薄、柔软不变形的坯布进行设计练习。

» 柔软的坯布可以替代真丝或人造丝、内衣面料和轻薄棉织物。
» 中厚坯布可以替代毛织物、中厚棉织物。
» 粗糙坯布可以替代厚重的毛织物和棉织物。
» 帆布可以替代牛仔布、皮革和仿皮革织物。

纸样修正原则

所有的设计师，都应该熟悉人体，可以自如地进行裁剪和试穿，并且要清楚经、纬纱线的状态。经、纬纱线的走势，包括侧缝线的斜度，都是设计师进行前、后衣片平衡调节的对象。如果经纬纱歪斜，服装缝制后就容易扭转、牵扯和堆积。经纬纱调整平衡的衣片，放在人台或穿在身上时，服装自然下垂，不会前后扭转。

下述的条目，有助于认识和理解立体裁剪的操作要领，知道影响服装样板调整的因素。这些操作规则可以帮助设计师更加简便、有效地修正样板。

保持平衡（探索性理论）

当进行立体裁剪的设计时，可以参照下述规则：

» 前中线、后中线沿经向线。

» 前片的胸围线是纬向线，胸围线下的部分自然下垂。

» 后片的横背宽线是纬向线，横背宽线下的部分自然下垂。

» 在前片上，公主线的中心平衡线是经向线，平行于前中线，这样前、后侧缝就能保持一致。

» 袖窿弧线呈马蹄形，前、后袖窿要平衡，后袖窿比前袖窿长1.3cm（$\frac{1}{2}$英寸），这样袖片和袖窿就能完美匹配。

» 前腰线比后腰线长1.3cm（$\frac{1}{2}$英寸）。

» 前侧缝线、后侧缝线斜度和形态一致，同时前中线、后中线平行。

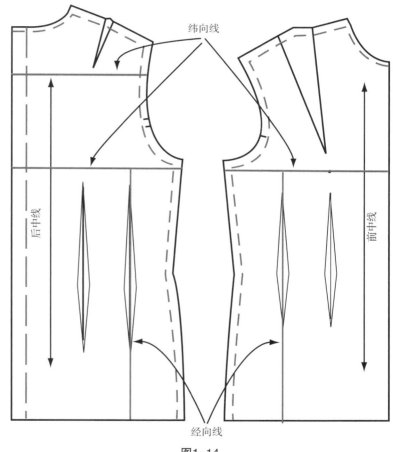

图1-14

注　调整纸样，把服装放回人台或穿着时，侧缝顺直，整件服装不会前后扭转。

缝份

完成立体裁剪后，设计师要在缝制的净线外加缝份量。所有的缝份，最终都是把各部位连接在一起的。缝份的多少，取决于缝制的部位和生产成本预算。通常在服装行业使用的缝份大小，如下所示：

» 传统缝份量的大小：1.3~2.5cm（$\frac{1}{2}$~1英寸）。

一般的部位，如腰线、肩线、袖窿弧线、裤子内缝、侧缝线、设计线、袖缝和袖克夫线，都是传统缝份量1.3~2.5cm（$\frac{1}{2}$~1英寸）。

» 缝份变化：0.6cm（$\frac{1}{4}$英寸）。

领子、过面和领口线，只加0.6cm（$\frac{1}{4}$英寸）的缝份。

注 缝制后，可以节省修剪缝份的时间。

» 开口装拉链和门襟处的缝份：2.5cm（1英寸）。

这些缝合处，装拉链用于调整合体度或者改变造型，需要加2.5cm（1英寸）的缝份。

» 裙子、衬衫和上衣的下摆处的缝份：需要加2.5cm（1英寸）的缝份。

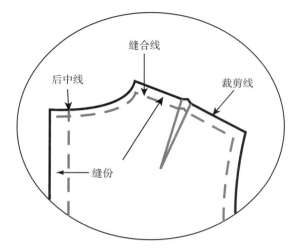

图1-15

图1-16

特殊缝合处

加0.6~2.5cm（$\frac{1}{4}$~1英寸）的缝份

有些服装需要特殊的缝制线迹，如睡衣和针织服装，需要加0.6cm（$\frac{1}{4}$英寸）、1.3cm（$\frac{1}{2}$英寸）、1.9cm（$\frac{3}{4}$英寸）和2.5cm（1英寸）不等的缝份。

» 法式缝线，加1.2cm（$\frac{1}{2}$英寸）的缝份。
» 腰带或装饰带缝线，加1.9cm（$\frac{3}{4}$英寸）的缝份。
» 要锁边的针织服装缝线，加0.6cm（$\frac{1}{4}$英寸）的缝份。
» 装拉链处的缝线，加2.5cm（1英寸）的缝份。

对位剪口

对位剪口，是标注在布料或纸样边缘的标记，表明裁片间对应的位置需要对齐。对位剪口标记于布料或纸样的不同部位，如侧缝、前中线或后中线。也可以标记在设计细节上，如省、褶裥或碎褶上。依据如下操作，正确标记对位剪口。

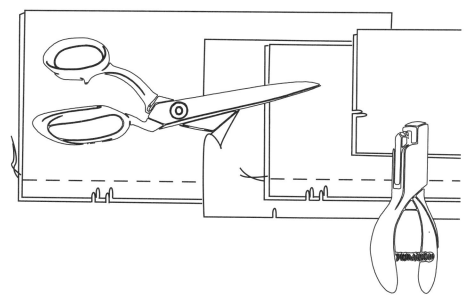

图1-17

统一对位剪口

1 前中线位置：所有的服装，如上衣、原型、裙子和裤子的前中线都需要标记对位剪口（单剪口），包括中心折线。

2 后中线位置：区分后片（双剪口）。
所有的服装，如上衣、原型、裙子、裤子和领子的后中线都需要标记对位剪口。
注　裁片的形状都很相似，而且中心都有折线，用单、双剪口容易区分前、后片。特殊的部位也需要打对位剪口，如有拉链的上衣、松紧腰的裙子、领面和领底。

3 肩缝位置：领子、袖子和育克与肩缝对应的位置。

4 侧缝位置：与腰头缝合的所有侧缝线位置。

5 袖窿弧线：前片打单剪口，后片打双剪口。

6 袖山位置：前片打单剪口，后片打双剪口，肩线上打单剪口。

7 设计线位置：前片打单剪口，后片打双剪口。

8 所有的折痕线：下摆、褶、省和过面的折痕线，都需要打对位剪口。

统一打对位剪口的实例

因为在每一片裁片上打对位剪口是要计入成本的，虽然预算很低，但这项工作还必须做好。尽管没有标准，也需要做统一的对位剪口。

» 剪口必须一对一，或者一个剪口与缝线对应。

» 打剪口区分前、后片。

» 剪口的中心不能在设计线上。

» 剪口不要把裁片剪开。

» 缝合对位剪口很重要。所有要缝合在一起的裁片都需要打缝合对位剪口，总之，就是表明要"缝合在一起"。

» 剪口用来标记省的缝合量。

» 剪口用来标记在衣片上抽褶的位置，在另一片上缝合的位置。

» 0.6cm（$\frac{1}{4}$英寸）缝份处不要打剪口，这种缝份的部位易辨识。后片打双剪口，表示后片与后片缝合，主要部位有1.3cm（$\frac{1}{2}$英寸）缝份处、袖山、袖窿弧线、拉链处。

» 在条件相对较好的工作室，领底、过面和后中折线也会打双剪口。

» 设计师要了解和使用一套统一的打剪口方法。

» 所有剪口的形状要与部位匹配。

> **日常练习**
>
> 日常练习中，一般不在缝份上打剪口。只在简单的裁片上打剪口，是为了降低成本，或者直接在生产车间打剪口，因为缝制工知道缝份的多少，所以简单打剪口进行缝制是可行的。但是在条件好一些的工作室，他们更愿意统一打剪口。

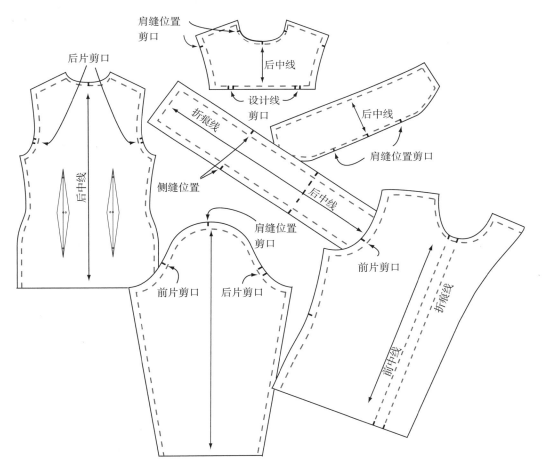

图1-18

第2章

立裁人台、工具和专业术语

» 立裁人台
» 立裁工具和设备
» 立裁专业术语汇总表

立裁人台、工具和专业术语

本章着重描述立体裁剪人台、工具和设备的重要性。对立体裁剪专用工具和设备进行细分，明确布纹以及对设计的影响，汇总专业术语，总结立体裁剪操作的基本要领。

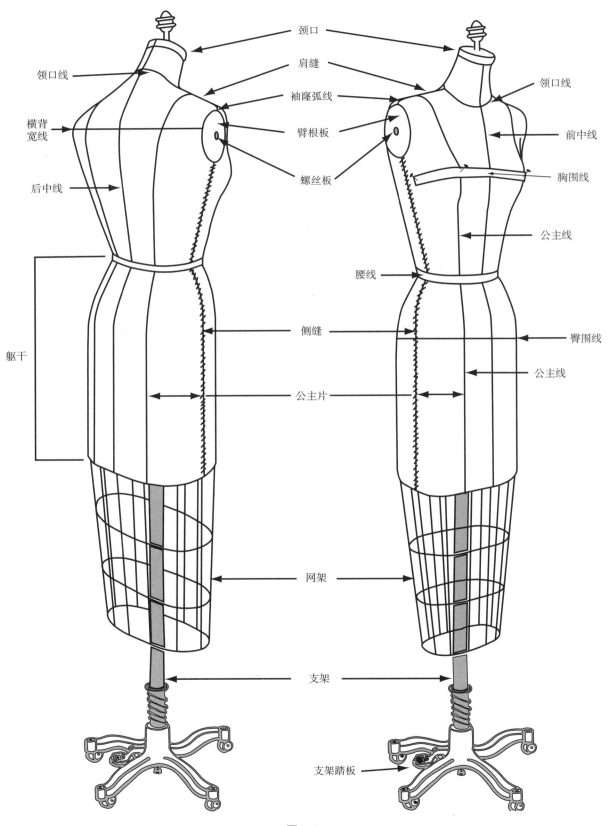

图2-1

立裁人台

在立体裁剪中，用平面的布料在人台上进行操作，制作出符合人体曲线的服装，是款式构想在人体上最直观的表现。面料经过整理、裁剪、别合、拓印轮廓线，就可获得想要的板型。通常面料的直丝是沿着前中线或后中线竖直向下的，横丝是沿着设计的围度方向。一个斜裁的款式通常比较容易造型，面料也更服帖。

市面上有不同种类的人台，设计师要选用几个主要生产商的人台。初学者和设计师通常选用表面用棉布包覆的人台（如图所示）。这种人台可以转动，支架可以调节高低，和人体形态非常吻合。这种人台也很坚固有弹性，容易插入大头针，其左右对称完美。

服装生产企业用这种人台进行立体裁剪、完善基础样板和原创设计。样衣经过试穿、反复调整、在人台上进行确认。然而，购买人台还有很多的考虑因素，涉及人台的造型、尺寸和比例。生产人台的厂商必须品种丰富，因为基础款式和扩展款式，与其目标顾客数量是成正比的，还不包括其他变化因素。

下图所示人台的尺寸，是针对某个具体的或特定的生产商的要求制作的。在本书中，立体裁剪的实例是以理想人台为基础的。但是，所有的操作技术适合于任何人台和造型。每年，人台都会依据政府的标准和廓型趋势进行更新，无论如何，新出售的人台都要进行校准、调整、平衡肩线和侧缝。

人台手臂

用坚固填充料和帆布制作的手臂，可以用来进行袖子的立体裁剪。人台生产商也单独出售可拆式的手臂，然而这种手臂通常比较僵硬，对于贴体服装很难操作。因此设计师自己制作大、中、小号的手臂，方便实用。翻到第5章，有关于制作手臂的材料和板型。

图2-2

专业人台

　　标准的系列人台适合不同人群，如少女、儿童、青少年、女士、男士。人台还有裤子人台和其他专业人台，服装生产企业根据自己的需求选用，人台的选择依据服装品种、合体度和体型特征。如图、表所示，除了市面上常常采用的8号和10号人台，还介绍了其他专业人台。

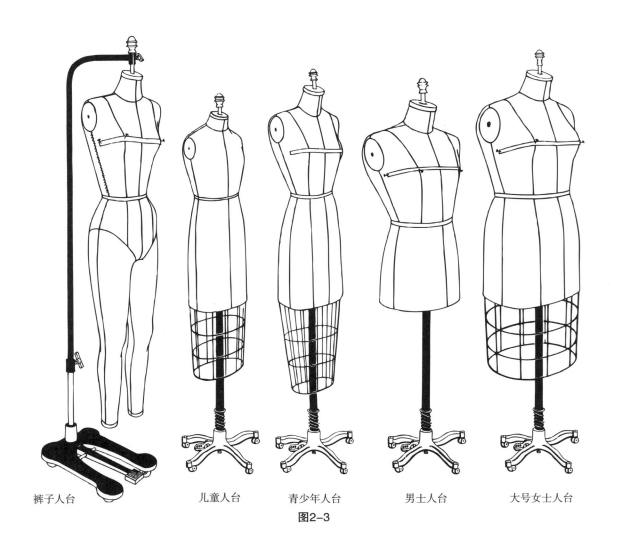

裤子人台　　　　　儿童人台　　　　　青少年人台　　　　　男士人台　　　　　大号女士人台

图2-3

表2-1 人台生产商

公司名称	联系方式	产品
阿尔瓦公司 艾尔朗国际集团	145 W. 30th St. Suite 1000 纽约，NY1001 212.868.4318 www.alvanon.com	标准人台 ASTM标准的V体型人体模型
服装礼仪公司	7344 N. Monticello. Ave. 斯科基（美国），IL60076 847.676.1510 www.dressriteforms.com	各种材质的人台 定制人台
精致优雅公司 视觉营销国际集团	33 33rd Street 布鲁克林（美国），NY11232 800.853.9644 www.fabulous.com	各种材质的人台 内衣人台 可变尺寸伸缩人台
现代模特公司 伯恩斯坦影视集团的分公司	151. W. 25th St. #1 纽约，NY1001 212.337.9579 www.bernsteindisplay.com	各种材质的人台 时装人体模型 影视人体模型
PGM—专业的国际集团	5041-5047 Heintz St. 鲍尔温苹果公园，CA91706 888.818.1991 www.pgmdressform.com	各种材质的人台 举办学生比赛免费赢取人台
罗尼兄弟皇家公司	39 Harriet Place 林布鲁克（美国），NY11563 518.887.5266 www.ronis.com	各种材质的人台 各式宠物时装模型
超模公司	126 W.25th St. Ground Floor 纽约，NY1001 212.947.3633 www.superiormodel.com	各种材质的人台 古装剧影视人体模型
野狼国际集团	P.O.Box 510 17 Van Nostrand Avenue 恩格尔伍德（美国），NJ07631-4309 201.567.6566 www.wolfform.com/home.html	各种材质的人台 特体时装人体模型 随时更换磨损的人台表面

在人台上进行面料的立体裁剪

对称设计的立体裁剪

进行对称设计的立体裁剪时，两边要完全一致，因此只需要做半身的立体裁剪。在传统的立体裁剪中，用人台的右半身做前片、左半身做后片。

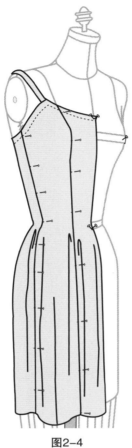

图2-4

斜裁设计的立体裁剪

斜裁设计是指布料贴服在人台上，有柔和的褶裥装饰部位均采用斜丝的设计，需要进行左右身的特殊立体裁剪。斜裁设计的弹性很大，可以随身贴体造型而不需要省结构。也可以用斜裁做兜褶，如斗篷式设计。

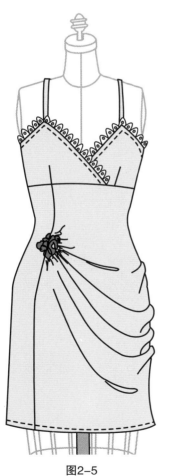

不对称设计的立体裁剪

不对称设计常常用在漂亮的套裙、连衣裙和上衣上，左、右半身都需要进行独立的立体裁剪。

图2-5

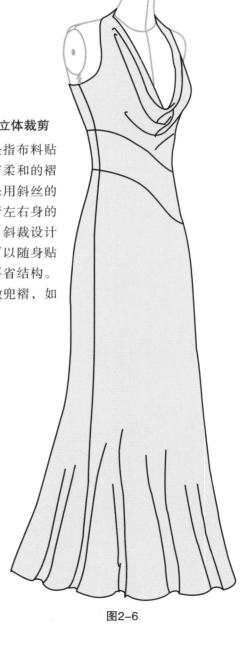

图2-6

贴胸带

在很多设计中，需要在人台上贴胸带，便于操作合体型服装。胸带在人台上的作用，如同人们穿着的抹胸，也叫抹胸带。

① 在人台左侧的公主线上，固定胸带。

② 沿胸围线绷紧胸带，在前中线处不要贴在人台上。

③ 在人台右侧的公主线上，固定胸带就算完成。

注　胸带要绷紧并准确固定。

④ 固定胸高点并做标记（胸高点是胸围线与公主线的交叉点）。

袖窿弧线的平衡

袖窿弧线与袖板形状高度一致，可以通过旋转肩线和侧缝进行调节，然后用马克笔做标记。

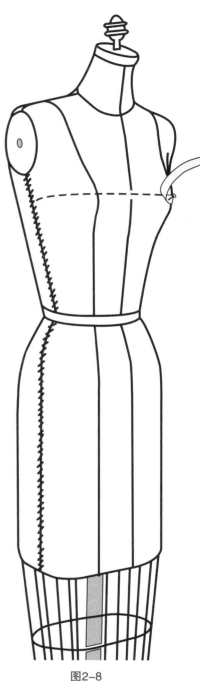

图2-8

袖窿深

有些人台没有传统的袖板，因此需要确定腋下点位置。如图所示，沿侧缝线从腰围处向上测量，根据袖窿深的设计效果确定侧长并固定为腋下点。通常，8号和10号的侧长是21.6cm（$8\frac{1}{2}$英寸），其他型号可以以0.6cm（$\frac{1}{4}$英寸）为档差进行调整。

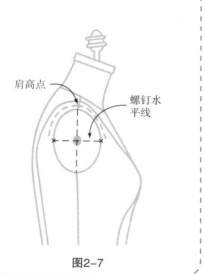

肩高点

螺钉水平线

图2-7

立裁工具和设备

立体裁剪需要一些基本的工具和设备，用于裁剪、测量、标记和拓板等操作，要随时准备好基本的工具与设备，便于使用。

锥子　一端是金属材料，直径大约是0.3cm（$\frac{1}{8}$英寸），长8~20cm（3~8英寸），另一端握柄则是木质的。通常用于省宽处、钉扣处、口袋位置、腰带孔、剪口处、经纱、特殊设计细节，用锥子在表面或里层扎眼，眼孔要干净、尖细。

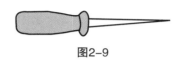

图2-9

45.7cm（18英寸）树脂打板尺　打板尺宽5.1cm（2英寸），平均分成0.32cm（$\frac{1}{8}$英寸）的方格，刻度清楚，拓板和加缝份时非常方便。

图2-10

法式曲线板　一般长25.4cm（10英寸），螺旋形状。常用于绘制袖窿弧线、领线、袖山曲线、领口线、裆弯线、翻折线、袋口线和省线。

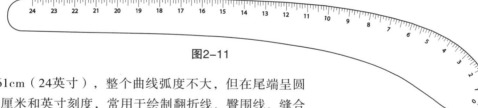

图2-11

臀形大刀尺　长61cm（24英寸），整个曲线弧度不大，但在尾端呈圆形。在正、反面分别有厘米和英寸刻度，常用于绘制翻折线、臀围线、缝合线、褶线、三角加褶线、公主线、裤内缝线和其他普通曲线。

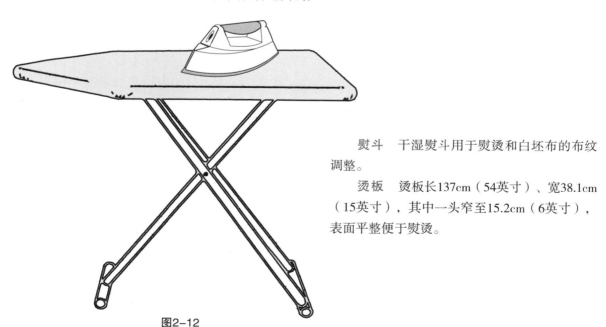

熨斗　干湿熨斗用于熨烫和白坯布的布纹调整。

烫板　烫板长137cm（54英寸）、宽38.1cm（15英寸），其中一头窄至15.2cm（6英寸），表面平整便于熨烫。

图2-12

图2-13

L形角尺 材质为金属或树脂，沿直角方向两个长度不同的角尺，在正、反面分别有厘米和英寸刻度。

白坯布 一种机织的平纹白布，用于服装的立体裁剪（详见第16页的第1章内容）。

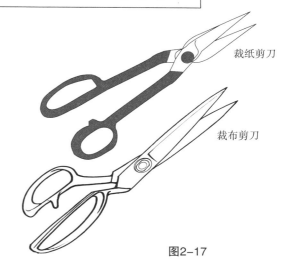

裁纸剪刀

裁布剪刀

图2-17

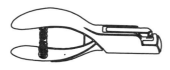

图2-14

大剪刀 剪口长10.2~20.3cm（4~8英寸），铁质的，手柄方便使用。剪口长7.6~15.2cm（3~6英寸）的型号小些，手柄形状不同的用于裁布、相同的用于裁纸。

标识带 一种很窄的织布带，用于在人台上做标记。

打孔器 打孔器能打宽度为6.35mm（$\frac{1}{4}$英寸）的U形孔，用于样板边缘的对位标记。

卡纸 一种比较厚重的打板纸，用于绘制裁片和拓板。通常用马尼拉纸，且两端用石头压平。成卷状，宽度不一，厚1X（薄型）至2X（厚型）。

画粉 很薄的一种粉笔，大约3.8cm（$1\frac{1}{2}$英寸）的方块，边是逐渐尖锐，常用于在布料上标记毛样线条和净样线条。

卷尺 一种有弹性的、窄的织带尺，1.5m（60英寸）长，在正、反面分别有厘米和英寸刻度。主要用于测量人台、白坯布和人体的尺寸。

图2-15

纸样挂钩 金属钩和牢固的带子，利于钩挂纸样。

拓板纸 白色的卡纸，绘制有2.5cm（1英寸）的方格，成卷状且宽度不一，常用于拓板和裁剪。

铅笔 通常用2B和5H的铅笔在白坯布上做标记。

大头针 17号的大头针长而细，常用于固定纸样、白坯布和面料在人台上的造型。21号的大头针更长。

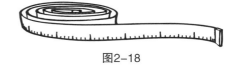

图2-18

金属卷尺 长91.4cm（36英寸）、宽0.6cm（$\frac{1}{4}$英寸），可以随意弯曲测量袖窿弧线、裤裆弯和领口线。

滚轮 尖锐的圆轮工具，有长长的手柄，常用来转移纸样。

图2-16

针包 集中插大头针的手工包，操作时便于取用大头针。

图2-19

码尺 木质或金属材质，长91.4cm（36英寸），有厘米和英寸刻度。主要是辅助用于绘制较长的线条，如经向线或下摆线。

立裁专业术语汇总表

以下部分是立体裁剪的专业术语，对生产商、学生和工作室都很有用处。每一个术语的定义，都来自立体裁剪操作过程中的经验总结。读者认真理解，有助于对本书的有效使用。

胸高点　是人台或人体模型胸部的最高点。在立体裁剪中，胸高点是前片胸围线上纬纱的参照标准。

平衡　平衡是指纱向的匹配和缝合裁片的匹配。在拓板时，纸样上的线条要与人台对应的线条和尺寸一致，所有的裁片符合人体结构，这样才能在人台上自然悬挂（自然下落）。如果缝制的经、纬纱向不匹配，服装就会扭转、牵扯或堆积。请参照第20章的详解，侧缝线、袖窿弧线、造型线和腰围线的平衡。

斜裁　斜向纱向的伸缩性最大，斜裁就是指45°方向纱线的立体裁剪。

顺畅度　顺畅度是指线条的平顺和连贯，也指在白坯布的立体裁剪中，经过造型部位和关键点时的融合度。袖山曲线、公主线、腰围线和衬衫育克线等，是常见的需要绘制顺畅的缝合线。

调整布纹　一是指先拉扯白坯布的经、纬纱，然后用蒸汽熨斗将其熨烫平服（详见第16页）。二是指调整原型纸样或基础纸样。

关键点　是指制约转折、翻转的点，或者是视线冲击点，常常出现在翻领、平领、驳领和翻折领上。

后中（后中线）　是指纸样和服装与人体对应的绝对后中心位置。

前中（前中线）　是指纸样和服装与人体对应的绝对前中心位置。

打剪口　是指在缝份上剪非常小的剪口线，剪口端部接近净线。常常需要在曲线缝合线和转折点处的缝份上打剪口，可以释放张力，使缝迹顺畅，如领口线、过面和领线。

内凹曲线　向内弯曲的曲线，形成内凹弧度，如袖窿弧线和领口线。

外凹曲线　向外弯曲的曲线，形成外凸弧度，如扇形、椭圆形、小圆领和平领的外轮廓线。

扣烫　熨烫或手压面料，沿经纱和设计线扣折。

十字标记　是指在纸样或白坯布上的一个或多个标记点，用于确定裁片或纸样（设计线、肩线；育克、领、前后片）的对位点、打褶点和连接点。

横向纱线　从布料的一边至另一边，与布料的长度方向垂直的纱线，也就是纬纱。

裆缝　裤腿合缝形成的十字交叉处。

连裁一片　在纸样上的两个以上部分，在裁剪时合为一片的裁片，如与前片连裁的过面、连身袖等。

省　用来去掉多余面料使服装合体的设计线和结构线，有一定的宽度和形态，常常起到呈现人体曲线美的作用。

点划线　通常用铅笔在白坯布或面料上标记缝合线和设计线，便于拓板。

松量　当一个较长的部位与另一个较短的部位连接时，没有抽褶设计，就需要把差量均匀分解缝制，这个差量就是松量，如装袖、公主线等。

造型松量　主要为了增加服装的舒适度和活动空间，额外在裁片上添加的布料余量。

织物过量　把多余的织物放置在设计重点部位（如肩部、腰部、侧胸部），有助于人体造型和强化设计线。

折叠　在面料的背面是双层，如省、活褶、褶裥和过面。

抽褶　沿缝合线把布料抽缩在一起。

纱向　织物中纱线的方向。常见的有斜丝、横向纱线和纵向纱线，详见第15页第1章。

白坯布的参照线　白坯布上做标记方向的线条，如经纱、纬纱、前中线、后中线、肩胛线、胸围线、胸高点、侧缝线。这些标记线要先在白坯布上绘制，然后进行立体裁剪。

纵向纱线　与布边平行的纱线，也叫经纱或直丝。

原型纸样　也叫基础纸样，由基础尺寸绘制而成，主要用作款式变化而非裁剪。原型纸样可以用来变化其他纸样，也可以叫作基础纸样、原型裁片和基本纸样。

匹配裁片　在两个裁片上，打对位剪口或做其他标记，表示它们需要缝制在一起。

白坯布样衣　用白坯布制作的基础样衣，用于辅助造型和调整合体度。

对位剪口（对位点）　在立体裁剪或制板过程中，为标记最终需要缝合在一起的不同部分，进行对位的剪口。如侧缝线、前后中线，详见打对位剪口的原则。

准备布料片　预先估算的立体裁剪用布料，一般要多准备10.2~25.4cm（4~10英寸）长和宽的布量。如果准备得过大，有可能导致立体裁剪操作的不准确。

旋转　沿着指定的线条旋转或移动纸样。

拓印　用一片裁片去绘制另一片裁片的过程。

公主片　是指从公主线至袖窿弧线和侧缝线的部分。

缝线　是指沿两片以上的裁片边缘，进行拼接和缝制的线。缝线要结构准确，与面料、服装品类、缝制部位相匹配。

缝份　用于缝制裁片必需的布料，在每一个缝制的轮廓线上都要加缝份。缝份的大小取决于缝制部位和成本预算，详见第18页第1章的内容。

布边　很窄的、牢固的机织边缘，沿长度方向，是面料的边线，不易磨损脱散。

松紧量　在缝迹线上缝制，用于均匀抽褶，进行堆积造型的布料量。

侧缝线　在纸样和服装上，标记前、后衣片需要缝合在一起的缝线。

撕　直线裁剪（长度比打剪口要长得多）设计线外侧多余的面料，一般是撕白坯布，便于修剪曲线。

垂直线　与另一条线呈直角的线，用L形尺可以精确绘制垂直线。

净线　净线就是缝合位置的线，通常距离边缘1.6cm（$\frac{5}{8}$英寸）、1.3cm（$\frac{1}{2}$英寸）和0.6cm（$\frac{1}{4}$英寸）。

设计线　除了肩线、袖窿弧线和侧缝线，其他线条都可以称之为设计线。设计线通常贯穿轮廓，比如育克线，是从侧缝至侧缝的分割线；而公主线则是从肩线至腰线。

转板　是固定和刻画布料上的线条至打板纸上的过程，常常是从白坯布上转板至条格打板纸上。

修剪　缝制后，把多余的面料剪掉，使缝份窄而薄。适合缝制转角点以及需要翻转的部位。

拓板　在立体裁剪操作中，把人台上对应的标记线、点、十字标记墨刻在白坯布上，然后连接缝合线、设计线、省线和省形的过程。有些设计者喜欢先墨刻到条格打板纸上，然后再拓板至白坯布上；有些则直接拓板至白坯布上。详见第4章，拓板过程的讲解。

衬垫　捏好省、褶和加量后，在裁片下垫一层面料重新绘制轮廓线的过程。

消失点　就是指省尖点的位置。

第二部分

基础款式的立体裁剪

　　服装生产企业的产品开发，首要的工作是准备一套基础样板（也称原型或基型）。所谓基础样板，是在专业的服装人台上，直接用面料进行的设计。包括目标顾客特定的体型比例、部位尺寸和松量。基础样板非常重要，在整个的立体裁剪、试制样衣、样板调整和修改过程中举足轻重。

　　本书的第二部分用不同的立体裁剪技法，阐述基本纸样的构成，包括上衣原型、裙原型、袖原型、外套基本纸样和廓型变化基本纸样。基本纸样的变化原理及应用，是服装设计理论的关键，同时，基本纸样也为设计师和制板师提供了一系列的合体度、廓型、松量、袖窿、腰线在长度和宽度上的匹配形态。基本纸样的正确使用，可以大大缩短在服装合体度和款式变化匹配设计上的时间。一旦掌握其基本的操作技巧，相关的设计问题就迎刃而解。

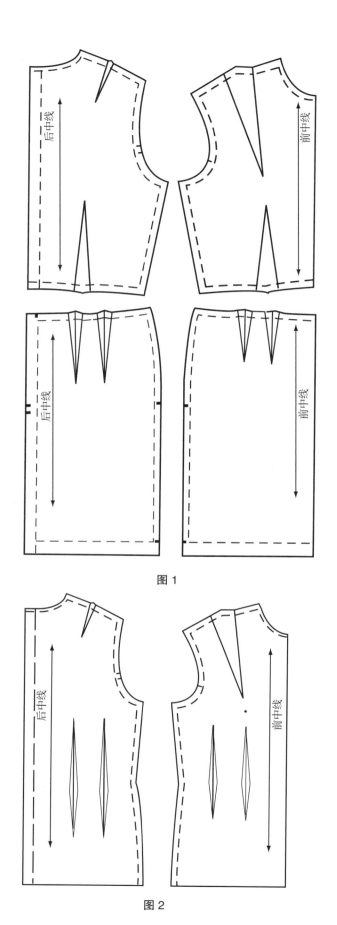

图1

图2

上衣原型和裙原型，是从平面纸样向三维立体设计转换中最基础的样板，这些原型可以变化为其他基本样板。通过省道转移，在不同的基本样板上呈现出不同形态的省、分割线和褶的结构。

袖原型，通常需要用平面裁剪的方法获得。然而，还是需要在人台上复合其合体度，然后缝合达到预想的设计效果。参照第5章，制作手臂的步骤，也能说明袖从立体到平面纸样的转换过程。

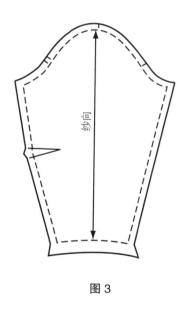

图3

外套基本纸样的廓型，是一种过臀长原型的变化过程，有肩省和侧胸省，还有的腰部有菱形省，通常用在设计合体外套和连衣裙上，也常用来设计无腰线合体裙。外套基本纸样上的省可以转移到塔克、设计线或褶上。

第3章

上衣原型

» 肩省、腰省原型
» 前片只有腰省的基本纸样
» 侧胸省和腰省的基本纸样
» 人体上的立体裁剪

上衣原型

服装生产企业的产品开发，首要的工作是准备一套基础样板（也称原型或基型）。所谓基础样板，是在专业的服装人台上，直接用面料进行的设计。包括目标顾客特定的体型比例、部位尺寸和松量。

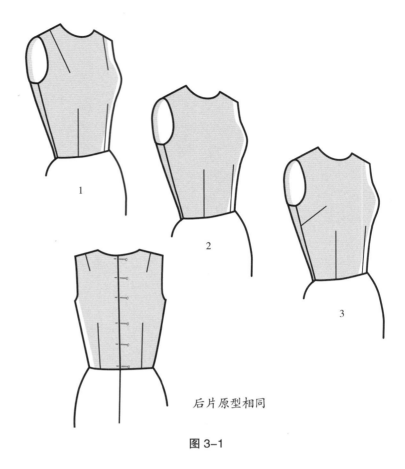

图 3-1

后片原型相同

基本原型变化

合体型原型的上衣基本纸样一般有三种：

1 肩省、腰省原型。

2 腰省原型。

3 侧缝省、腰省原型。

主要用于以下情形：

» 腰部非常合体。

» 省量可以转移到育克、分割线、褶，或者只有省线设计。

第3章介绍前衣片设肩省、腰省原型；前衣片设腰省原型以及前衣片设侧缝省、腰省原型的三种立体裁剪操作步骤，后片均采用同一原型。这三种立体裁剪技术既适合在人台上操作，也适合量身定制。可以达到精确的合体度、松量和比例。

学习目标

通过学习这部分的立体裁剪操作要领，设计师可以：

» 理解面料的经、纬向与胸围辅助线的高低、走向和位置关系。

了解省的不同位置对纬纱变化的影响。

» 直接在人台上放置面料，进行合体裁剪。

» 直接用面料练习做省。

» 开发一系列松量变化的衣身和袖片纸样。

» 正确匹配前、后片及腰线。

» 与袖窿弧线匹配的廓型、松量、尺寸和比例关系。

» 检验和分析立体裁剪的效果，总结合体度、悬垂感、比例和服用性能的关系。

肩省、腰省原型

　　肩省、腰省原型是一种腰部合体的基本纸样，前、后腰省控制腰部的合体度。在人台上进行立体裁剪时，面料的余量从胸高点向下堆积，前腰省控制在整个罩杯大小，后肩省控制在肩和袖隆的合体度。

　　肩省、腰省原型是进行变化形成其他基本纸样的基础，也是从平面向三维立体转换设计的基础。这就是为什么侧缝的布纹应该按照统一的走向，并在胸围辅助线的前后保持水平，参看第50页的详解。

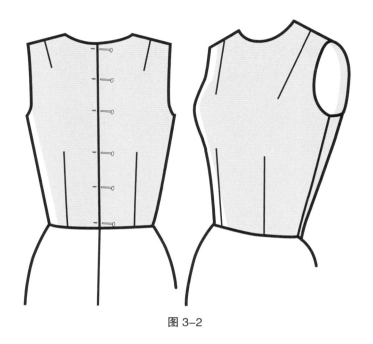

图 3-2

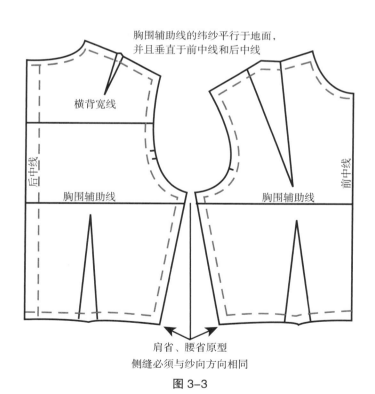

胸围辅助线的纬纱平行于地面，
并且垂直于前中线和后中线

横背宽线

后中线

胸围辅助线

前中线

胸围辅助线

肩省、腰省原型
侧缝必须与纱向方向相同

图 3-3

前片肩省、腰省原型：面料准备

① 从颈口到腰沿经向测量长度再加上12.7cm（5英寸），以此为前片长度用料，沿经向撕布。

② 从前中线到侧缝测量再加上12.7cm（5英寸），沿纬向撕前片用料的宽度。

③ 在熨烫平整的白坯布上画前中线，距离布边2.5cm（1英寸）。

　注　中线画在右侧。

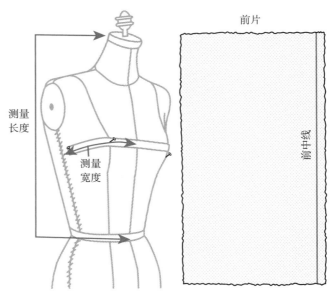

图3-4

④ 遵循垂直原则，绘制一条纬向的水平线作为胸围辅助线。

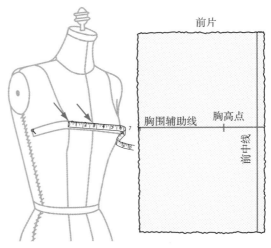

图3-5

⑤ 测量和标记胸高点：

　a 测量从前中线到胸高点的距离。

　b 标注从胸高点到侧缝的距离。

⑥ 测量和标记侧缝：

　a 从胸高点到侧缝再加0.3cm（$\frac{1}{8}$英寸）松量。

　b 测量并在胸围辅助线上标记侧缝的位置。

⑦ 绘制公主线的中心平衡线：

　a 在胸围辅助线上平分胸高点到侧缝间的距离。

　b 平行于前中线绘制公主线的中心平衡线，从胸围辅助线到下摆，遵循垂直原则。

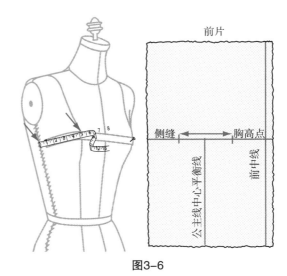

图3-6

后片肩省、腰省原型：面料准备

1 从颈口到腰沿经向测量长度再加上12.7cm（5英寸），以此为后片长度用料，沿经向撕布。

2 从后中线到侧缝测量再加上12.7cm（5英寸），沿纬向撕后片用料的宽度。

3 在熨烫平整的白坯布上绘制后中线，距离布边2.5cm（1英寸）。

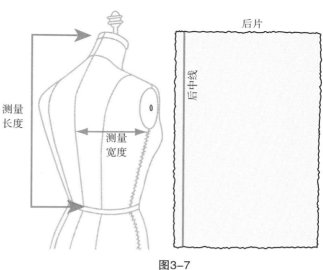

图3-7

4 标记后颈点，距上端布边7.6cm（3英寸）。

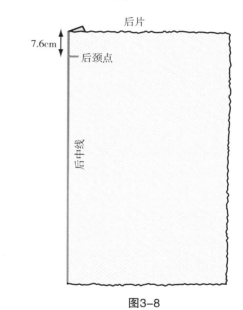

图3-8

5 再向下取10.8cm（$4\frac{1}{4}$英寸）绘制一条纬向的水平线为横背宽线，垂直于后中线。

注 这个尺寸（10.8cm）适合于8号或10号服装，从后颈点至腰围线的$\frac{1}{4}$长度。对于其他号型，直接四等分这个长度做水平线。

6 测量横背宽线：

a 测量从后中线到后腋点的距离再加上0.3cm（$\frac{1}{8}$英寸）松量。

b 在横背宽线上标注测量的尺寸。

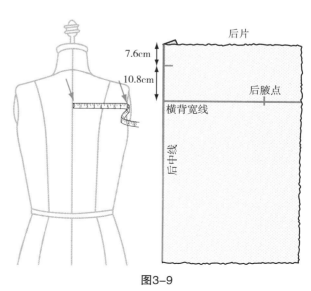

图3-9

前片肩省、腰省原型：立体裁剪步骤

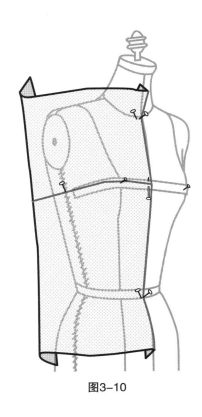

图3-10

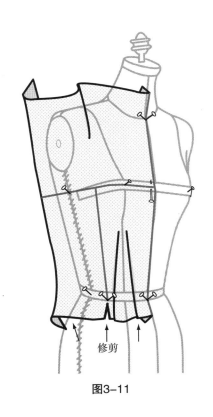

修剪

图3-11

① 对齐前中线腰和胸围辅助线，在胸高点处固定白坯布。

② 沿前中线向内折叠白坯布，在前颈点和腰线处别两枚大头针固定，胸围辅助线上也需要一枚大头针加固。

③ 在公主线的中心平衡线上别大头针固定。

  a 在公主线的中心平衡线与腰线的交叉点上别一枚别针，然后进行后续步骤。

  b 使白坯布和人台公主线的中心平衡线完全重合，别大头针固定。

  c 在腰线和公主线中心平衡线的十字交叉处，别两枚大头针。

④ 固定前片，纬纱与地面平行（不是胸围辅助线与地面平行）。

  注 公主线的中心平衡线是为了调整纬纱，同时检验经纱与前中线平行并且纬纱与地面平行。

⑤ 在腰线下5.1cm（2英寸）将前片坯布修剪整齐，并在公主线的中心平衡线处打剪口。

  注 过度裁剪会导致腰线过紧缺少必要的松量〔0.3cm（$\frac{1}{8}$英寸）是基本松量〕。

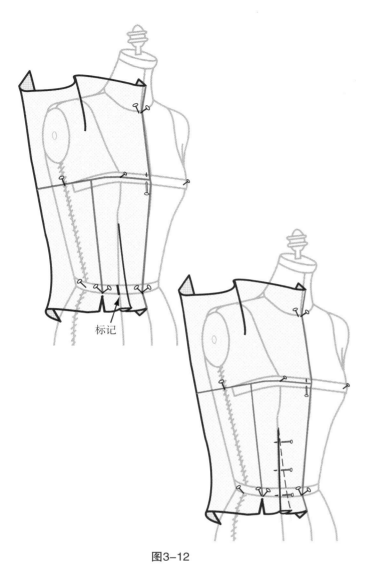

标记

图3-12

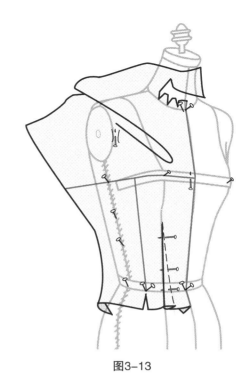

图3-13

6 前腰省的立体裁剪。在腰围线上，公主线的中心平衡线和前中线之间的余量形成腰省。注意在腰线和胸部不要别太紧。

  a 在人台公主线和腰线交叉处做标记，从前中线沿腰线捋顺白坯布至标记处，在靠近前中线一侧做标记，形成省量。

  b 把余量别在人台省线的缝合处，省量倒向前中线，省尖在胸高点消失。

7 别好、理顺、整理腰部。沿着腰线捋顺白坯布至侧缝，在侧缝上固定好。在腰线处留 0.3cm（$\frac{1}{8}$英寸）的松量，同时不要贴太紧。

8 侧缝的立体裁剪和肩线操作。

  a 将多余的白坯布捋顺到侧缝，注意不要太紧。

  b 往上捋顺白坯布，余量放置在肩部。在袖窿处预留0.6cm（$\frac{1}{4}$英寸）的松量，大头针别在合适的地方使其不要太紧。其余的余量都转移到肩部。

  注 没必要标记0.6cm（$\frac{1}{4}$英寸）松量的位置，除非制作泡沫模型或大量生产。

9 前领口的立体裁剪。间隔均匀地修剪领口线，沿着领部捋顺白坯布。

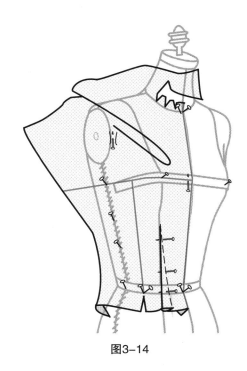

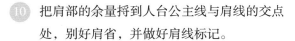

图3-14

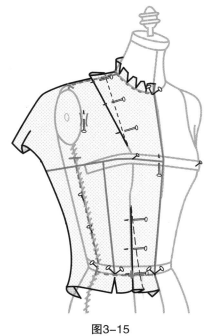

图3-15

⑩ 把肩部的余量捋到人台公主线与肩线的交点处，别好肩省，并做好肩线标记。

⑪ 前肩省的立体裁剪。在肩部或者在领口和袖窿处的余量形成肩省量。胸越大省越大，胸越小省越小。

    a 在肩线和人台公主线的交叉处缝制省道。

    b 将余量别在人台公主线处，倒向前领口，省尖在胸高点消失。

⑫ 在白坯布上标记出所有人台对应的重要部位：

    a 领口线：标记前颈点和侧颈点，用虚线画出领口线。

b 肩线和肩省：用虚线画出肩线、肩省，标记肩点。

c 袖窿。

» 肩点。

» 前腋点。

» 腋下点。

d 侧缝：用虚线画出侧缝线。

e 腰线和腰省：在腰线与前中线、侧缝线的交叉处和腰省处做标记。

后片肩省、腰省原型：立体裁剪步骤

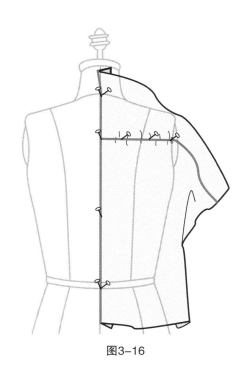

图3-16

① 沿经向折叠后中线，在人台上固定后片。

② 在白坯布上后颈点对应的位置做标记。

③ 垂直后中线，在横背宽线上固定白坯布，距离袖窿0.6cm（$\frac{1}{4}$英寸）处做标记。沿横背宽线留一定的松量。

注　整个后片放置在人台上，自然下垂没有褶皱，横背宽线才算正确。同时，白坯布的下边缘平行于地面。

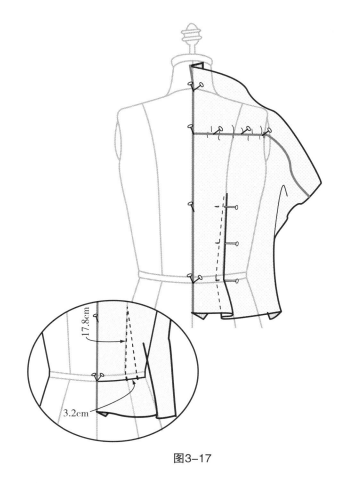

图3-17

④ 后腰省的立体裁剪，省长17.8cm（7英寸）、省宽3.2cm（$1\frac{1}{4}$英寸），操作如下：

a 朝着侧缝捋顺白坯布通过公主线，在公主线和腰线交叉处做标记。

b 在人台靠近侧缝一侧，量取省宽3.2cm（$1\frac{1}{4}$英寸）并标记后腰省。

c 在省道中心垂直向上，量取17.8cm（7英寸）并标记。省中线平行于后中心线（或者经纱），如图所示。

d 向里折叠后腰省。在腰线处，折叠并别合3.2cm（$1\frac{1}{4}$英寸）的省量，省尖消失在17.8cm（7英寸）处。

注　腰省的宽度或长度，随着8~10尺码的变化变大或变小，以此为标准增加或减少。

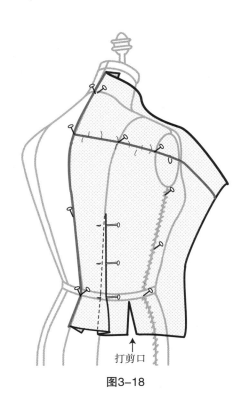

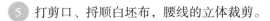
打剪口

图3-18

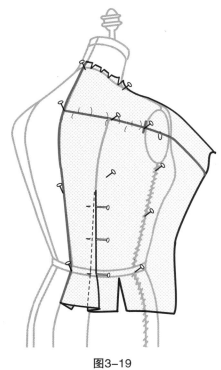

图3-19

⑤ 打剪口、捋顺白坯布,腰线的立体裁剪。

  a 在人台公主线和侧缝的中间打剪口,剪口位置接近腰线的净线。

  注 剪口超过净线会影响腰部的合体度,缺少必要的松量。

  b 沿着腰的形状理顺坯布直到织物到达侧缝,然后用大头针别上侧缝和腰的边角。

⑥ 后侧缝的立体裁剪。理顺坯布至侧缝,自然平服在人台上。注意在后侧区域不要产生变形和余量,大头针要别得恰到好处。

⑦ 后领口的修剪、理顺和调整。

  a 小心地修剪领口多余的坯布,间隔均匀地打剪口。

  b 理顺坯布至侧颈点,在人台肩线和后领口处别好。

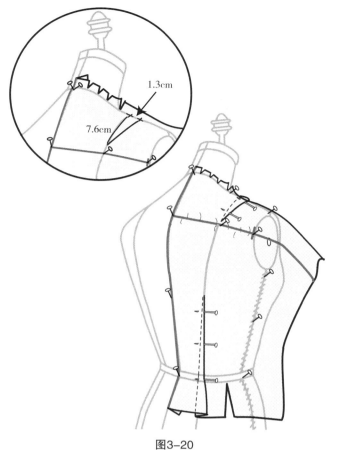

图3-20

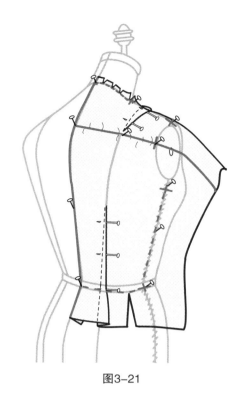

图3-21

8 后肩省的立体裁剪，省长7.6cm（3英寸）、省宽1.3cm（$\frac{1}{2}$英寸）。

a 理顺坯布修剪肩缝，从后颈点向公主线移动，并做标记。

b 在肩线上，从公主线开始沿袖窿弧线方向量取1.3cm（$\frac{1}{2}$英寸）（后肩省的宽度）并做标记。

c 沿公主线方向，从肩缝向下量取7.6cm（3英寸）。

d 在标记的位置捏后肩省道，省宽1.3cm（$\frac{1}{2}$英寸）、省长7.6cm（3英寸）。

9 在坯布上，标记所有人台对应的关键部位。

a 领线：标记后颈点、侧颈点，领线用虚线标记。

b 肩缝和肩省：用虚线标记肩缝和肩省，标记肩点。

c 臂根挡板：

» 标记肩凸顶点。

» 标出螺杆水平的中点。

» 在臂根挡板和侧缝交叉处做标记。

d 侧缝：用虚线做标记。

e 腰线和腰省：标记后腰中点、腰侧缝点和腰省宽的两个端点。

肩省、腰省原型拓板

本书作者了解到，设计创作不止一种方式。有些设计师喜欢在有虚线的纸（白色方格纸）上转移和调整纸样，还有一些设计师喜欢直接在白坯布上调整纸样。如图所示，步骤②至⑫就是直接在白坯布上调整纸样的实例。

1 把坯布从人台上取下来，再把它展平在桌面上，如果你准备在纸上调整，就要完成以下步骤：

a 先在纸板上画出横、竖基准线，再把坯布放到纸上，坯布纱向与横、竖基准线要对齐。

b 用一个滚轮转移所有的坯布标记。

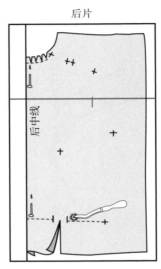
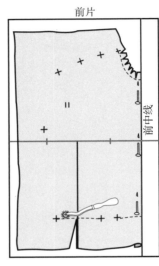

图3-22

2 在以下位置绘制90°角的小标记（距离边缘）。

a 前颈点（0.6cm）

b 前中点（1.3cm）

c 后颈点（2.5cm）

d 后中点（2.5cm）

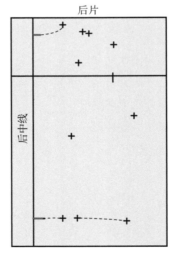
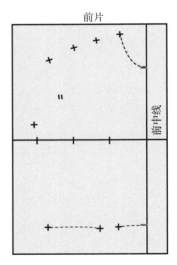

图3-23

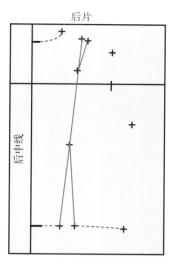
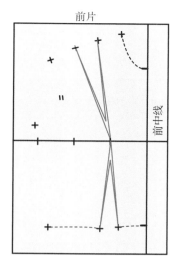

图3-24

③ 用直尺绘制四个省。

　a 前腰省：在腰线的标记处确定省中点位置，与省尖点连线为省中线。捏省并使布纹顺畅画省宽线，有必要反复调整好。再把省尖点后退2.5cm（1英寸）。

　b 前肩省：同样方法把前肩省画好，省尖顶点后退2.5cm（1英寸）。

　c 后腰省：在腰线的标记处确定省中点位置，与省尖点连线为省中线（新消失点），绘制直线把新消失点（省尖点）与腰省宽标记点连接起来。

　d 后肩省：背腰省的消失点到肩省宽标记点的连线接近领口（这条线在最初人台上的标记是不精确的）。在消失点下方量取7.6cm（3英寸），然后连顺肩省标记点。

④ 沿着虚线线迹，用法国曲尺绘制前、后领口，确保在前颈点和后颈点处顺直并趋于直角，再与肩缝标记点连接起来。

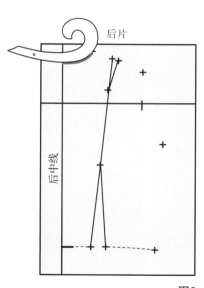
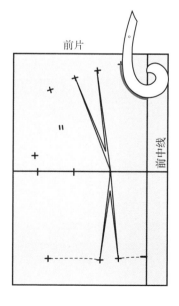

图3-25

5 绘制前、后肩线：折叠肩省，用直尺连接
   侧颈点和肩点。

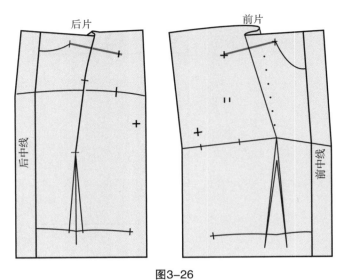

图3-26

6 绘制前、后腰线：折叠腰省，用臀部曲线
   尺绘制从前中心线到侧缝的前腰线；从后
   中心线到侧缝的后腰线。

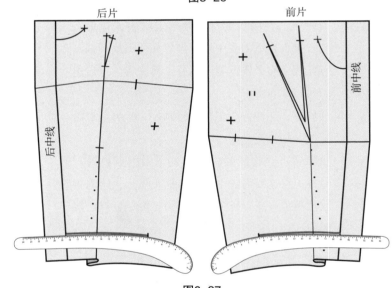

图3-27

7 绘制前、后侧缝：用直尺连接腋下点和侧
   缝与腰线的交点。

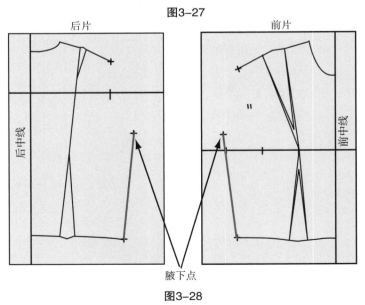

图3-28

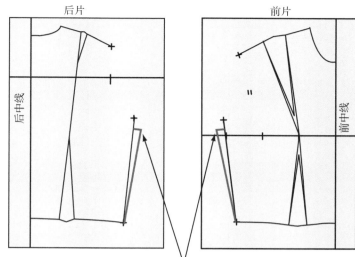

后片　　　　　　　　前片

下落2.5cm并横向增加1.3cm产生松量

图3-29

8 在侧缝处添加松量并完成侧缝。

a 腋下点下落2.5cm（1英寸），并标记调整后的位置。

b 腋下点横向增加1.3cm（$\frac{1}{2}$英寸）围度松量，并标记调整后的腋下点。

c 连接调整后的腋下点和侧缝与腰线交点，即为调整后的侧缝线。

注　调整后前、后侧缝变化的角度之前的保持一致（平衡布纹），如果并非如此，就会产生立体裁剪带来的不足。

设计师风格的服装实例

在某个年代，人们青睐紧身服装，但在另一个年代，宽松服装更受欢迎。为了紧跟潮流，侧缝放松量的多少应该依据本季的流行灵活调整。同时要注意，在调整紧身胸衣、无袖连衣裙和针织衫时，是没有松量的。下面章节的内容，涉及这种风格的服装。

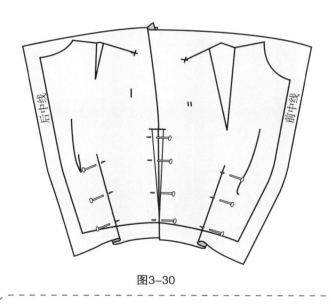

后中线　　　　　前中线

图3-30

注　前腰线应该比后腰线长1.3cm（$\frac{1}{2}$英寸），如果不是这样，可以通过增加或减少差值来调整腰线与侧缝的交点位置。

9 复核腰线。把调整过的侧缝别在一起，前、后腰线应该是一条连续、平滑的曲线，如果不是这样，那腰线的立体裁剪就有可能不准确。

有时为了得到一条平滑连续的曲线，需要再做一些小小的调整，其做法是下落侧缝或腰线0.6cm（$\frac{1}{4}$英寸）。如果上述方法没有解决这个问题，那就要重新将衣片放置在人台上，进行全过程准确性的复核。

10 检查前、后腰线的长度（腰围平衡）。

a 测量前中线到侧缝处的腰线长度。

b 测量后中线到侧缝处的腰线长度。

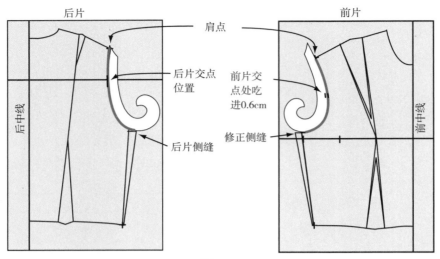

图3-31

11 绘制后袖窿弧线。如图所示，用法国弧形尺连接以下位置：

a 后肩点。

b 在横背宽线与袖窿弧线的交点处下落3.2cm（$1\frac{1}{4}$英寸），并做好标记。

c 下落2.5cm（1英寸）的新的腋下点。

注 后袖窿线从下落3.2cm（$1\frac{1}{4}$英寸）的标记点处开始起弧度。法国弧形尺在新的腋下点处不能完全吻合，只要和前袖窿弧线连接平顺就是调整的位置。

12 绘制前袖窿弧线。如图所示，用法国弧形尺连接以下位置：

a 肩点。

b 在胸宽线与袖窿弧线的交点处吃进0.6cm（$\frac{1}{4}$英寸）。

c 下落2.5cm（1英寸）的新的腋下点位置，确保围度上包括了1.3cm（$\frac{1}{2}$英寸）的松量。

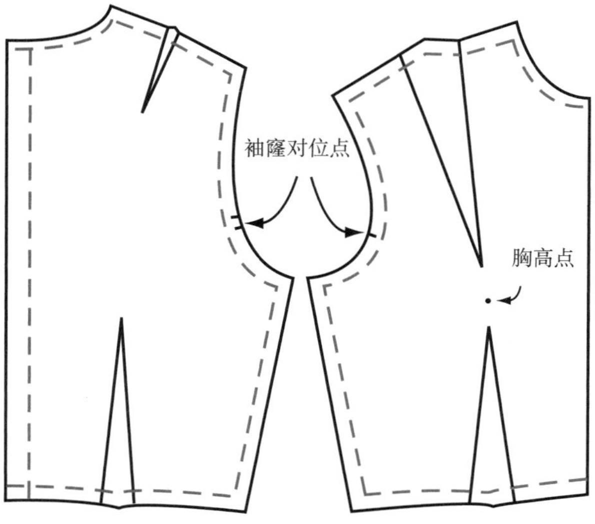

13 加缝份绘制毛样，修剪多余的布料，参考第18页第1章中关于缝份细节。

14 标记前、后袖窿对位点。前袖窿对位点（一个）和后袖窿对位点（两个）都放在其下侧的三分之一处，距离腋下点大约7.6cm（3英寸）。

图3-32

⑮ 调顺袖窿。袖窿必须圆顺，以便和袖片匹配、穿着自然。

注 前、后衣身的匹配体现在肩部和侧缝。同时，松量添加正确，前、后调整平顺。因此，如果袖窿弧线不圆顺，细微的调整就需要在袖窿弧线上进行。

a 测量前、后袖窿弧线。使用塑料或金属弯尺，从肩线到侧缝线测量前、后袖窿弧线。后袖窿弧线应比前袖窿弧线长1.3cm（$\frac{1}{2}$英寸）。

b 做一条较长袖窿弧线。在袖窿弧线的中段位置，向里收进0.6cm（$\frac{1}{4}$英寸）（凹进），依据袖窿弧线的形态重塑一条较长的袖窿弧线。用法国弧形标尺，从新袖窿弧线的中段到肩点和腋下点连顺。

c 做一条较短的袖窿弧线。在袖窿弧线的中段位置，向外放出0.6cm（$\frac{1}{4}$英寸）（凸出），依据袖窿弧线的形态重塑一条较短的袖窿弧线。用法国弧形标尺，从新袖窿弧线的中段到肩点和腋下点连顺。

注 如果袖窿弧线凹进或凸出0.6cm（$\frac{1}{4}$英寸）后不平顺，可以调整肩线和侧缝线进行匹配。

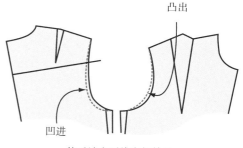
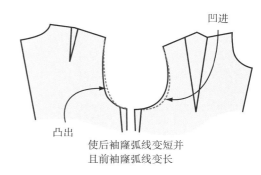

凸出

凹进

使后袖窿弧线变长并且前袖窿弧线变短

凹进

凸出

使后袖窿弧线变短并且前袖窿弧线变长

图3-33

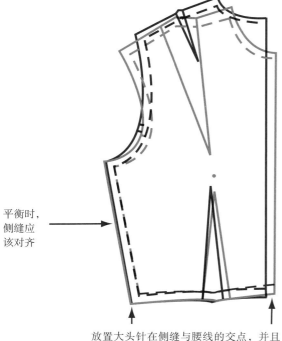

平衡时，侧缝应该对齐

放置大头针在侧缝与腰线的交点，并且转动衣片直到前、后中线平行

图3-34

⑯ 平衡前、后侧缝。

a 把前、后侧缝与腰线的交点对齐别好。

b 从侧缝与腰线的交点开始，转动前衣片直到前、后中线完全平行。

c 调整前、后侧缝位置。前、后侧缝应该是重合的，如果不重合，可以加、减侧缝，分解差值，直到他们重合。

别合并检查立体裁剪最终原型

评价指南

仔细检查立体裁剪成品的目的，可以清楚知道服装合体度的准确性，以及错误的位置匹配。一件合体的服装看起来舒服、穿着后自然匀称，并且与当前的流行服装有着一致的风格特征。检查和调整服装的松量，然后分析下面的设计，同时可以进行修改或校正。

把裁片别在一起

在完成和调整完所有裁片后，把它们全部别在一起。所有的大头针应垂直于缝合线，立体裁剪通常只做右半身，前片压后片，对齐肩线、侧缝线。

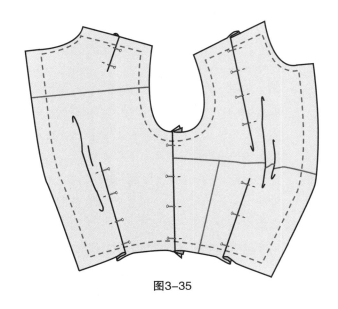

图3-35

检验项目

以下检验项目，可以帮助学生或老师进行纸样校正。

布料准备

长度和宽度的预估。

标注经纬纱向，正确标记必要的基准线。

准确度矫正

矫正所有的线条，线形要流畅、准确并留足缝份。

袖窿弧线要正确和顺畅，袖窿弧线在腋下最低处形成一个马蹄。

接缝

前、后肩线长度要一致，前、后肩省对位匹配。

前、后侧缝长度要一致且准确对位。

前、后侧缝的布纹斜度一致，同时前、后中线也应该是平行的，也就是说侧缝倾角一致。

正确别合

所有大头针与缝线垂直。

正确别合前片省线——从省尖后退2.5cm（1英寸）（消失点）分别别到肩线和腰线。

所有的省折叠倒向准确（倒向中线方向）。

松量准确

侧缝与袖窿弧线的交点处前、后松量各1.3cm（$\frac{1}{2}$英寸）。

0.3~0.6cm（$\frac{1}{8}$~$\frac{1}{4}$英寸）的松量，可以保证胸部不牵拉前袖窿弧线。

0.3~0.6cm（$\frac{1}{8}$~$\frac{1}{4}$英寸）的松量，可以缓解背部不牵拉后袖窿弧线。

0.6cm（$\frac{1}{4}$英寸）是每片裁片腰线上的松量。

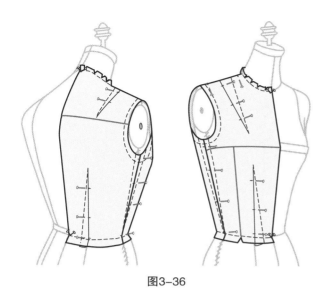

图3-36

注 如果在人台上衣片不匹配，取下所有大头针，重新进行前、后片的立体裁剪。注意不要拉、拔或拽坯布。

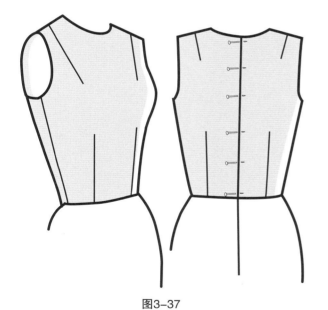

图3-37

白坯布的缝制

最好是把上衣和裙子缝在一起（裙子的立体裁剪在第4章）。白坯布样品使设计者可以反复修正，也便于缝制完成。一旦白坯布校验完善，就把它们作为基本板型，可用于各种变化。

评估立体裁剪效果

披挂

前、后片经纱沿垂直于地面的竖直方向披挂在人台上。

前、后片纬纱平行于地面。

自然披挂在人台上，所有缝线不要牵拉或扭转。

缝制在一起的侧缝和肩缝不要牵拉或扭转。

白坯布样衣上的侧缝线与人台的侧缝线对准。

在前片上，公主线（从胸点到侧缝的中点位置）的中心缝合线平行于前中线。

前腰围比后腰围大1.3cm（$\frac{1}{2}$英寸）。

整体的外观

整体设计完整、干净、贴服。

松量与整体设计匹配。

松量不够的表现

白坯布样衣上胸围线和肩线不能盖住人台上对应的位置；

腰线太紧；

披挂在人台上的白坯布样衣太紧；

侧缝牵拉或者扭转。

松量过大的表现

肩线过长；

胸部出现褶皱或堆积；

颈部出现褶皱或堆积；

袖窿弧线出现褶皱或堆积。

比例

立体裁剪的样衣比例应该与设计稿的比例一致。

允许设计有适当的松量。

设计特点

按照设计稿的特点完成，如褶裥数量、褶裥大小、恰当的领袖形状、纽扣位置和数量。

前片只有腰省的基本纸样

　　另一种合体的基本纸样，是前身衣只有腰省，侧缝线收紧。这种前片只有腰省的基本纸样，是把肩部和腰部的余量全部做到腰线的一个较大的省。

　　前、后腰省起到控制腰部合体度的作用，也决定着人体体型尺寸。这种基本纸样是最简单的立体裁剪款式，被作为最基本的款式进行各种腰部合体款式的变化设计。

　　腰省的立体裁剪，是从前中线开始，通过调节经、纬纱向得到。向上要平衡肩部和袖窿，向下要绕过侧缝，调整好布面最后固定在腰线上形成腰省。

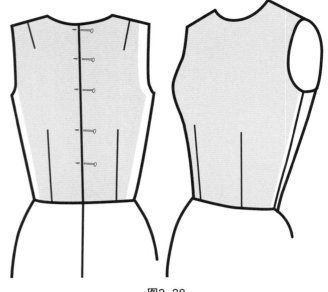

图3-38

> 　　注　制板师可能愿意用这种基本纸样进行款式变化，比较节省制板时间。不过，这种基本纸样一般不会用来变化另一些款式，如罩衫、衬衫、夹克、运动衫或和服。因为其前、后侧缝的纱向不匹配，使用过程中会产生变形。

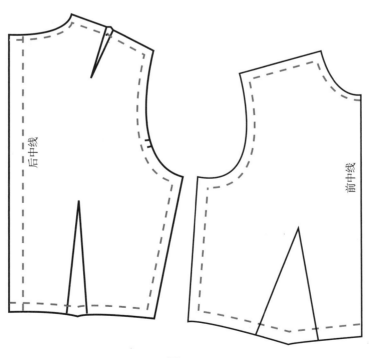

图3-39

前片只有腰省的基本纸样：面料准备

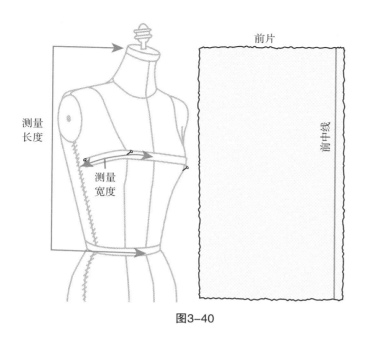

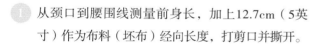

图3-40

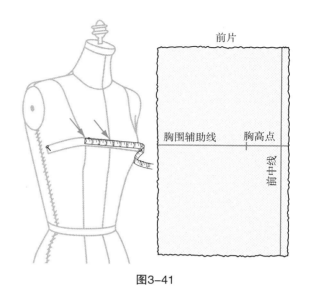

图3-41

1. 从颈口到腰围线测量前身长，加上12.7cm（5英寸）作为布料（坯布）经向长度，打剪口并撕开。

2. 沿胸围辅助线从人台的前中线到侧缝线测量前身宽度，加上12.7cm（5英寸）作为布料纬向长度，打剪口并撕开。

3. 距离布料经向的边缘2.5cm（1英寸），绘制前中线，并扣烫在布面下。

注　在布料的右端绘制前中线，即前中线在左，毛边在右。

4. 用大直角尺，绘制胸围辅助线，与前中线完全垂直。

5. 测量和标注胸高点。

　a 在人台上测量从前中线到胸高点的水平距离。

　b 在布料上对应的位置标注胸高点。

前片只有腰省的基本纸样：立体裁剪步骤

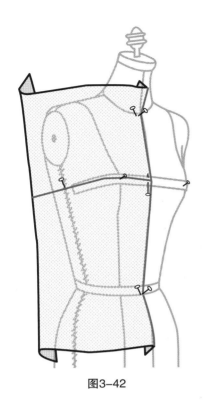

图3-42

① 把布料和人台上对应的胸高点用大头针别住。

② 把布料上的前中线和人台上的前中线对齐，在前颈点和前腰点处用两枚大头针固定，在胸围辅助线上添加一枚大头针别在胸高点的修正带上。

③ 前领口和前肩线的立体裁剪。将平颈部的布料，修剪并均匀打剪口。向上将平胸上部和肩部的布料，在刚过肩线侧颈点和肩点的位置单针固定布料。

④ 袖窿弧线的立体裁剪。继续将平布料至袖窿位置进行立体裁剪，在袖窿前腋点处别住0.6cm（$\frac{1}{4}$英寸）的松量，是为了确保袖窿不紧绷，并允许手臂肌肉的活动空间，腋下点再单针固定。

注　先不要修剪袖窿处的布料，通常情况下会无意识地把袖窿做得过紧。

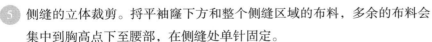

⑤ 侧缝的立体裁剪。将平袖窿下方和整个侧缝区域的布料，多余的布料会集中到胸高点下至腰部，在侧缝处单针固定。

注　在胸高点和侧缝之间，容易产生横褶。

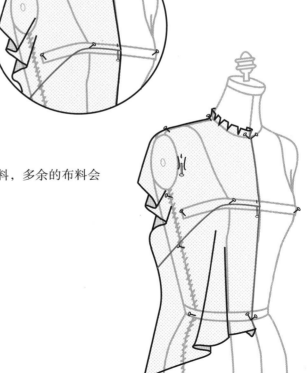

图3-43

6 前腰线和腰省的立体裁剪。

a 修剪腰线并均匀打剪口，距离腰线修正带留
   2.5cm（1英寸）的缝头。

注 必要的话，可以把缝头修剪到2.5cm（1英寸）以内。

b 可以把所有多余的布料固定在公主线和前中线之间，省尖在胸高点（胸部最高点）向下至腰线，省量朝前中线。

注 腰省的大小取决于胸围大小（胸围越大，胸部越丰满，腰省越大）。

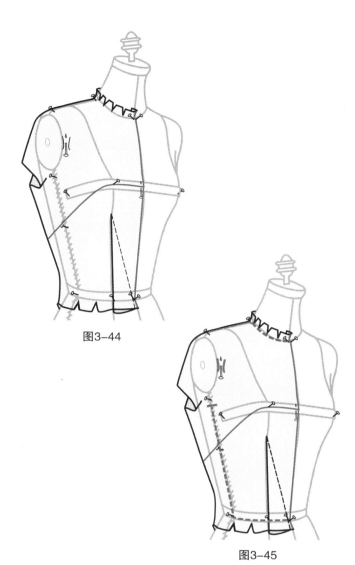

图3-44

图3-45

7 在布料上标注所有人台上的对应关键点。
a 领口：前颈点、侧颈点。
b 肩线：虚线绘制肩线，标记肩点。
c 袖窿弧线：
  » 袖窿顶点。
  » 腋下点。
d 侧缝线：虚线绘制侧缝线。
e 腰线和腰省：标记前中点、前腰侧缝点、省端点。

8 后片的立体裁剪。按照同样的步骤进行后片的立体裁剪，详见第43~45页。

9 从人台上取下衣片，连接所有缝线。后面的内容是样板修正的具体操作步骤。

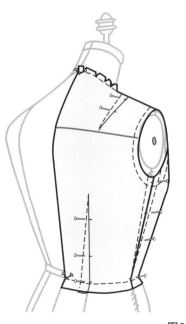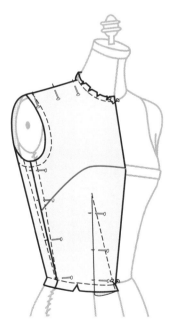

图3-46

单腰省基本纸样的修正

    单腰省基本纸样的修正和双省基本纸样的修正近似。然而，检验前、后侧缝的斜率、平衡和比例的方法，不太适合单腰省基本纸样的修正。但在成衣的检验上，对应的尺寸必须与人体匹配。

1 连接省尖点（胸高点）和省端点，省尖点距离胸高点2.5cm（1英寸），绘制前腰省。

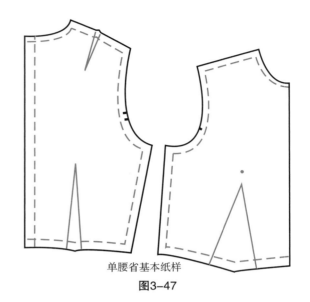

单腰省基本纸样

图3-47

2 连接省尖点和省端点，绘制后腰省。

3 连接省尖点和省端点，后肩省尖点距离后腰省尖点7.6cm（3英寸），绘制后肩省。

4 在以下位置绘制90°角的小标记（距离边缘）：

  a 前颈点（0.6cm）

  b 前中点（1.3cm）

  c 后颈点（2.5cm）

  d 后中点（2.5cm）

5 绘制前、后肩线。用直尺，从侧颈点到肩点连接前、后肩线，复核前、后肩线的长度。

6 绘制前、后领口线。如下图所示，用法国弯尺绘制，线条顺畅，前、后颈点处接近90°角，并在肩线处连顺。

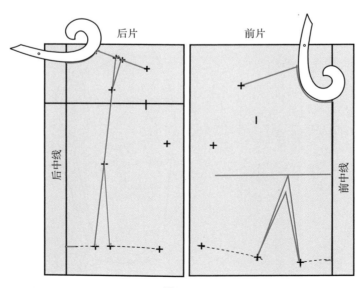

图3-48

⑦ 绘制前、后腰线。

　　ａ 合并前腰省，用大弯尺从前中点至前腰
　　　点连顺前腰线。

　　ｂ 合并后腰省，用大弯尺从后中点至后腰
　　　点连顺后腰线。

⑧ 测量和检验腰线的长度和平衡。

　　ａ 从前中线至侧缝线测量前腰线的长度。

　　ｂ 从后中线至侧缝线测量后腰线的长度。

　　ｃ 前腰线应该比后腰线长1.3cm（$\frac{1}{2}$英寸），
　　　如果不是这样，调整侧缝的位置增减腰
　　　线的长度。

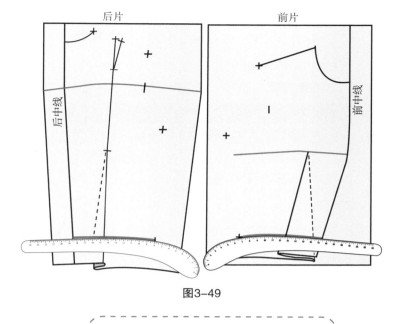

图3-49

注　较丰满和粗壮的体型，前腰线
要比后腰线长2.5cm（1英寸）。

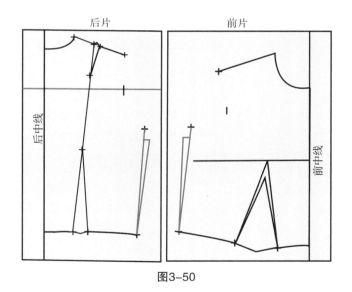

图3-50

⑨ 绘制前、后侧缝线。

　　ａ 连接腋下点至腰点。

　　ｂ 腋下点下落2.5cm（1英寸）。

　　ｃ 腋下点向外增加1.3cm（$\frac{1}{2}$英寸）松量。

　　ｄ 连接调整后的腋下点至腰点，前、后侧缝线画
　　　法一致。

⑩ 检验腰围线。

  a 合并前、后腰省，别合前、后侧缝线。

  b 腰线应该是一条顺畅、平滑的弧线，如果不是这样，可以下落腰点0.6cm（$\frac{1}{4}$英寸）进行调节。

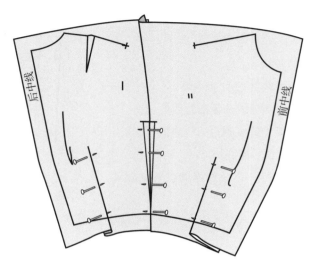

图3-51

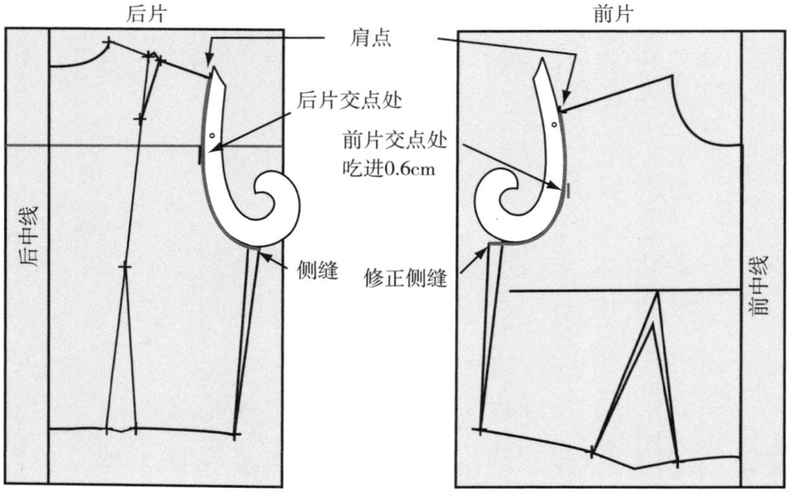

⑪ 绘制前袖窿弧线。用法国弯尺连接以下各部位，如图所示。

  a 前肩点。

  b 袖窿弧线中点。

  c 前腋下点。

  注 前袖窿弧线要顺畅，松量为1.3cm（$\frac{1}{2}$英寸）。

⑫ 绘制后袖窿弧线。用法国弯尺连接以下各部位，如图所示。

  a 后肩点。

  b 袖窿弧线中点，应该在与后中线平行且相距3.2cm（$1\frac{1}{4}$英寸）的位置。

  c 后腋下点。

  注 在后袖窿的中点位置，袖窿弧线应该与经纱平行，同时，用法国弯尺可以很顺畅地连接到腋下点。

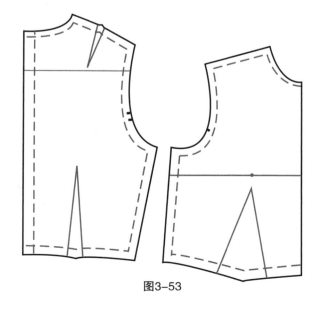

图3-52

图3-53

⑬ 绘制毛样、打剪口、复核袖窿弧线、检查合体度，详见第50~53页。

单省基本纸样转变为双省基本纸样及其纸样调整

前片只有一个较大腰省的基本纸样，在与后片进行匹配时，侧缝是不合理的，也不完全准确。把只有一个腰省的基本纸样转变为肩省和腰省的基本纸样，所有的匹配问题才能解决。后者也很容易恢复为前者，为相关款式节省制板的时间。

从一个腰省的基本纸样转变为有肩省和腰省的基本纸样时，必须保证省大小的总量一致。同时，前、后侧缝的布纹一致。

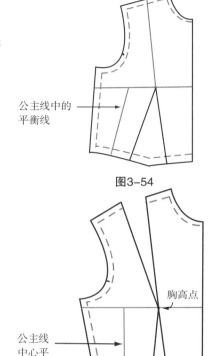

① 前片转移肩省。

　a 绘制一条与公主线平行的线。在侧缝线与靠近侧缝的腰省线的中间，绘制一条平行于公主线的线。

　b 从胸高点到肩线的中点绘制另一条线，这就是肩省的位置。

公主线中的平衡线

图3-54

② 把一定比例的腰省转移到肩部形成肩省。

　a 沿腰线到胸高点剪开腰省（靠近侧缝的省线）。

　b 沿肩线中点到胸高点剪开肩省线。

　c 以胸高点为中心，旋转减小腰省直至平行于公主线的中心线与前中线平行（纱向一致），这样腰省处多余的量就自动转移到肩省。

　注　胸部越大，肩省越大；相反，胸越小，肩省越小。

　d 重新绘制肩省和腰省。

胸高点

公主线中心平衡线与纱向一致

图3-55

③ 平衡前、后侧缝线。

　a 别合前、后腰点。

　b 从腰点开始，旋转前片直到前中线与后中线平行。

　c 复核前、后侧缝。前、后侧缝要完全一致，如果不一致，增减侧缝进行调整。

④ 检验袖窿弧线。测量前、后袖窿弧线，后袖窿弧线应该比前袖窿弧线长1.3cm（$\frac{1}{2}$英寸）。如果不是这样，重新调整袖窿弧线的长度，详见第51页关于袖窿弧线平衡的讲解。

⑤ 别合并检查衣片。完成双省基本纸样的变化后，添加缝份并别合在一起。

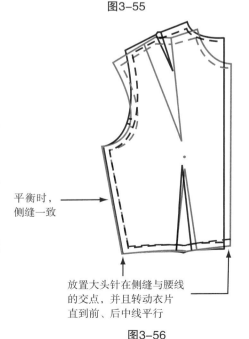

平衡时，侧缝一致

放置大头针在侧缝与腰线的交点，并且转动衣片直到前、后中线平行

图3-56

侧胸省和腰省的基本纸样

　　另一种基本纸样是侧胸省和腰省基本纸样。由胸凸产生的布料余量，在侧缝和腰线上分别形成侧胸省和腰省，腰围线合体。

　　制板师通常用同种布料进行多种基本纸样的立体裁剪，这种反复的练习和省转移变化，有利于理解省位置变化原理和进行款式变化。

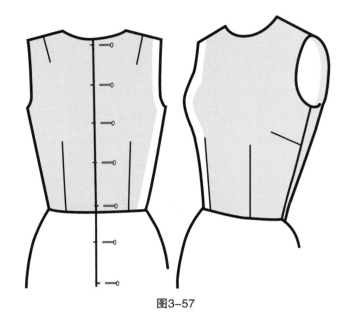

图3-57

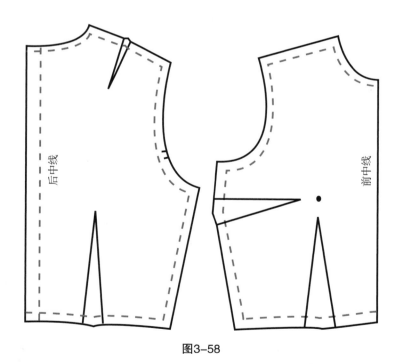

图3-58

侧胸省和腰省的基本纸样：面料准备

① 从颈口到腰围线测量前身长，加上12.7cm（5英寸）作为布料经向长度，打剪口并撕开。

② 沿胸围辅助线从人台的前中线到侧缝线测量前身宽度，加上12.7cm（5英寸）作为布料纬向长度，打剪口并撕开。

③ 距离布料经向的边缘2.5cm（1英寸），绘制前中线，布料边缘扣烫在布面下。

注　在布料的右端绘制前中线，即前中线在左，毛边在右。

④ 用大直角尺，绘制胸围辅助线，与前中线完全垂直。

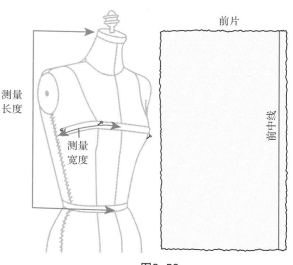

图3-59

⑤ 测量和标注胸高点。
  ａ 在人台上测量从前中线到胸高点的水平距离。
  ｂ 在布料上对应的位置标注胸高点。

⑥ 测量和标记侧缝。
  ａ 沿胸围辅助线从人台的胸高点到侧缝线测量，再加上0.3cm（$\frac{1}{8}$英寸）的松量。
  ｂ 在布料的胸围辅助线上标记侧缝的位置。

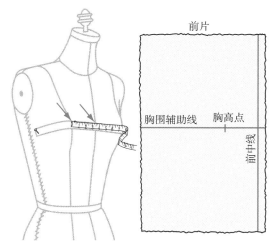

图3-60

⑦ 绘制公主线的中线。
  ａ 在胸围辅助线上，取胸高点到侧缝点的中点。
  ｂ 用直角尺在胸围辅助线的下方，过中点画一条与前中线平行的线。

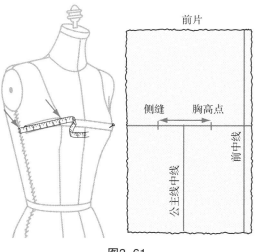

图3-61

侧胸省和腰省的基本纸样：立体裁剪步骤

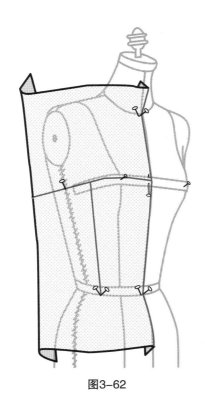

图3-62

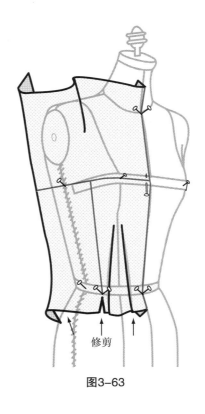
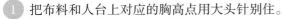

图3-63

① 把布料和人台上对应的胸高点用大头针别住。

② 把布料上的前中线和人台上的前中线对齐，在前颈点和前腰点处用两枚大头针固定，在胸围辅助线上添加一枚大头针别在胸高点的修正带上。

③ 公主线中线的固定。

 a 首先在公主线中线与腰线的交点处，用两枚大头针固定在人台上，为后续步骤做好准备。

 b 把布料上的公主线中线与人台的对应位置完全重合。

 c 固定腰围线和纬向布纹。

④ 使前片的纬纱与地面平行（不是胸围修正带）。

 注 公主线中线可以验证纬纱与地面的平行，它的长度方向正好与前中线平行，它的垂直方向正好平行于地面。

⑤ 在腰线下留5.1cm（2英寸）修剪量，在公主线中线出打剪口，剪口从布边向腰线修正带剪开。

 注 过度的腰线裁剪会导致腰部过紧，缺少必要的松量，一般应该有0.3cm（$\frac{1}{8}$英寸）松量。

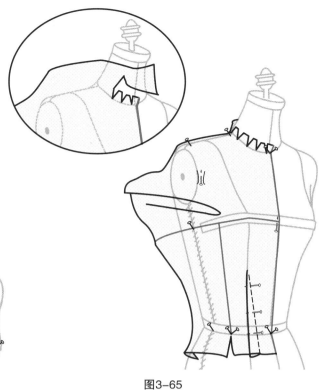

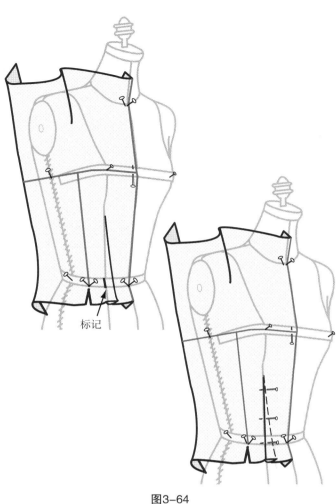

标记

图3-64

图3-65

⑥ 前腰省的固定与裁剪。在公主线中线和前中线之间产生的布料余量，就形成前腰省，注意在腰部和胸部不要收得太紧。

a 公主线与腰围线的交点做标记，捋顺前中线到公主线之间的布料余量，在标记点处折叠省量。

b 在公主线位置捏省。布料余量捏在公主线位置，省量倒向前中线，省尖朝向胸高点。

⑦ 把其余布料捋顺到侧缝位置，在侧缝点别大头针，留0.3cm（$\frac{1}{8}$英寸）松量，不要产生斜褶。

⑧ 前领口线的立体裁剪，在颈部捋顺布料修剪缝头，间隔均匀地打剪口。

⑨ 肩线的立体裁剪，在胸部和肩部捋顺布料，在肩线处别大头针并修剪。

⑩ 在袖窿处捋顺布料进行立体裁剪。

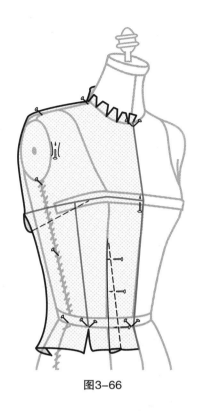

图3-66

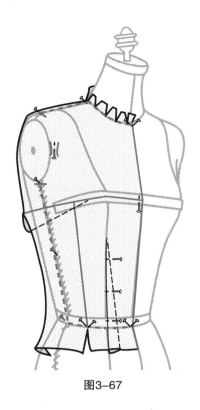

图3-67

11 侧缝的立体裁剪。在胸围辅助线以下，把布料的余量捋顺到侧缝。

12 在胸围辅助线上，把布料余量捏一个胸省，倒向下方，省尖指向胸高点。

13 在布料上标记人台对应的关键部位。

a 领口线：在前领口线上标记领口线与肩线的交点，用虚线标记领口线。

b 肩线：用虚线标记肩线，标记肩点。

c 袖窿：

» 肩点。

» 袖窿弧线中点。

» 腋下点。

d 侧缝线和侧胸省：虚线标记侧缝线和侧胸省。

e 腰围线和腰省：标记前中点、侧腰点和省端点。

⑭ 后片的立体裁剪。参照第
43~45页基本纸样后片立体裁
剪的步骤。

⑮ 从人台上取下布片，参照第
46~53页连接标记线。

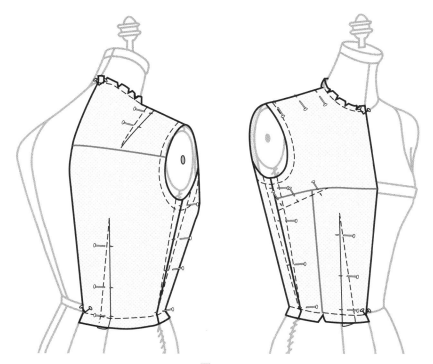

图3-68

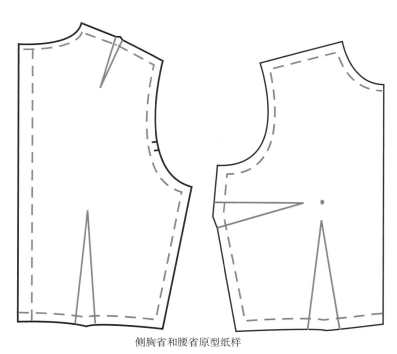

侧胸省和腰省原型纸样

图3-69

人体上的立体裁剪

人体上的前、后片立体裁剪：单腰省衣身

人体上的立体裁剪是指直接在真人模特或顾客身上进行立体裁剪，这种方法可以准确地表达真实人体的比例和尺寸：身高、围度、胸高点位置和腰围形态。这种方法特别适合特殊体型的人体，直接的在其身体上进行立体裁剪可以做到非常合体。

定制基本纸样也是进行款式变化的原始样板，需要花费较多的时间进行调整和修改，以达到量身定制的效果。

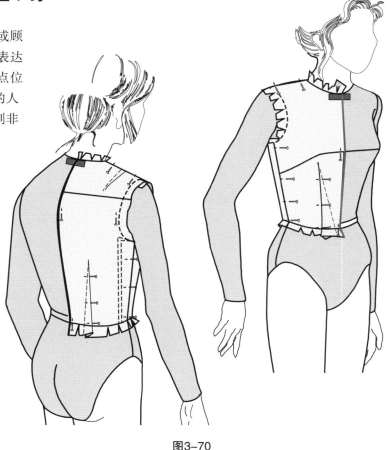

图3-70

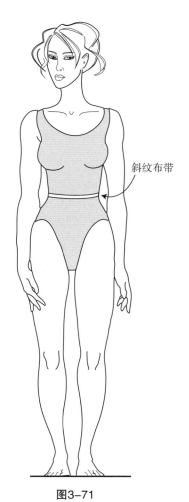

斜纹布带

图3-71

准备

为了达到最好的效果，模特穿着内衣或紧身衣，光脚站立，手臂自然下垂在腰线位置系一条宽丝带或斜纹布带，与腰线完全吻合。

在立体裁剪过程中，模特一定要平视前方，不能向下看。

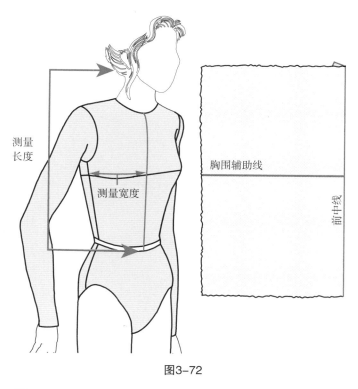

图3-72

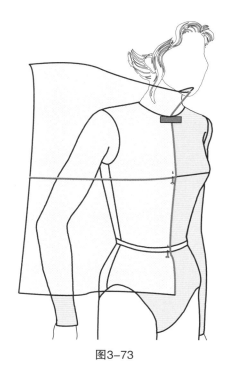

图3-73

① 前片布料准备（无纺厚衬布）。

  注 在人体上的立体裁剪，建议用无纺厚衬，这样操作
    简单且不用缝合。

  a 长度：在人体上，从第7颈椎点上量到腰线下，再加
    12.7cm（5英寸）就是布料的长度。

  b 宽度：在人体上，从前中线量到侧缝线，再加
    12.7cm（5英寸）就是布料的宽度。

  c 经纱：距离布的边缘2.5cm（1英寸）绘制前中线并向
    下折叠。

  d 纬纱：在布料的中部绘制一条完全垂直于中线的直线
    为胸围辅助线。

② 前中线的立体裁剪。

  a 将折叠2.5cm（1英寸）的前中线固定
    在人体前中线位置。

  b 在胸围辅助线与前中线交叉的位置
    别一枚大头针，别在内衣上。

  c 在前中线与腰带交点处别大头针，别
    在腰带上。

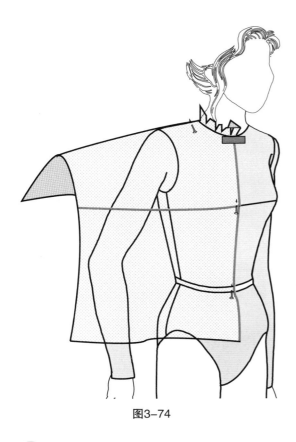

图3-74

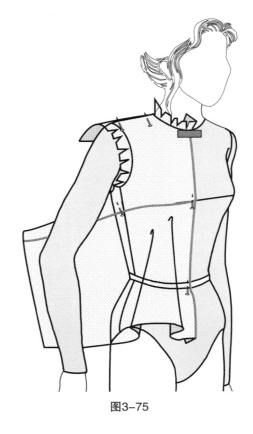

图3-75

3 前领口线的立体裁剪。

  a 在前颈口处修剪缝头并均匀打剪口，捋顺前颈部的布料余量。

  b 在肩线上别大头针，别在模特的紧身衣上。

4 肩线的立体裁剪。

  a 在肩部捋顺布料余量。

  b 在肩点处别大头针，别在模特的内衣上。

5 袖窿弧线的立体裁剪。

  a 继续进行袖窿弧线的立体裁剪，修剪缝头并均匀打剪口。

  b 在腋下部分捋顺布料，继续进行袖窿弧线的立体裁剪，修剪缝头并均匀打剪口。

6 侧缝的立体裁剪。

  a 在腋下和侧缝部位，捋顺布料。余量集中在胸高点至腰部的位置，余量的多少取决于胸部的大小（胸越大，余量越多）。

  b 在侧缝位置别大头针，别在模特的内衣或紧身衣上。

7 前腰线和腰省的立体裁剪。

　　a 在腰带位置修剪腰线并打剪口。

　　b 从胸高点（胸部的最高点）至腰带位置捏省，
　　　在腰带上别大头针。

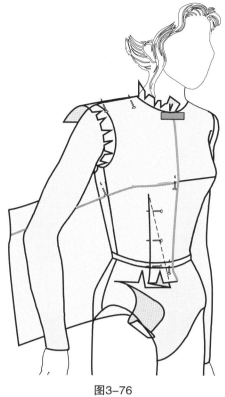

图3-76

8 前侧缝线的立体裁剪。

　　a 修剪侧缝的缝头，至少留5.1cm（2英寸）。

　　b 用大头针固定侧缝线和腰线。

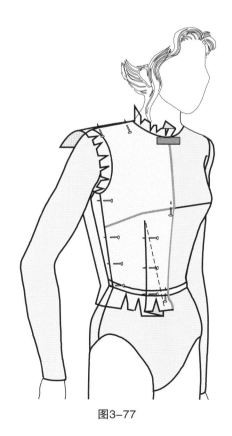

图3-77

⑨ 后片布料的准备

a 长度：在模特上从第7颈椎点量到腰线下，再加12.7cm（5英寸）就是布料的长度。

b 宽度：在模特上从后中线量到侧缝线，再加12.7cm（5英寸）就是布料的宽度。

c 经纱：距离布料的左边缘2.5cm（1英寸）绘制后中线，扣烫2.5cm（1英寸）布边。

d 后颈点横向标记：距离布料上边缘7.6cm（3英寸）做很短2.5cm（1英寸）的横向标记，代表后颈点。

e 横背宽线：距离后颈点10.2cm（4英寸）绘制一条完全垂直于后中线的直线，代表横背宽线。

f 腰围辅助线：在模特上从第7颈椎点量至后腰点，取这个长度在布料上对应的位置绘制一条完全垂直于后中线的直线，即腰围辅助线。

g 后腰省的准备：在腰围辅助线上，从后腰点测量7cm（$2\frac{3}{4}$英寸）并做标记。接着量取3.2cm（$1\frac{1}{4}$英寸）并做标记（朝侧缝方向），两个标记点间的距离就是后腰省的大小（如图所示）。在省中心位置垂直腰围辅助线向上量取17.8cm（7英寸）〔如果模特较矮，可以取15.2cm（6英寸）〕。

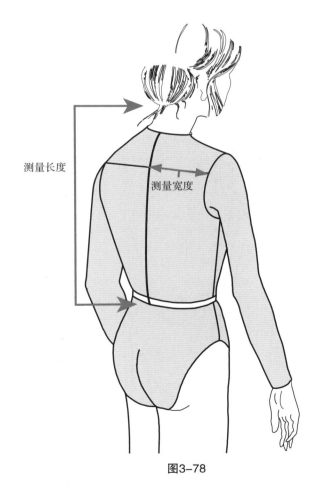

图3-78

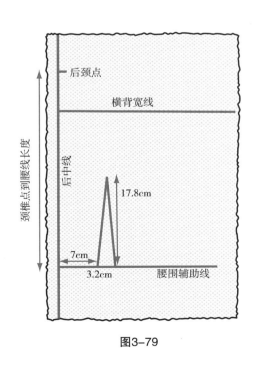

图3-79

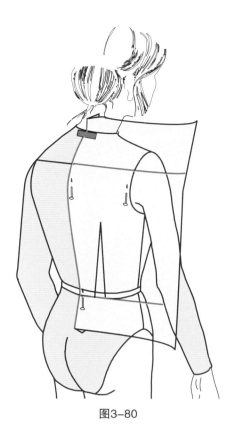

图3-80

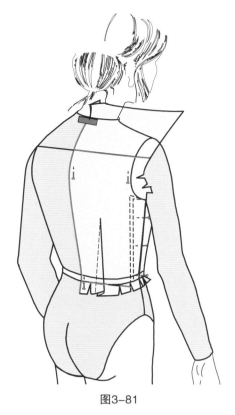

图3-81

⑩ 后中线的立体裁剪。

  a 把布料的后中线与模特身体的后中线对齐别好
    大头针,感觉上是沿着脊柱完全重合。

  b 后颈点和横背宽线的位置对齐别好大头针,别
    在内衣上。

  c 对齐后腰点,在腰带上别大头针。

⑪ 后腰省的立体裁剪。

  a 别好长17.8cm(7英寸)、宽3.2cm($1\frac{1}{4}$英寸)
    的后腰省[模特较矮,腰省长15.2cm(6英
    寸)],这是预裁第1步。

  b 省尖消失在17.8cm(7英寸)处。

  c 省宽处把大头针别在腰带上。

⑫ 腰后中点和侧缝的立体裁剪。

  a 捋顺布料余量至腰后中点,不要产生向上或向
    下的牵扯。

  b 模特轻轻地抬起手臂,在腋下部分捋顺布料,
    在前、后侧缝别合。

13 后领口线的立体裁剪。

　　a 在后颈口处修剪缝头并均匀打剪口，
　　　 捋顺后颈部的布料余量。

　　b 后肩省的立体裁剪，在肩线的中点，做
　　　 一个长7.6cm（3英寸）、宽1.3cm（$\frac{1}{2}$英
　　　 寸）的肩省。

　　c 在肩部别合前、后肩缝。

14 后袖窿弧线的立体裁剪。

　　a 继续进行袖窿弧线的立体裁剪，修剪
　　　 缝头并均匀打剪口。

　　b 在袖窿弧线上的横背宽线位置，不要
　　　 忘记留一定的松量。

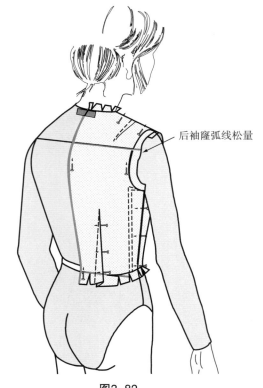

后袖窿弧线松量

图3-82

15 用彩色马克笔标记所有必要部位，如
　 下：

　　a 在腰带下方标记前、后腰围线。

　　b 前、后侧缝线。

　　c 前、后领口线。

　　d 前、后肩线。

　　e 前、后袖窿弧线：

　　　» 肩点。

　　　» 前、后袖窿弧线的中点（在纸样上自
　　　　 动产生）。

　　　» 腋下点（与袖片缝合的最低点）。

　　f 前腰省。

　　g 胸高点。

16 前、后片拓板，参照第58~60页关于前、
　 后片拓板的步骤说明。

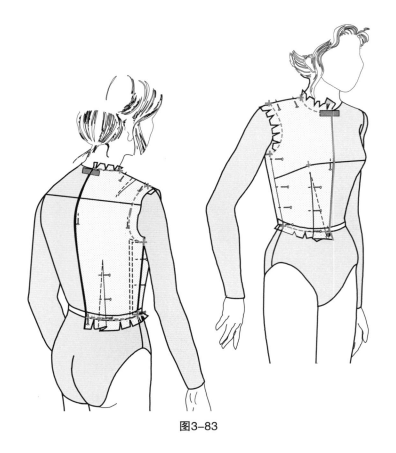

图3-83

第4章
裙子基本纸样

裙子基本纸样

　　双直省合体裙的基本纸样，其侧缝线与中线平行，前、后中线完全与经纱平行，臀围线完全与纬纱平行，臀围线以下部分自然悬垂。这种裙子的腰部非常合体，臀围线以上由腰省控制，是进行裙子款式变化的基本纸样。

　　在进行裙子款式变化时，就是对腰省进行变化，如腰省合并，腰省转移成塔克褶、造型褶、育克、造型线或是省形变化。

　　下面是双直省合体裙的基本纸样操作步骤，以及拓板和修板。

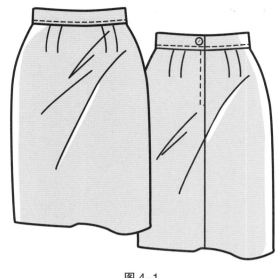

图 4-1

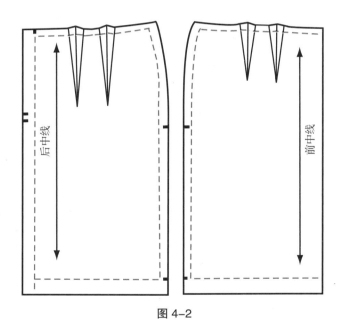

图 4-2

学习目标

　　在学习裙子基本纸样的立体裁剪步骤前，设计师应该具备的条件：
　　» 清楚经纬纱向，以及与胸围线和省的关系。
　　» 烫平布料，保证臀围线完全与纬纱平行。
　　» 对立体裁剪步骤中的松量、合体度和悬垂效果能进行检验和分析。
　　» 会拓板和修板。
　　» 一条合体的腰线、两个省和直线型侧缝线。
　　» 能从两个省转移成一个省或褶。
　　» 连线和调整前后片与人体的匹配。
　　» 检验和平衡前后侧缝线。
　　» 检验并调整立体裁剪的操作步骤。

基本裙型变化

　　一个省的合体裙基本纸样和裙摆张开裙（A型裙）的纸样，是裙子款式变化中常备的另外两种基本纸样。这三种基本纸样常常用来进行各种裙子款式的变化，在第12章有详细的讲解。

一个省的裙子基本纸样

　　一个省的裙子基本纸样，其侧缝线与中线平行。这种裙子的腰部非常合体，臀围线以上完全由腰省控制。一个省的裙子基本纸样，经常把这个省做成塔克褶、造型褶、造型线或者就是一个较大的省。塔克褶、碎褶和造型线可以直接用一个省的基本纸样变化得来。

　　一个省的基本纸样和两个省的基本纸样的立体裁剪操作一致，只是在做腰省时，省是一个而不是两个。

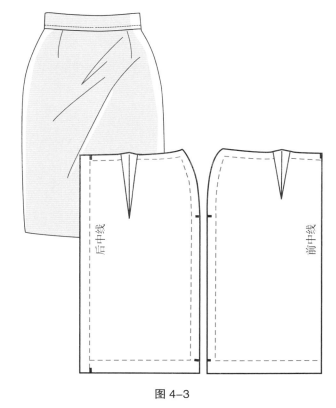

图4-3

下摆张开的裙子基本纸样（A型裙）

　　A型裙的腰部和臀部都很合体，从臀围线以下张开裙摆量。其腰线弧度较大，在与直线的腰头进行缝合时，就会使臀围线以下部分形成自然的弧度。

　　A型裙的变化适用于A造型或外轮廓较圆润的形态。造型线、腰头、口袋形态和不同的褶边都很容易从基本纸样变化得到。

　　A型裙将在第12章的第231~234页中讲解。

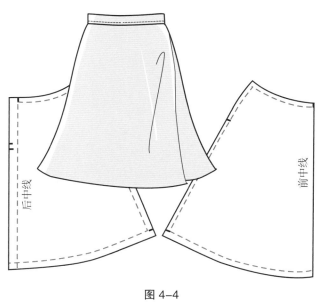

图4-4

布料准备

准备人台

1. 在人台上标记臀围线。在后中线上从后腰点向下量取17.8cm（7英寸）就是臀围线的位置。
2. 在臀围线位置平行于地面放置丝带（或皮尺），用大头针（丝带位置）标记臀围线位置，移走丝带。

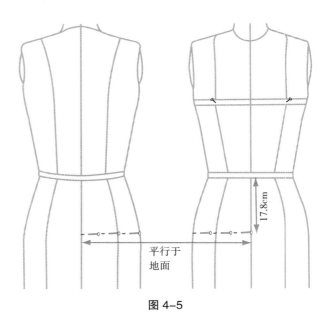

图 4-5

裙子基本纸样的前、后片：布料准备

1. 在人台上测量长度，从腰围上5.1cm（2英寸）至裙摆，再加10.2cm（4英寸）为布料长度，按长度撕出布料。
2. 在人台上测量宽度，从前、后中线至侧缝沿臀围线测量，再加10.2cm（4英寸）为布料宽度，按宽度撕出布料。

3. 距离布边2.5cm（1英寸），绘制平行于经纱的前、后中线，扣烫2.5cm（1英寸）布边。

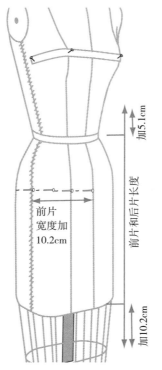

图 4-6

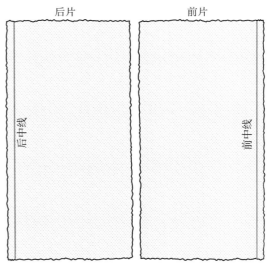

图 4-7

④ 标记前腰点。在前中线上距离上边沿5.1cm（2英寸），用铅笔标记为前腰点位置。

⑤ 绘制前、后臀围线。

　a 在前片上，从前腰点向下量取17.8cm（7英寸），用L直角尺绘制一条与纬纱平行的直线。

　b 在后片上，从上边沿向下量取22.9cm（9英寸）（在后中线上），用L直角尺绘制一条与纬纱平行的直线。

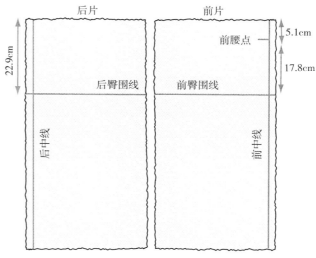

图 4-8

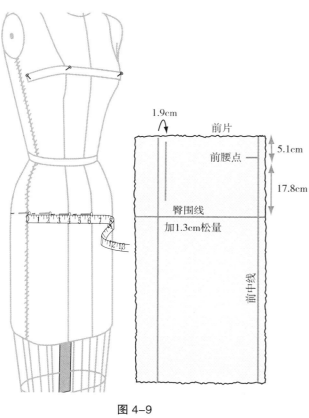

图 4-9

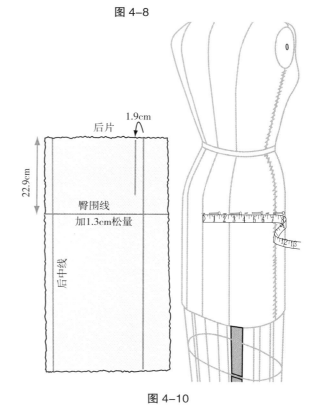

图 4-10

⑥ 确定前侧缝。在人台臀围线上从前中线至侧缝量取，加1.3cm（$\frac{1}{2}$英寸）松量的尺寸标注在布料对应的位置上。过标注点绘制一条与前中线完全平行的经线为侧缝线。

⑦ 确定后侧缝。在人台臀围线上从后中线至侧缝量取，加1.3cm（$\frac{1}{2}$英寸）松量的尺寸标注在布料对应的位置上。过标注点绘制一条与后中线完全平行的经线。

⑧ 绘制第二侧缝线。向前、后中线方向，距离前、后侧缝线1.9cm（$\frac{3}{4}$英寸）绘制其平行线，这条线用于腰围线的立体裁剪。

裙子基本纸样：立体裁剪步骤

前裙片：立体裁剪步骤

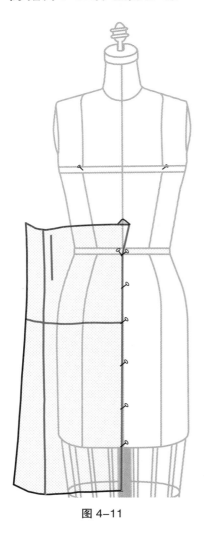

图 4-11

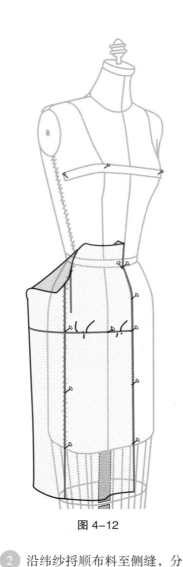

图 4-12

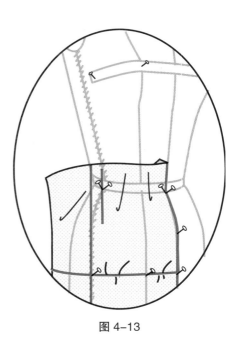

图 4-13

① 把布料上的前中线与人台上的前中线对齐别好，布料的纬纱与人台臀围线匹配。

② 沿纬纱捋顺布料至侧缝，分解松量别好侧缝。确保布料的纬纱与地面平行。当臀围线与布料纬纱完全平行时，布料的侧缝线与人台的侧缝线也完全重合。

③ 别好臀围线以下的侧缝。

④ 把第二侧缝线别在距离人台侧缝 1.9cm（$\frac{3}{4}$英寸）处。

注 在臀围线以上部分，如果直接对准侧腰点进行立体裁剪，容易产生一条细折痕。

⑤ 两个前腰省的立体裁剪。在裙子前中线至距离侧缝1.9cm（$\frac{3}{4}$英寸）处的多余布料，就是两个前腰省的省量。

a 第一个省（多余布料的一半）在公主线位置。

» 在腰线与公主线的交叉点处，做十字标记。从前中线捋顺布料至公主线，做标记捏省量。

» 固定公主线处的余量，在公主线上捏省，省量倒向前中线，省尖朝臀围线方向消失。

b 第二个省的立体裁剪（多余布料的另一半）。

» 距离第一个省3.2cm（$1\frac{1}{4}$英寸)处，做十字标记，捏省量。

» 第二个省的固定和立体裁剪。多余布料全部捏在第二个省，省量倒向前中线，省尖朝臀围线方向消失。

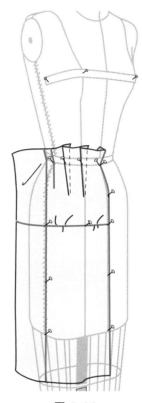

图 4-14

后裙片：立体裁剪步骤

① 在臀围线上，对齐前、后片的侧缝线，必须互相平行、完美匹配。

② 沿纬纱捋顺布料至侧缝，分解松量别好侧缝。

图 4-15

③ 把布料上的后中线折叠与人台上的后中线对齐别好。

④ 把第二侧缝线别在距离人台侧缝1.9cm（$\frac{3}{4}$英寸）处。

注　在臀围线以上部分，如果直接对准侧腰点进行立体裁剪，容易产生一条细折痕。

图 4-16

5 两个后腰省的立体裁剪。在裙子后中线至距离侧缝1.9cm（$\frac{3}{4}$英寸）处的多余布料，就是两个前腰省的省量。

a 第一个省（多余布料的一半）在公主线位置。

» 在腰线与公主线的交叉点处，做十字标记。从后中线将顺布料至公主线，做标记捏省量。

» 固定公主线处的余量，在公主线上捏省，省量倒向后中线，省尖朝臀围线方向消失。

b 第二个省的立体裁剪（多余布料的另一半）。

» 距离第一个省3.2cm（$1\frac{1}{4}$英寸）处做十字标记，捏省量。

» 第二个省的固定和立体裁剪。多余布料全部捏在第二个省，省量倒向后中线，省尖朝臀围线方向消失。

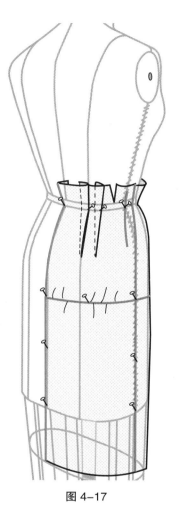

图 4-17

6 在布料上标记人台对应的所有关键部位：

a 前、后腰围线。

b 前、后腰省。

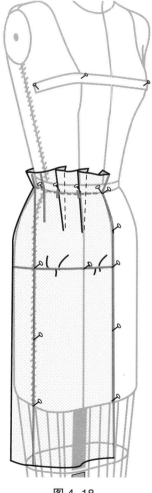

图 4-18

裙子基本纸样拓板

1. 将布料从人台上取下平放在桌面，根据基本纸样缝制布料，操作步骤如下：

   a 绘制一条竖直的经向线，在臀围处绘制一条纬向线，分别绘制在两张纸上（一张是裙子前片，另一张是裙子后片）。

   b 绘制侧缝线。重新测量臀围，加1.3cm（$\frac{1}{2}$英寸）松量的长度标记在纸上对应的位置，然后绘制一条平行于经纱的线就是侧缝线（裙子前、后片做法一样）。

   c 将立体裁剪的布料放在纸的上面，对齐臀围线处的经、纬纱向，侧缝线就会同时自动对齐。

   d 用滚轮将腰围线、省道和侧缝线标记在纸上。

2. 绘制一个小的90°直角标记：

   a 前腰点（1.3cm）。

   b 后腰点（2.5cm）。

3. 绘制前、后腰省。

   a 确定每个腰省的中心位置。

   b 绘制省中线。用直尺给每个省道绘制一条平行于经纱的线，前腰省的长度是8.9cm（$3\frac{1}{2}$英寸）、后腰省的长度是14.0cm（$5\frac{1}{2}$英寸），省道线的底端点被称为省端点。

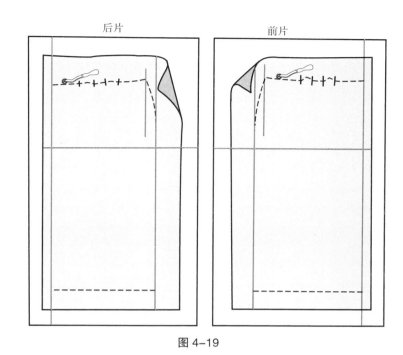

图 4-19

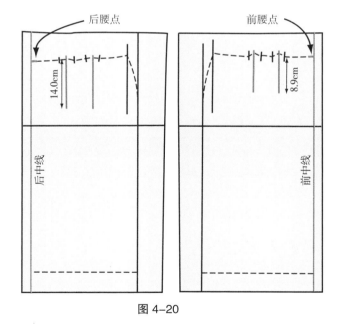

图 4-20

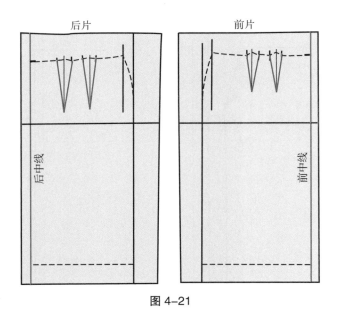

图 4-21

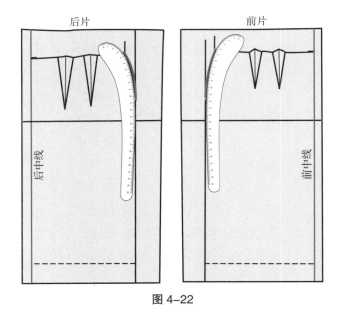

图 4-22

④ 绘制省端线，用直尺连接省尖点至腰围线的省端点。

⑤ 绘制侧缝线。把曲线尺偏直的一边放在侧腰点和侧缝处（如图所示）。

⑥ 绘制腰围线。合并腰省并用大头针固定，在腰省合并后的对应位置用长曲线尺，绘制腰围线。

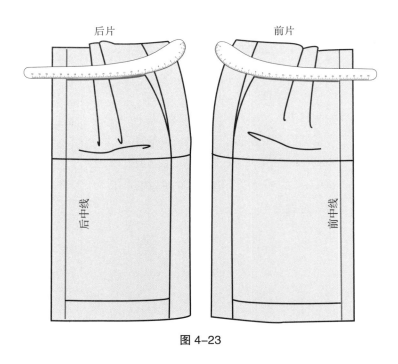

图 4-23

7 检验侧缝。

　　a 将前、后侧缝用大头针别合在一起。

　　b 测量从臀围线到腰围线之间的侧缝长度，
　　　前、后应该是一样长的。如果不一致，调整
　　　后腰点与前片的尺寸吻合。

　　注 如果前、后片的测量数据相差大于1.6cm（$\frac{5}{8}$英
　　　寸），要重新进行立体裁剪操作来确定
　　　侧腰点的位置。

8 前、后侧缝用大头针固定，绘制下摆线。

　　a 测量标记裙子的长度。从后中点沿后中线测量
　　　预设的裙子长度。

　　b 在裙长处，从后至前绘制一条完全平行于臀
　　　围线的直线。

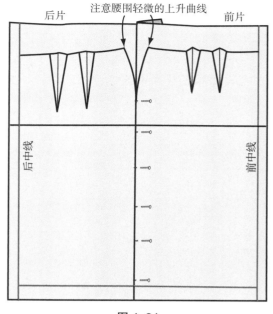

图 4-24

9 在所有缝合处留足布料余量。请参阅第18页第1
　章的细详讲解。

10 检验腰围线。

　　a 将前、后裙子的侧缝线对齐别好，省道固定。

　　b 检验腰围线形状，应该是一条连续的流畅
　　　曲线。

　　c 把裁片的腰围线与裙子的腰围线放在一起，进
　　　行比对。所有省道合并后，裁片和裙片的腰
　　　围线长度一致。

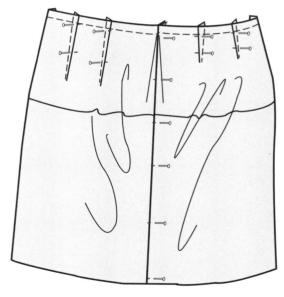

图 4-25

裙子基本纸样修板

在完成和修正好裙子的省道后，设计师必须将其用大头针别在一起，并固定在人台的右半身上。到此，表示设计已完成一半，侧缝要完全对齐，前片压后片别合，所有大头针与别合线垂直。

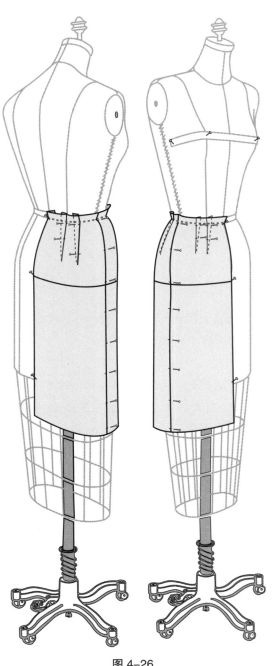

检验明细

对成品的认真检验，好处多多。检验可以明确别合处的不准确或错误，任何不一致或错误可以在这个阶段得到修正。

» 前、后经纱必须竖直。
» 前、后纬纱必须与地面完全平行。
» 臀围线要均匀流畅。
» 所有的缝线必须光滑、整洁。
» 所有的缝线必须有正确的缝量。
» 立体裁剪的总体外观要整洁。
» 省道位置准确，消失在省尖点。
» 布料的侧缝和人台的侧缝完全对准。
» 整体平衡。前、后片的设计量各在其位，所有的缝合线舒展自然。

图 4-26

第5章

袖子

一片合体袖

袖子是服装上用来遮蔽手臂的部分。袖子通常与服装通过肩线与袖窿弧线缝合在一起。袖子"插进袖窿"，就是这个术语的由来。袖子中部的横纹线应该顺着手臂曲线自然下落。

一片合体袖适合传统袖窿弧线。这种袖子需要形成一个"袖山头"来贴合手臂顶部曲线的松量，有时被称为插入型或封闭型衣袖。因为这种袖子是先缝制侧缝和肩线，再缝制袖山曲线和袖窿弧线。

图例是绘制一片紧身袖的步骤图，详细讲解了袖子与袖窿的匹配过程。袖片（有、无肘省）根据不同的款式设计进行调整，如裙子，男、女式衬衫等。

图 5-1

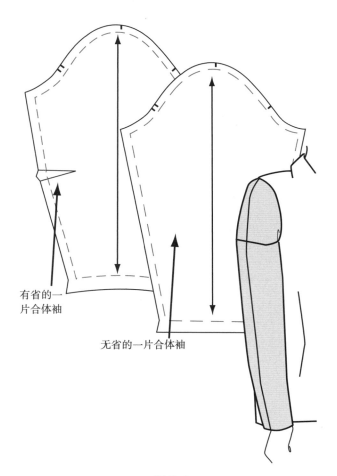

有省的一片合体袖

无省的一片合体袖

图 5-2

学习目标

通过本章的学习，设计者应该能够：
» 认识经、纬纱线与袖子的关系。
» 能进行一片合体袖的立体裁剪。
» 清楚基本袖型的制作要点，如松量、袖山尺寸和各部位尺寸。
» 将袖子旋转或"向前插入"上衣的袖窿，决定袖子的松量，并且标记袖山顶点。
» 检验每个袖片最终效果，达到适合的松量、袖山形状、外观形态和比例美感。
» 当任何袖子形态不准确时，可以调整袖子或衣片的袖窿弧线。
» 调整基本袖型可满足更多手臂活动空间。
» 转换基本袖型可适用于大衣结构。

基本袖型变化

下列袖型的变化可根据服装中不同的袖窿设计，如衬衫袖、插肩袖和连身袖。衬衫袖与第10章无省设计的衬衫放在一起讲解，插肩袖和连身袖的立体剪裁操作步骤在第11章讲解。这些袖子可用于进行各式裙子，男、女式衬衫的变化设计。

图5-3

衬衫袖

衬衫袖是一种落肩式的开放设计。在缝合袖片与衣片时，袖山曲线的曲度很小、松量很小。衬衫袖是先进行袖山曲线和袖窿弧线缝合，再缝制侧缝线，因此被称为"开袖缝制法"。

设计一个无省落肩的衬衫袖时，需要进行衬衫袖的立体裁剪，将在第10章的无省设计的衬衫中讲解。

图5-4

插肩袖

插肩袖是指衣身或肩的一部分在袖片上。在上衣和袖子上保留其原始的腋下曲线，插肩袖与衣身的缝合线，从前、后领口线至前、后袖窿弧线中部区域形成斜对角地顺延，插肩袖穿着舒适、活动量较大。

插肩袖适用于无省或有省的上衣、女衬衫等，将在第11章的袖子立体剪裁中讲解。

连身袖

连身袖是指衣身和袖子合二为一。袖子与前、后衣片在一起，其腋下点位置变化大，袖子长度也随之变化。肩线沿着肩部斜线剪裁，侧缝平行于前中线。连身袖多用于裙子和衬衫的各种变化设计中。

进行无省上衣的立体剪裁时，连身袖将在第11章的袖子立体剪裁中讲解。

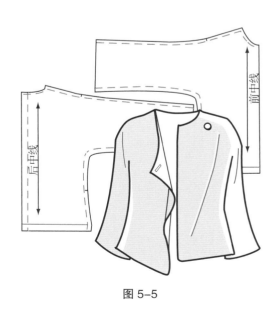

图5-5

布手臂的制作

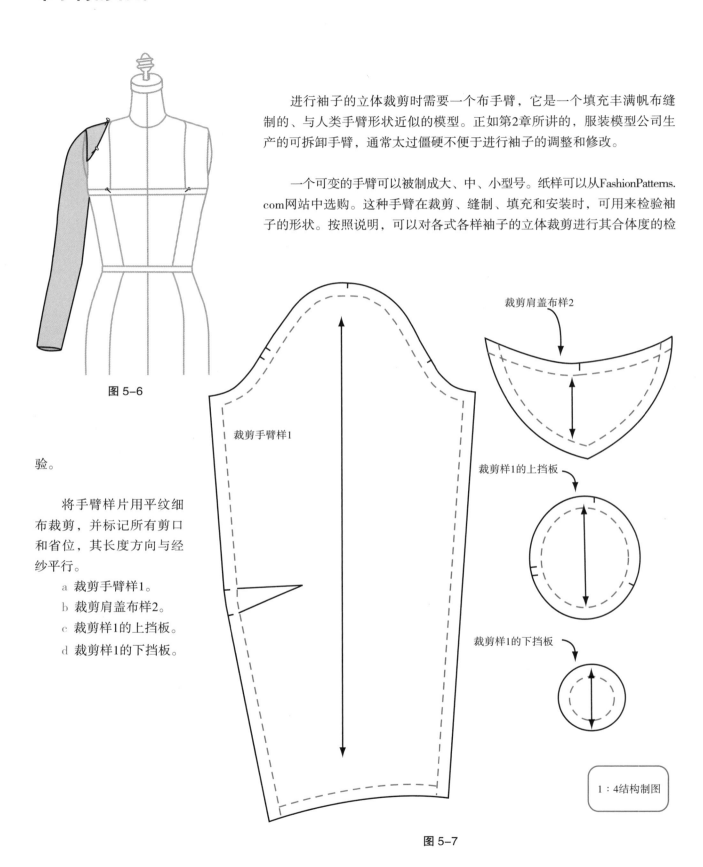

进行袖子的立体裁剪时需要一个布手臂，它是一个填充丰满帆布缝制的、与人类手臂形状近似的模型。正如第2章所讲的，服装模型公司生产的可拆卸手臂，通常太过僵硬不便于进行袖子的调整和修改。

一个可变的手臂可以被制成大、中、小型号。纸样可以从FashionPatterns.com网站中选购。这种手臂在裁剪、缝制、填充和安装时，可用来检验袖子的形状。按照说明，可以对各式各样袖子的立体裁剪进行其合体度的检验。

将手臂样片用平纹细布裁剪，并标记所有剪口和省位，其长度方向与经纱平行。

- a 裁剪手臂样1。
- b 裁剪肩盖布样2。
- c 裁剪样1的上挡板。
- d 裁剪样1的下挡板。

图 5-6

裁剪手臂样1

裁剪肩盖布样2

裁剪样1的上挡板

裁剪样1的下挡板

1：4结构制图

图 5-7

① 缝制手臂片。

　　a 缩缝袖山曲线。

　　b 缝制肘省和腋下缝合线。
　　　确保腋下缝合线长度一
　　　致，手臂完成时能与人台
　　　右侧匹配。

② 翻出手臂片正面。

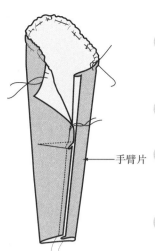

手臂片

图 5-8

③ 裁剪并扣烫缝头（倒向
　　里面）。

④ 腕围处裁剪并扣烫缝头。

⑤ 小挡板与腕围线（小圈）
　　的底部缝合。确保腕围线
　　水平，其长度为17.8cm（7
　　英寸）。

腕围线

图 5-9

⑥ 缝制肩盖布（尖边一侧），翻出正面。

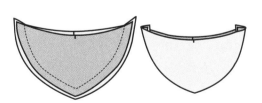

图 5-10

⑦ 缝制肩盖布与大挡板（手臂顶
　　部弧线），与肩的位置匹配。

手臂片

图 5-11

⑧ 将肩盖布（连上大挡板）放置
　　在手臂肩头（提前掀起）和大
　　挡板之间。

⑨ 在手臂肩头处，从肩盖布边缘
　　一端缝制到另一端。

⑩ 填充手臂。注意不要过分填
　　充，否则手臂可能会扭曲
　　变形。

⑪ 调整大挡板（未缝合位置）与
　　手臂腋下部分相匹配（已缝合
　　位置）。手缝手臂腋下部分
　　与大挡板的底部，其缝制长
　　度一致。

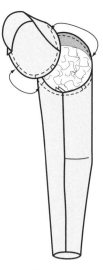

图 5-12

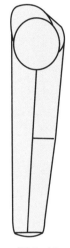

图 5-13

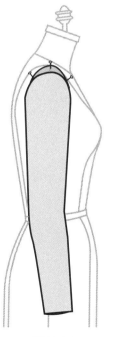

图 5-14

⑫ 手臂完全缝合后，将手
　　臂固定到人台右侧。

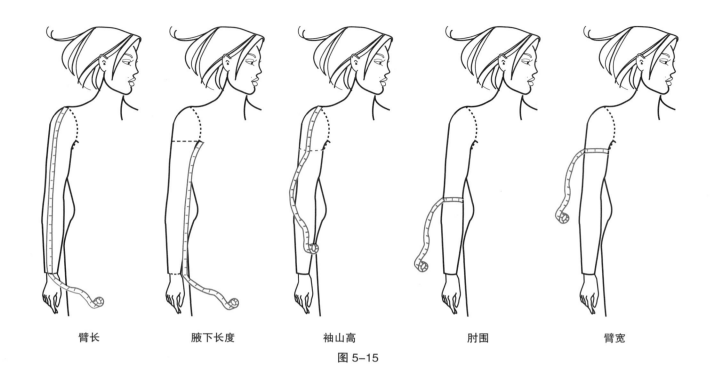

| 臂长 | 腋下长度 | 袖山高 | 肘围 | 臂宽 |

图 5-15

在绘制基本合体袖之前，学习下列五种重要的尺码。

表5-1 基本袖型尺寸表

1. 臂长（从肩端点到手腕的距离）				
尺码	6	8	10	12	14
臂长	56.8cm	57.8cm	58.7cm	59.7cm	60.6cm
2.腋下长度（从腋下到手腕的距离）				
尺码	6	8	10	12	14
腋下长度	41.3cm	41.9cm	42.5cm	43.2cm	43.8cm
3.袖山高（从腋下到肩端点的距离）				
尺码	6	8	10	12	14
袖山高	15.6cm	15.9cm	16.2cm	16.5cm	16.8cm
4. 肘围（肘部测量数据加2.5cm松量）				
尺码	6	8	10	12	14
肘围	24.8cm	26cm	27.3cm	28.6cm	29.8cm
5. 臂宽（上臂测量数据加5.1cm松量）				
尺码	6	8	10	12	14
臂宽	29.2cm	30.5cm	31.8cm	33cm	34.3cm

基本袖型：袖子纸样制图

① 裁剪一张长81.3cm（32英寸），宽61cm（24英寸）的图纸，沿长度方向对折。

注　绘制一半袖子的草图，在对折的纸样上裁剪，打开后制成一个完整的袖子。细部曲线的不同在于前、后片的差异。

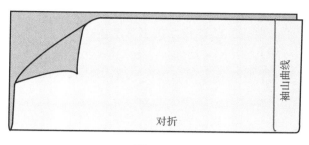

图 5-16

② 绘制袖山曲线。对折线对着人体，距离纸样右侧5.1cm（2英寸）处，绘制一条垂直线。

③ 绘制腕围线。对折线对着人体，从袖山顶点（袖山曲线）向左量所需要的袖长（8码的长度是57.8cm，10码的长度是58.7cm）。使用直角尺，在对折两面的腕围线位置绘制垂直线。

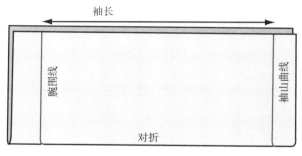

图 5-17

④ 绘制袖宽线。对折线对着人体，从袖山顶点（袖山曲线）向左量所需要的袖山高（8码的长度是15.9cm，10码的长度是16.2cm）。使用直角尺，在对折两面的袖宽线位置绘制垂直线。

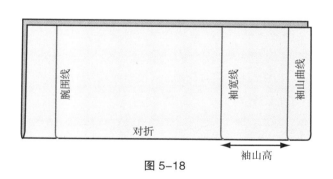

图 5-18

⑤ 绘制肘围线。对折线对着人体，在袖宽线和腕围线中间往右1.3cm（ $\frac{1}{2}$ 英寸）处绘制肘围线。

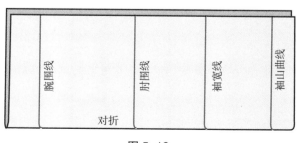

图 5-19

6 袖宽线一半处做十字标记。

  a 明确袖宽线所需长度并加上必要的松量。平分
    袖宽（8码是15.2cm，10码是15.9cm）。

  b 在图纸的上面一层，依据一半的长度做十字
    标记。

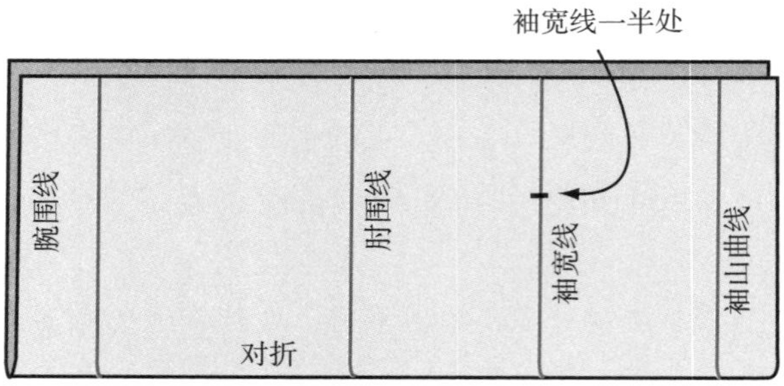

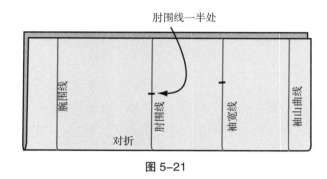

图 5-20

7 肘围线一半处做十字标记。

  a 明确肘围所需长度再加上必要的松量。平分肘
    围（8码是13cm，10码是13.7cm）。

  b 在图纸的上面一层，依据一半的长度做十字
    标记。

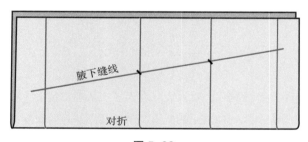

图 5-21

8 绘制腋下缝线。连接袖宽线和肘围线的十字标
  记，并延长至袖山曲线（袖山头）和腕围线，这
  条线代表腋下缝线。

9 袖山曲线的准备：

  a 从袖山顶点（袖山曲线）到袖宽线中部对折袖
    山区域。

  b 沿长度方向对折袖子。将袖子中线与腋下缝线
    对齐对折。

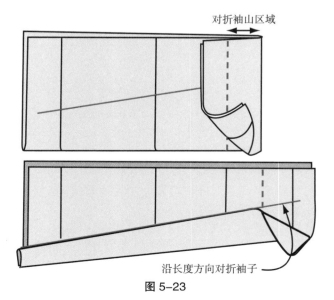

图 5-22

图 5-23

10 用曲线板做辅助线绘制袖山形状。

  a 距离袖宽线与腋下缝线的交点2.5cm（1英尺）处做十字标记。

  b 在沿长度方向的折叠边上，距离袖山顶点1.9cm（$\frac{3}{4}$英寸）处做十字标记。

  c 细实线连接两个十字标记，作为辅助线。

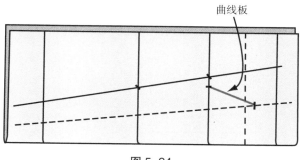

图 5-24

11 绘制袖山曲线靠腋下曲线的部分。如图所示，用曲线板连接A（腋下缝线与袖宽线交点）、B（辅助线中部）和C（袖山曲线的袖山顶点），这三点必须同时与曲线板相切。

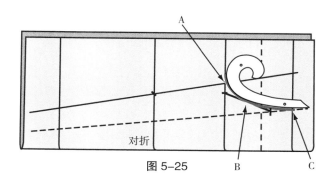

图 5-25

12 绘制袖山曲线的顶部。如图所示，用曲线板连接B（辅助线中部）、D（纵向折叠线的十字标记）和E（袖中线的袖山顶点），这三点必须同时与曲线板相切。

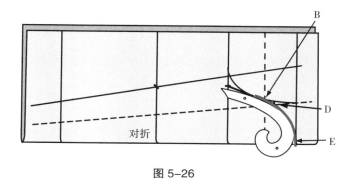

图 5-26

13 裁剪袖片纸样。保持折叠，沿着重新确定的袖山曲线、腋下缝线和腕围线裁剪出袖片。

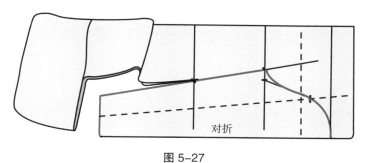

图 5-27

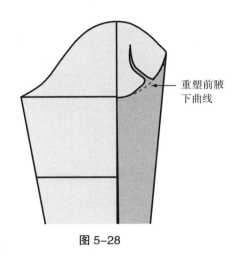

图 5-28

重塑前腋下曲线

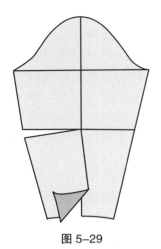

图 5-29

⑭ 重塑前腋下曲线。打开袖片纸样，并将没做标记一层的腋下缝线与袖中线对齐。在腋下缝线的较低的曲线中部凹进0.6cm（$\frac{1}{4}$英寸）剪顺，将纵向的$\frac{1}{4}$折叠至腋下缝线。这一层代表前袖片。

⑮ 标记肘省和腕围线的位置。在肘围线上剪开袖片纸样，剪至袖中线。同时，在袖中线上，从腕围线向上剪至肘围线，不要完全剪断。

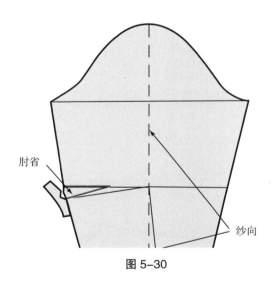

肘省

纱向

图 5-30

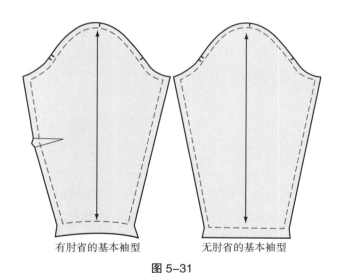

有肘省的基本袖型　　　　无肘省的基本袖型

图 5-31

⑯ 绘制后袖片和肘省。移动⑮未剪断的袖片，并与袖中线重叠，这样在肘线位置就会产生一个开口，移动量控制在1.3~1.6cm（$\frac{1}{2}$~$\frac{5}{8}$英寸）。在肘围开口处垫一小片纸，绘制8.9cm（$3\frac{1}{2}$英寸）长度肘省，折叠肘省，重新绘制腋下缝线，剪掉多余纸样。

⑰ 袖山打V形剪口。将袖山的缝线配到所需袖窿缝线内，参考第97~98页的步骤进行位置匹配。

⑱ 绘制袖子的缝头，参考第97~98页的袖山与袖窿匹配部分。松量会被"裁剪"，将前侧（单凹口）到后侧（双凹口）区分开，是为做合体袖而准备。

袖山和袖窿的匹配

袖子的轮廓是变化的，它可能会是很紧的短袖也可能是蓬松的短袖；可能与自然的肩型相配，也可能与带垫肩的方形袖型相配，无论哪种情况，袖子必须合身，并具备一定的活动量。因此，每一种袖的外观设计，必须检验袖山高、对位点、形态和合体度。

袖子轮廓确认后，袖子必须能与袖窿匹配缝合，这门技术被称为"插入袖子"。将袖子插进袖窿会显示袖山高是否足够、形态是否匹配、对位点及其松量是否合适。

① 将袖子腋下点与衣片腋下点对齐，匹配缝线。

 注　标记上衣袖窿对位点。前、后袖窿对位点在
　　　距离侧缝线向上0.8cm（$\frac{1}{3}$英寸）处［大概
　　　长7.6cm（3英寸）］，参考本书第50页。

② 在袖窿处插进袖子。从腋下缝线开始，将袖子插进袖窿直到袖子边缘和上衣相接。在袖子缝线处使用铅笔或是锥子来固定袖子。当插入袖子与袖窿匹配时，用铅笔在袖窿对位点前、后做标记（前面一个，后面两个）。

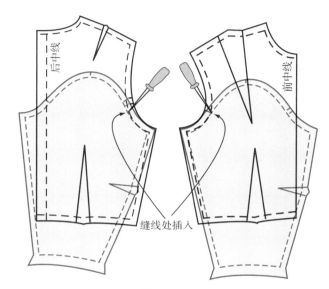

图 5-32

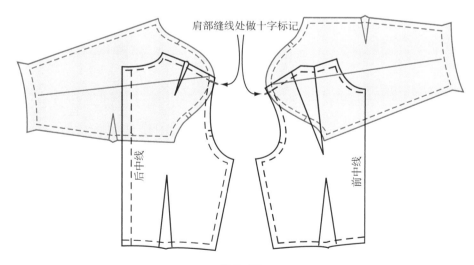

图 5-33

③ 继续将袖子插进剩下的袖窿区域。移动锥子来标记袖子和上衣袖窿连接处，继续在袖窿处旋转地插入袖子，直到袖子边缘和上衣再次重合。

④ 在肩部做十字标记。在插入袖子时，在上衣肩部前、后袖山处做十字标记。

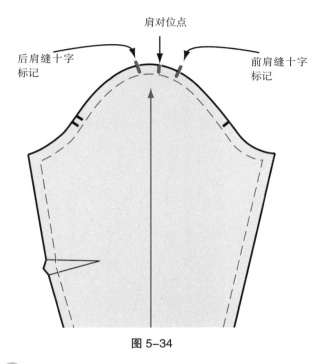

图 5-34

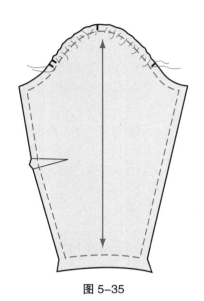

图 5-35

⑤ 确定袖山处的肩对位点。平分肩缝十字标记之间的距离，这个中点就是肩对位点。

注　若袖窿形状正确，肩对位点向前片移0.6cm（$\frac{1}{4}$英寸）。若对位点未落在此位置周围，可推测上衣形状和袖窿形状有不准确的地方［后袖窿应该比前袖窿长1.3cm（$\frac{1}{2}$英寸）］。

⑥ 确定袖山松量。肩点的十字标记之间的距离就是袖山的松量，可以把松量分散在肩头或"起皱地"放入前、后腋下点之间的袖山曲线中。从前对位点到后对位点缩缝袖山（包含松量）。

注　袖山松量应为2.5~3.8cm（1~1$\frac{1}{2}$英寸）。若不是这样，那么制图可能会有错误，也可能在上衣袖窿校准时或立体剪裁时出错。

⑦ 检验肩对位点和袖窿的平衡。

若肩对位点位置错误，袖子也不会裁剪正确，袖子会向后倾斜或扭曲变形。因此，一旦袖子对位点确立，检查两次确保对位点偏前片0.6cm（$\frac{1}{4}$英寸）。若没有上述情况，则意味着在插进袖子时袖窿没有做到平衡，参考第51页第3章的细节说明。

为了袖子能正确裁剪，袖窿必须平衡。若通过移动或增添0.6cm（$\frac{1}{4}$英寸）但袖窿没有平衡，复查肩缝和侧缝的合体度，参考第51页第三章的细节说明。

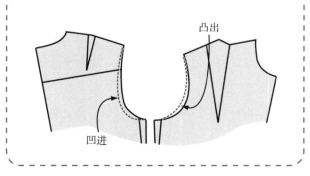

图 5-36

固定并检验袖子的立体剪裁

完成一个新的袖子纸样后，将袖子与衣身进行组合是很重要的步骤。这便于设计师将平面的纸样与实际袖子的造型、运动状态、大小和形状作比较，袖子应该光顺地"进入"袖窿。检验袖山松量大小，上衣、肘部和手腕部位是否正确匹配。还要检验袖子的活动量和舒适度。

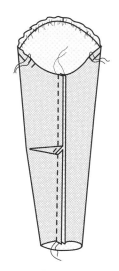

图 5-37

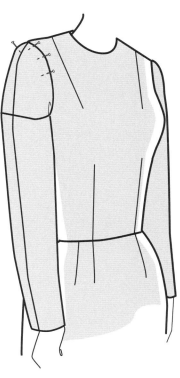

图 5-38

1️⃣ 在布料上裁剪出基本袖型。缝制肘省和腋下缝线，在前、后对位点处修剪袖山。

2️⃣ 将手臂固定到人台上。同时，将缝制好的服装穿在人台上。

抬起手臂露出腋下缝线，并固定袖子腋下缝到人台的腋下缝上。在前、后对位点周围，平行于缝合线别大头针固定。

图 5-39

3️⃣ 别合袖山和袖窿的余下部分，确保肩山对位点与肩缝线匹配。

注 更多袖子合体度的讲解见第20章。

检验明细

检验袖子合体度和着装效果。若袖山底部轻微脱离衣片，调整并固定，在图纸上进行调整。

经纱

经纱应该与手臂中部平行。若袖子向前或向后扭转，检查袖窿形状，同时检查袖子制图。

着装效果

袖子应沿手臂自然下垂，前臂稍前倾，与手臂形状近似。

纬纱

纬纱（袖肥线）应该与经纱成90°夹角并与地板平行。纬纱不应拉扯或拖拽，检验袖窿平衡度、形状和对位点。

松量

袖山应有3.2~3.8cm（$1\frac{1}{4}$~$1\frac{1}{2}$英寸）的松量。若松量大小不合适，检查袖窿形状。参看第102页的松量信息。

其他因素

若袖窿弧线、袖子经纬纱向和袖山对位点已检查，但是袖子还是不太正确，那么袖子可能被拉扯、扭曲、倾斜、起皱或者有拉线。为了细节的正确度，参考第20章的调整方法。

图 5-40

调整袖片给手臂更多的活动空间

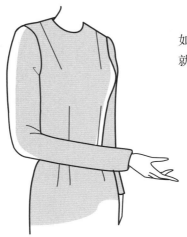

图 5-41

装袖有时需要下落腋下点，使手臂能上下活动自如，前后运动空间充分。在袖片上进行简单的变化，就可从基本袖型转化为所需袖型，具体步骤如下：

① 裁剪一张长81.3cm（32英寸）、宽76.2cm（30英寸）的图纸，沿袖长方向对折。

② 把基本袖型（没有肘省）放置在图纸上，将袖中线（经纱）与图纸折线对齐。

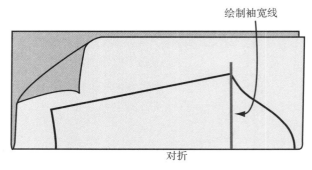

图 5-42

③ 从袖山顶点（折叠图纸）沿袖中线向下到腕围线，绘制完整的袖子纸样。

④ 移走基本袖纸样。在图纸上绘制袖宽线，依据基本袖型的袖宽绘制水平线。

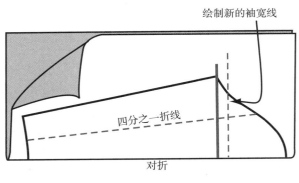

图 5-43

⑤ 在距离袖宽线2.5cm（1英寸）的位置，绘制一条新的袖宽线。

⑥ 在新的袖型图上，四分之一处绘制袖子的折线（见图）。

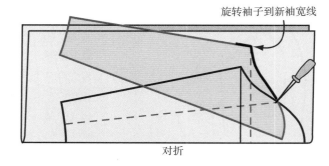

图 5-44

⑦ 将基本袖放置在新袖型图上面，使袖中线与纸样折线和原始袖宽线匹配。

⑧ 向上旋转袖子到新袖宽线。用锥子在四分之一折线与袖山交点处固定，向上旋转袖子腋下线，直到腋下点与"新的袖宽线"相交。

⑨ 绘制新的袖山曲线。依据基本袖型形态，从四分之一折线处的袖山向下到新的腋下点绘制。

10 绘制新的腋下袖缝线。用直尺向下连接新的腋下点和原来的腕围线。

11 连顺新的袖山曲线。用曲线板重新连顺新的袖山曲线，重塑腋下缝线。

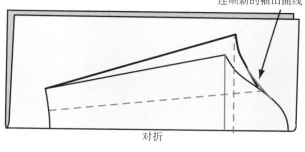

连顺新的袖山曲线

对折

图 5-45

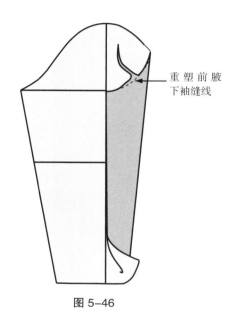

重塑前腋下袖缝线

图 5-46

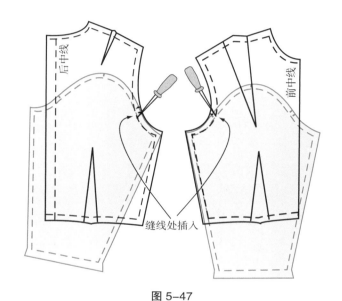

后中线

前中线

缝线处插入

图 5-47

12 裁剪袖子纸样，并重塑前腋下袖缝线的形状。打开袖子，并将没做标记一层的腋下缝线与袖中线对折。在腋下缝线的较低的曲线中部凹进 $0.6cm$（$\frac{1}{4}$ 英寸）剪顺，将纵向的四分之一折叠至腋下缝线。这一层代表前袖片。

13 若使用一片袖添加放缝。后缝肘省的选择取决于袖子的设计需要。

14 将袖子插进袖窿。当袖子变化时袖山高可能会有轻微的变化。因此，袖子是否有足够的松量或是所需松量是否合适都是十分重要的。参考第97~98页的调整袖片，使用下列辅助办法来调整袖山松量。

袖山松量的调整

在前几页的讲述中，将袖子插进袖窿后，可以分析袖山松量的大小。松量大小的变化，取决于袖子形态，如基本合体袖、衬衫袖、夹克袖、大衣袖。可用下列辅助办法来预留松量的大小。

基本合体袖

松量大小应在2.5~3.8cm（1~$1\frac{1}{2}$英寸）。这个量可以变化，取决于面料厚薄、服装风格和制造工艺。

衬衫袖

松量大小应在0~1.3cm（0~$\frac{1}{2}$英寸）。有些面料的衬衫袖设计是没有松量的，如皮革和牛仔。

夹克和大衣袖

松量大小应在3.8~5.1cm（$1\frac{1}{2}$~2英寸），松量大小取决于面料厚薄、服装风格和制造工艺。

若袖山松量过多或过少，可以通过下列操作来增加或是减少袖山松量。

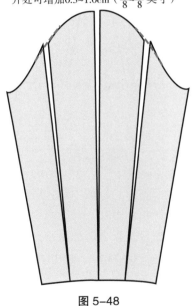

进行切展加量来增加松量。在每一剪开处可增加0.3~1.0cm（$\frac{1}{8}$~$\frac{3}{8}$英寸）

进行切展减量来减少松量。在每一剪开处可减少0.3~1.0cm（$\frac{1}{8}$~$\frac{3}{8}$英寸）

图 5-48

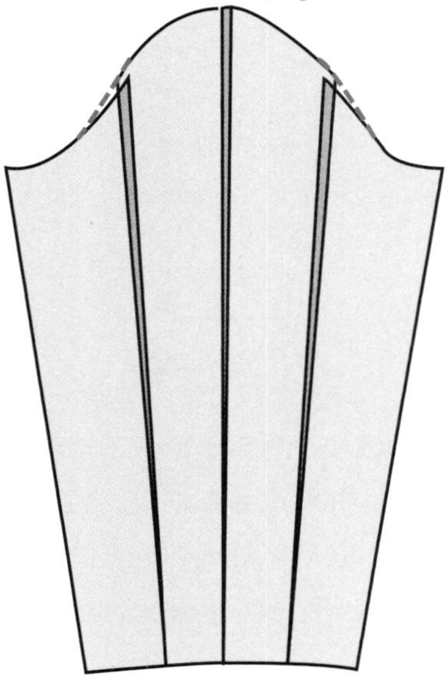

图 5-49

① 松量过少：从袖山顶点到腕围线，将袖子剪成四份，如图所示，展开袖山并添加所需的松量，然后连顺所有线条。

② 松量过多：从袖山顶点到腕围线，将袖子剪成四份，如图所示，重叠并减少所需的松量，然后连顺所有线条。

第6章

罩衫和基本廓型变化

» 半合体连衣裙廓型
» 罩衫和裙廓型变化
» 罩衫基本型

罩衫和基本廓型变化

　　罩衫及其廓型变化的款式，是指胸部有合体省、无腰线的设计。腰部的合体完全依赖一个或两个菱形省结构、腰带或者是面料的弹性。侧缝线常常不贴服在身体上，几乎与中线平行，用罩衫纸样常常能产生廓型的丰富变化。口袋、开口、育克、领口线、领型以及袖型的变化都能产生别具特色的款式设计。

　　这一章主要阐述罩衫的立体裁剪，也常常用于半合体连身裙的立体裁剪（如下）。这其中也包括很多经典的传统款式，如西服裙和基本连身裙。掌握以下的立体裁剪操作步骤，就能理解和灵活进行款式变化，参考第7章的上衣变化设计和第18、19章的裙子变化设计。

图 6-1

半合体连衣裙廓型

　　半合体连衣裙的廓型，包括一个肩省，通常转移为塔克褶、造型线、碎褶或者就是一个省。所以，在这种廓型设计中，只有前、后片的腰线位置有一个菱形省。侧缝线在腰部微微收一些，形成半合体的腰线，菱形省也可以做成松散的塔克褶。

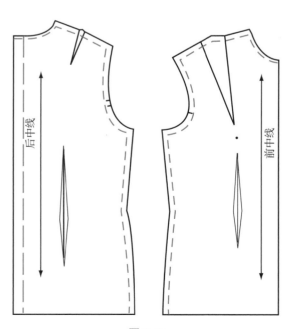

图 6-2

学习目标

通过本章的学习，设计师应该掌握：
» 清楚经纬纱向与胸围线、肩线、肩斜、省道位置和侧缝位置的关系。
» 把平面的纸样转化为符合立体的人体结构曲线。
» 掌握罩衫基本纸样的松量、袖窿弧线和侧缝匹配。
» 侧缝的立体裁剪，着装后与前片胸围线、后片肩线的平衡关系。
» 能图解罩衫基本纸样与人体的关系。
» 能根据一定的松量、合体度、着装效果和比例，进行检验。
» 把立体裁剪的纸样转化为平面的样板，并能修板。

罩衫和裙廓型变化

作为半紧身裙的补充，西服裙和箱型裙也是两种必备的基本裙廓型。这三种基本纸样可以变长成连身裙，肩省可以转移为侧胸省，做成塔克褶、造型线、碎褶或者就保留为一个设计省。腰部的菱形省可以再增加一个或完全消失掉，参考第18、19章的裙子变化设计和第6章的罩衫变化设计。

连身裙廓型

这种裙廓型没有腰部的菱形省，也没有合体的腰线。有时侧缝线有一定的弧度，主要取决于设计的丰满度。只有肩省，可以做成塔克褶、造型线、碎褶或者就保留为一个设计省。

很多罩衫设计都来源于这种廓型变化。

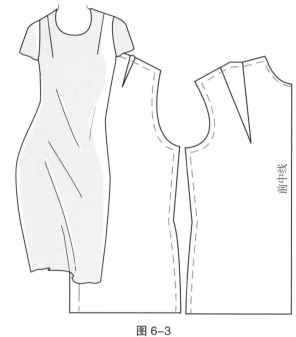

图 6-3

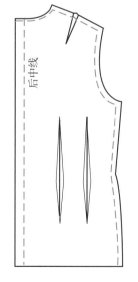 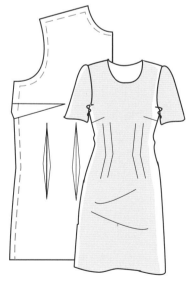

图 6-4

合体连身裙廓型

前片的肩省转移到侧缝，做成塔克褶、造型线、碎褶或者就保留为一个设计省。这种廓型在腰部有两个菱形省，它的应用设计，通常把省做成松散的塔克褶、变形的菱形省，或者利用弹性面料的松紧度而不用省。在设计非常合体的腰线和侧胸省的款式时，通常用这种基本纸样进行变化。

罩衫基本型

罩衫前片、后片：布料准备

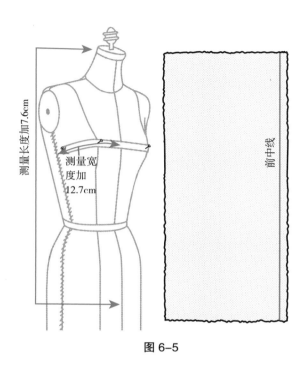

图 6-5

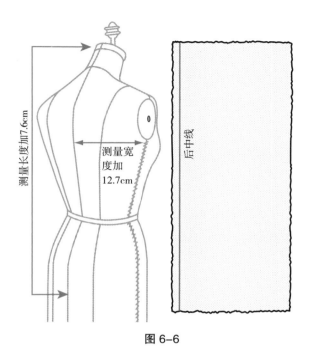

图 6-6

① 从前颈口到罩衫要做的长度位置测量（沿经纱方向），加7.6cm（3英寸）为前片的长度。剪口并撕下这个长度的布料。

② 从人台前中线到侧缝在腋下水平线测量（沿纬纱方向），加12.7cm（5英寸）为前片的宽度。剪口并撕下这个宽度的布料。

③ 距离布边2.5cm（1英寸）绘制前中线，扣烫布边。

④ 从后颈口到罩衫要做的长度位置测量（沿经纱方向），加7.6cm（3英寸）为后片的长度。剪口并撕下这个长度的布料。

⑤ 从人台后中线到侧缝在腋下水平线测量（沿纬纱方向），加12.7cm（5英寸）为后片的宽度。剪口并撕下这个宽度的布料。

⑥ 距离布边2.5cm（1英寸）绘制后中线，扣烫布边。

7 在前片绘制两条完美的纬向直线。

  a 距离布料上边缘33cm（13英寸）绘制胸围线
    （纬纱）。

  b 距离胸围线35.6cm（14英寸）绘制臀围线（纬纱）。

8 在后片绘制两条完美的纬向直线。

  a 前、后片放置在一起，通过前臀围线的位置绘制后臀围线，前、后臀围线的纱向要一致。

  b 绘制横背宽线。在人台上，测量从臀围线到肩胛骨线的距离，在布料对应位置绘制横背宽线并做十字标记。

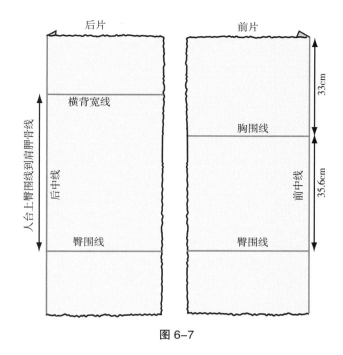

图 6-7

9 绘制前、后侧缝线。

  a 在人台上测量前、后臀围线的长度。

    从前中线到侧缝测量，加1.3cm（$\frac{1}{2}$英寸）松量，在布料对应位置并做十字标记。

    从后中线到侧缝测量，加1.3cm（$\frac{1}{2}$英寸）松量，在布料对应位置并做十字标记。

  b 绘制前、后侧缝线。通过这个十字标记，向上绘制一条与经纱完全平行的直线。

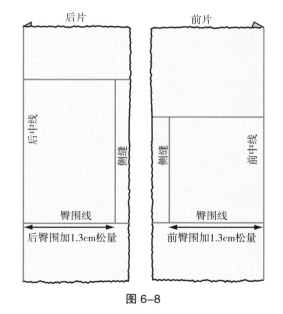

图 6-8

罩衫前片：立体剪裁步骤

① 在人台前中线上对齐布料前中线折边，用大头针固定。

② 在胸围线和臀围线位置调整好布料纬纱方向。在前颈点和前臀点用大头针固定，胸围线位置需要再固定一针。

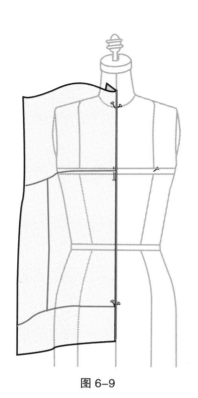

图6-9

③ 捋顺布料至人台的侧缝位置，并别大头针固定。确保布料纬纱与地面平行，布料上的侧缝要与人台侧缝对齐，沿臀围线别大头针，留一定的松量。

注 有时候人台是歪的。因此，通过观察纬纱与地面是否水平来判断纬纱方向。

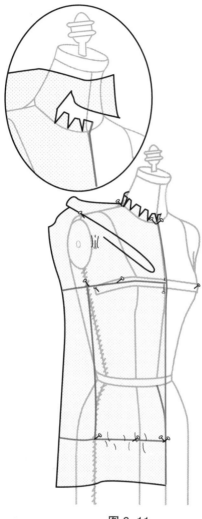

图6-11

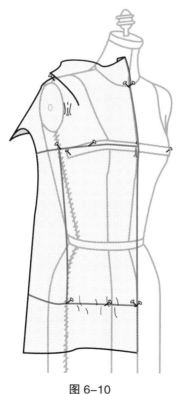

图6-10

④ 捋顺布料至肩部。在臂根板中心螺旋水平线位置（袖窿中间），把布料与人台别合，捏1.3cm（$\frac{1}{2}$英寸）余量用大头针固定，这是确保臂根板不会太紧。不要提前剪袖窿以免裁剪过量。

⑤ 在领口修剪缝头，均匀打剪口，同时捋顺前领口处的布料，别大头针固定。

6. 在人台肩部和领口处捋顺布料，余量别在公主线位置。

7. 前肩省的立体裁剪。布料在肩部和领口之间，以及肩部和袖窿之间的余量形成肩省（胸部越大，省越大；胸部越小，省越小）。

   a 在肩线与公主线的交点处做十字标记。

   b 在公主线处用大头针别住布料余量。在公主线十字标记处折叠省，省量倒向前领口，省尖朝向胸高点。

8. 将腰围线与侧缝线的交点，向前中线方向移动1.3cm（$\frac{1}{2}$英寸）做十字标记，别大头针固定。同时，在侧腰处打剪口，并固定在人台上做十字标记。

9. 在人台上，公主线与腰围线交叉位置做菱形省。在腰围上对折省量[省宽总共2.5cm（1英寸）]，省向与公主线一致。省尖距离胸高点5.1cm（2英寸），腰围线下10.2cm（4英寸）处省尖消失。

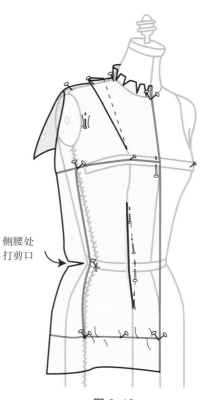

侧腰处
打剪口

图 6-12

10. 在布料上标记与人台对应所有关键部位。

    a 前领口线：前颈点和侧颈点做十字标记。用虚线标记领口线。

    b 肩线和肩省：虚线标记肩省；在肩省和肩点做十字标记。

    c 菱形省：用虚线标记菱形省。

    d 臂根板：

    » 肩点。

    » 袖窿中点。

    » 腋下点做十字标记。

    e 侧缝线：用虚线标记。

    f 下摆线（预计长度位置）。

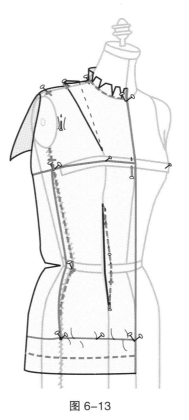

图 6-13

罩衫后片：立体裁剪步骤

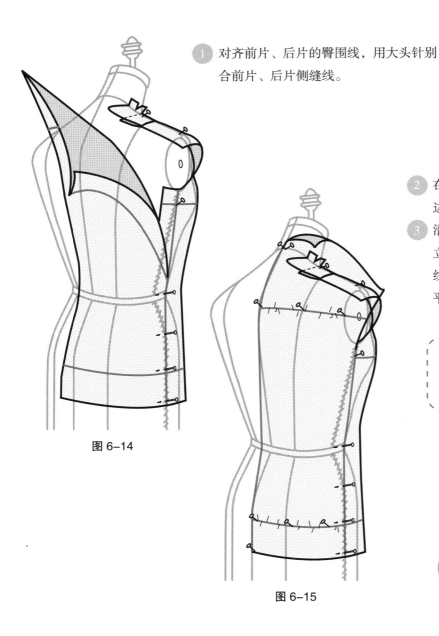

① 对齐前片、后片的臀围线，用大头针别合前片、后片侧缝线。

图 6-14

② 在人台后中线上对齐布料后中线折边，用大头针固定。

③ 沿纬纱方向在人台上固定后片进行立体裁剪。均匀添加横背宽线和臀围线的松量，用大头针固定且与地面平行。

> **注** 如果立体裁剪的操作完全正确，在横背宽线和臀围线之间应该没有多余褶量。

图 6-15

④ 修剪、捋顺布料，进行后领口线的立体裁剪，并别大头针固定。

⑤ 在腰围线与侧缝线的交点处，向后中线方向移动1.3cm（$\frac{1}{2}$英寸）做十字标记，修剪余量，别大头针固定。同时，在衣片侧腰处打剪口，并固定在人台上做十字标记。从腋下点至下摆的侧缝线用大头针别出弧线形态。

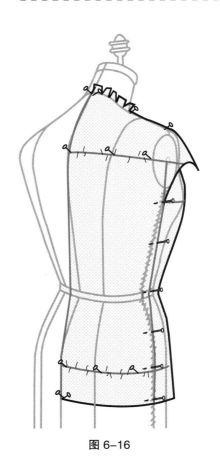

图 6-16

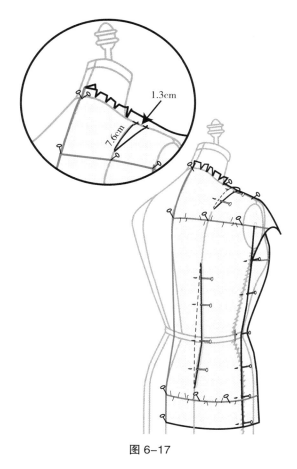

图 6–17

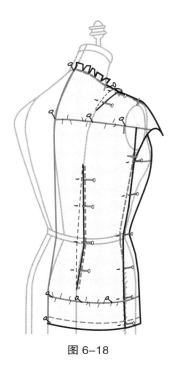

图 6–18

6 后肩省的立体裁剪，长 7.6cm（3 英寸）、宽 1.3cm（$\frac{1}{2}$ 英寸）。

　a 从后领口到公主线捋顺布料，做十字标记。

　b 朝肩点方向量取 1.3cm（$\frac{1}{2}$ 英寸）做第二个十字标记。

　c 沿公主线向下量取 7.6cm（3 英寸）。

　d 折叠后肩省量。把两个十字标记之间的布料折叠成肩省量，省尖消失在 7.6cm（3 英寸）处。

7 在人台上，公主线与腰围线交叉处做菱形省。在腰围上［省宽总共 2.5cm（1 英寸）］别余量宽 1.3cm（$\frac{1}{2}$ 英寸），省向与公主线一致。省尖向上在 17.8cm（7 英寸）处、向下在 10.2cm（4 英寸）处消失。

8 在布料上标记与人台对应所有关键部位。

　a 后领口线：后颈点和侧颈点做十字标记。用虚线标记领口线。

　b 肩线和肩省：虚线标记肩线；在肩省和肩点做十字标记。

　c 菱形省：用虚线标记菱形省。

　d 臂根板：

　» 肩点。

　» 袖窿中点。

　» 腋下点做十字标记。

　e 侧缝线：用虚线标记。

　f 下摆线（预计长度位置）。

罩衫前、后片：拓板

1 从人台取下立体裁剪布料，校准领口线、肩线、肩省和前后袖窿弧线。

2 加缝份、修剪。

3 校准完后，重新别合完成设计。

　　a 用大头针在省、侧缝和肩缝处别合。先用大头针别好前、后省，认真匹配肩缝和侧缝，所有大头针与别合线垂直。

　　b 把别好的立体裁剪样衣（布料）放回人台，检查其准确度、合体度和平衡度。这时就算完成设计的一半，即右半身的立体裁剪。

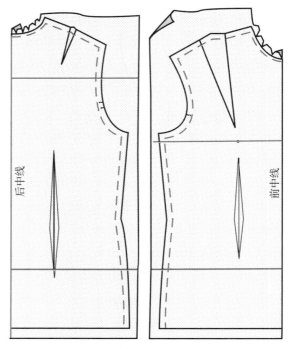

图 6-19

检验明细

　　仔细检验做好的立体剪裁，能清楚显示合体的准确度和误差，进行设计分析和确保下述检验项目是否正确也是很重要的。如果这些检验项目中有一项是错误的，设计师做的样板就不会合体，总体效果就会出现缠绕、拖拽或堆积现象。这样的话，就需要做些改变或调整。

布料准备

预计的长度和宽度。

经纱、纬纱和其他基准线的准确性。

前中线和后中线的布纹准确性。

前胸围线是否与纬纱方向一致，可以通过悬垂进行检验。

后横背宽线否与纬纱方向一致，可以通过悬垂进行检验。

准确校准

所有带有正确缝份的校准线是平滑和干净的。

袖窿形状正确和平衡。在侧缝处袖窿弧线前趋下落，侧面呈马蹄形。

袖窿也需要平衡——后袖窿比前袖窿长1.3cm（$\frac{1}{2}$英寸）。形状和造型合适才能达到好的着装效果。

缝合线

前、后肩缝的长度一致，肩省匹配。

前、后侧缝匹配且长度一样。

侧缝的弧度一致，前、后中线平行，这样才能确保侧缝和后片的弧度造型一致。

正确别大头针

大头针别在所有缝合线的右侧。

前片省别适量的大头针。

所有省折叠的方向要正确（倒向中线）。

缝制白坯布样衣

缝合完整的白坯布样衣是有必要的。这种样衣能够让设计师检查合体度、平衡度和着装效果。

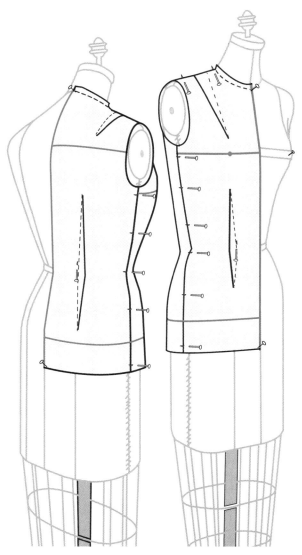

图 6-20

如果立体裁剪样衣放置在人台上效果不佳，需取下所有缝合部位的大头针，重新进行前、后片的立体裁剪。注意操作时不要拉、扯或拽布料。同时请参照第20章，关于调整方法的讲解进行修板操作。

第三部分

基础设计

在前面的第一、二部分，讲的是设计师如何使用布料在人台上造型，进行基本款式的立体裁剪。在第三部分，设计师将学习利用已掌握的基本立体裁剪技术，进行款式变化设计，包括上衣变化设计、荷叶边和褶皱设计、公主线设计、无省设计、裙子设计以及袖子变化设计等。

第三部分强调设计师运用不同的面料进行立体裁剪的技能。款式简洁自然，对面料的把握要松量适度、比例协调和搭配合理。训练项目主要是在胸、臀、腰的风格和造型，着重采用活褶、省、碎褶和填充来表达。

很多设计想法，与常规的结构线设计相去甚远，往往采用斜线进行余量处理，这也丰富了立体裁剪设计的表现形式。对多种操作技法的掌握，是完成大量优秀设计的前提。

第7章

上衣设计

上衣设计

在这组上衣设计中，通过裁剪面料适度的松量和协调的比例，使款式的风格简单自然，主要探索如何释放和控制面料进行随心所欲的设计操作。训练项目主要是胸、臀、腰的风格和造型，着重采用活褶、省、碎褶、填充、高腰线、包裹来表达，同时剪裁得恰到好处。

操作实例中，展示强调胸部的立体裁剪技法，如单省设计、集中活褶、大量碎褶和高腰设计，这些将在随后的讲解中一一呈现。这些例子可以帮助设计师学会采用多种方式，进行面料余量的处理以达到合体效果。

图 7-1

学习目标

通过这章的学习，设计师能够：

» 在学习上衣变化设计的立体裁剪时，激发创造力。

» 熨烫布料来适合胸部的曲线造型。

» 掌握胸凸产生的褶、省、碎褶和填充形态的具体操作。

» 运用胸凸量进行单省设计、集中活褶、大量碎褶和高腰设计的立体裁剪技巧。

» 控制面料进行整体和胸部造型，学会不对称腰线和斜裁裹胸的上衣设计。

» 柔软面料的斜裁技巧，适合做不对称裹胸设计或兜帽设计。

» 理解省道转移后经、纬纱线的变化。

» 通过观察，调整和对准衣片与人台的设计细节，如松量多少、袖窿大小、腰线形状、测量尺寸和总体协调。

» 检验立体裁剪的最终效果，如合体度、着装效果、整体协调、比例和准确度。

上衣变化设计

在进行上衣变化的立体裁剪时，肩省、腰省或菱形省可以转移到上衣具体的设计部位，这是因为这些省道是由胸凸形成的余量产生的。因此，这些余量可以是一个大的省，也可以分解成小省、碎褶、规律的塔克褶，或者聚拢在一起随意放置。这些变化丰富的省量形成多样的设计细节。

束腰上衣

一件高束腰设计上衣，在胸、腰间有一条水平的分割，其他部分与传统上衣设计相似。束腰部分在胸下围至腰部，符合腰部形态，常常设计为平行于腰线的弧线或有设计感的曲线。

图 7-2

束腰上衣：准备布料

准备人台

在人台的前、后身用大头针标记束腰的设计线。

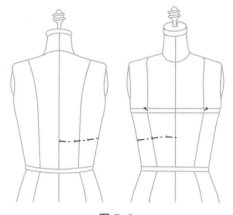

图 7-3

准备布料——束腰部分

1. 从束腰部分上端至腰线测量前、后束腰（沿经纱）的长度，加15.2cm（6英寸）就是布料的长度。
2. 从前、后中线至侧缝测量前、后束腰（沿纬纱）的宽度，加7.6cm（3英寸）就是布料的宽度。
3. 在准备好的布料上，距布边2.5cm（1英寸）处平行于经纱绘制前、后中线，并扣烫布边。

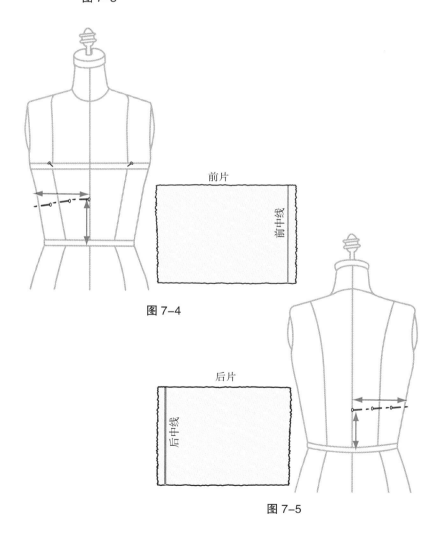

前片

前中线

图 7-4

后片

后中线

图 7-5

准备布料——衣身部分

1. 根据设计确定前、后衣身的长度和宽度，分别加一些余量剪开并撕下布料。

2. 距离布边2.5cm（1英寸）处平行于经纱绘制前、后中线，并扣烫布边。

3. 在前胸围线处绘制纬向水平线，在后面肩胛骨处绘制纬向水平线。

上衣基本纸样的立体裁剪操作，参照第38~39页。

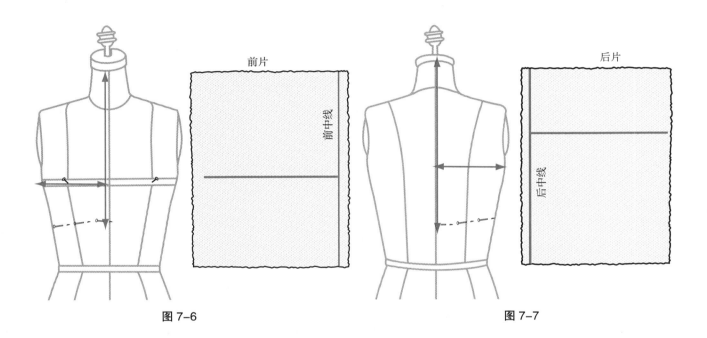

图 7-6　　　　　　　　　　　　　　　　　　　　图 7-7

束腰上衣：束腰部分立体裁剪步骤

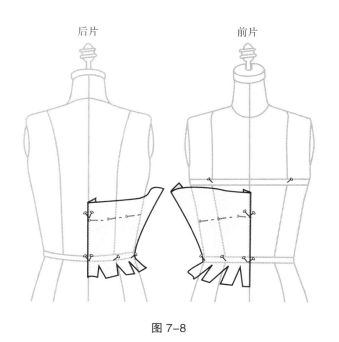

图 7-8

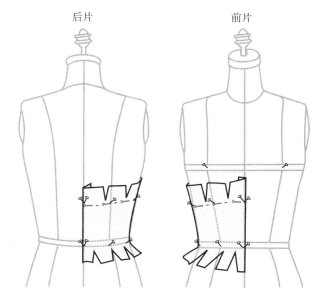

图 7-9

① 将束腰部分的经向前中线固定在人台的前中线上，调整布料进行造型。

② 将束腰部分的经向后中线固定在人台的后中线上，调整布料进行造型。

③ 裁剪前、后束腰腰线。沿前、后腰线均匀打剪口，捋顺布料在束腰处服帖。

④ 裁剪前、后束腰设计线。沿前、后设计线均匀打剪口，捋顺布料在束腰处服帖，固定侧缝。

⑤ 在布料上标记所有与人台对应的关键部位。

　a 束腰设计线。

　b 侧缝线。

　c 腰围线。

⑥ 对准所有缝合线。将前、后束腰衣片从人台上取下，对准所有缝合线，放缝并修剪多余布料。将前、后侧缝别合，把束腰部分放回到人台上检验是否合体。

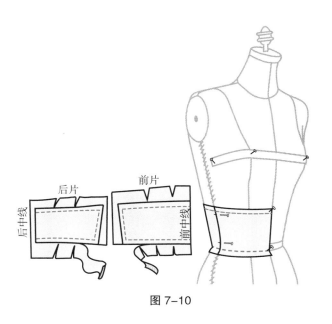

图 7-10

束腰上衣：上衣部分立体裁剪步骤

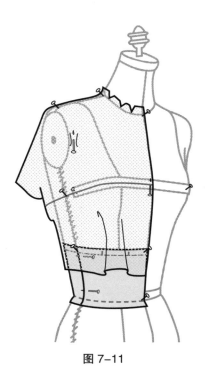

图 7-11

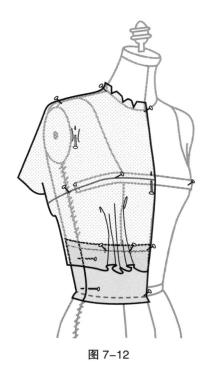

图 7-12

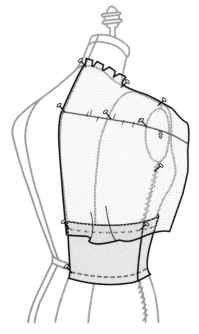

图 7-13

① 将上衣部分的经向前中线固定在人台的前中线上，调整纬向的胸围水平线并固定。

② 在前领口线处修剪、均匀打剪口、抚顺布料并固定。

③ 将顺人台肩部和侧缝处的布料，逆时针方向进行裁剪，让所有余量集中到胸部以下并固定肩线和侧缝线。

④ 裁剪前衣片对应的束腰设计线。把集中在胸部以下的多余布料平均分配并固定在束腰设计线上，形成胸凸量，束腰设计线的其余部分裁剪顺畅。

⑤ 将上衣部分束腰设计线的剪口放置在胸凸集中处。

⑥ 后衣片的立体裁剪。将上衣部分的经向后中线固定在人台的后中线上。

⑦ 调整纬向纱线，固定肩胛骨处的水平线。

⑧ 在后领口线处修剪、均匀打剪口、抚顺布料并固定。

⑨ 抚顺人台肩部和侧缝处的布料，让所有余量集中到束腰设计线下，做成碎褶并固定。

10 束腰上衣后衣片的立体裁剪。布料余量均匀放置在束腰设计线并固定。

11 在余量放置位置的束腰设计线上打两个剪口做标记。

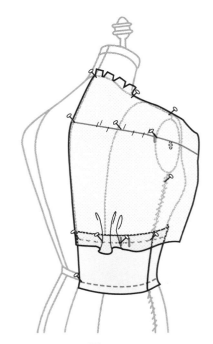

图 7-14

12 绘制前、后片上的领口线和袖窿弧线，完成细节调整并修剪多余布料。

13 在布料上标记所有与人台对应的关键部位：

a 前、后领口线。

b 肩线。

c 袖窿弧线：

» 肩点。

» 腋下点和侧缝线。

d 侧缝线。

14 对准所有缝合线。将所有（前、后衣身，束腰部分）衣片从人台上取下，对准所有缝合线，放缝并修整多余布料。

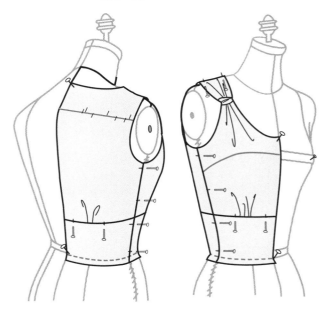

图 7-15

注　在束腰剪口处，前衣片对应的束腰设计线可以下落0.6cm（$\frac{1}{4}$英寸），纵向加量能增加衣片胸部的丰满度。

15 将束腰部分和上衣部分别合并放回到人台上，检验其合适度和平衡度，可以任意调整。参照第12章进行裙子的匹配设计。

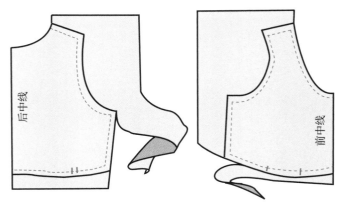

图 7-16

图 7-17

胸部抽褶上衣

　　与上衣基本款式近似的上衣设计，是强调胸凸、集中发散到前中心的造型。除了胸部鼓起所在的位置不同外，其他部分的立体裁剪操作与上衣基本款式相似。其特点是多余布料的鼓起从胸围线位置转移至前中线上发散开。

胸部抽褶上衣：准备布料

1　在人台上测量从颈口线至腰线的前、后长度，分别加12.7cm（5英寸）就是布料的经向长度。

2　在人台上测量从中线至侧缝的前、后宽度，分别加12.7cm（5英寸）就是布料的纬向宽度。

3　距离布边2.5cm（1英寸）绘制前、后中线，并扣烫布边。

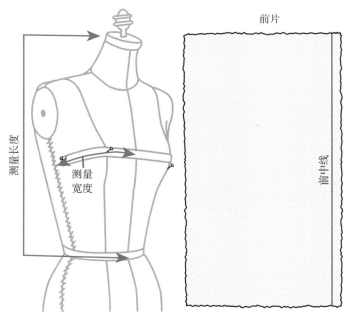

图 7-18

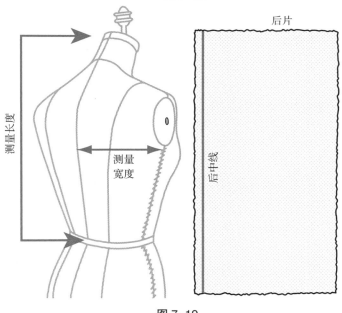

图 7-19

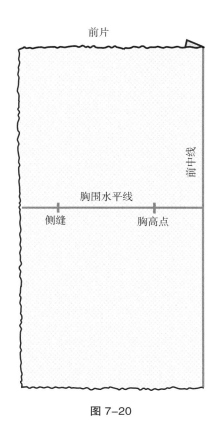

前片

前中线

胸围水平线

侧缝　　　　胸高点

图 7-20

后片

后颈点

肩胛骨水平线

后中线

臂根板十字标记

图 7-21

在前衣片上：

④ 用L形直尺在布料中心绘制一条纬向直线，作为胸围水平线。

⑤ 测量并标记胸高点。

a 在人台上测量从前中线到胸高点的距离。

b 在布料上对应的胸高点位置做十字标记。

⑥ 测量并标记侧缝线。

a 在人台的胸围水平线上测量从胸高点至侧缝的距离，加0.3cm（$\frac{1}{8}$英寸）松量为侧缝线位置。

b 在布料上对应的位置做十字标记。

在后衣片上：

⑦ 在经向后中线上，距离布料上端7.6cm（5英寸）做十字标记，为后颈点。

⑧ 距离后颈点向下10.8cm（$4\frac{1}{4}$英寸）处，用L形直尺绘制纬向肩胛骨水平线。

注　这个距离代表的是8码或10码上衣的尺寸，就是从后颈点至腰线距离的四分之一。对于其他号型，直接取后颈点至腰围距离的四分之一。

⑨ 测量肩胛骨水平线：

a 在人台上，肩胛骨水平线的测量是从后中线至袖窿处的水平距离，加0.3cm（$\frac{1}{8}$英寸）松量为横背宽度。

b 在布料的肩胛骨水平线上对应的位置做十字标记。

胸部抽褶上衣：立体裁剪步骤

①　将布料上胸高点的标记与人台上的胸高点位置对齐并固定。

②　将布料上经向前中线与人台前中线对齐，固定前颈点、前腰点，在胸部水平的贴条上也要别一枚大头针。

③　在前领口线上修剪、均匀打剪口、捋顺布料进行立体裁剪并固定。

④　捋顺胸上部和肩部的多余布料，修剪并固定。

⑤　捋顺袖窿处的布料，在中部做1.3cm（$\frac{1}{2}$英寸）的松量，确保袖窿不紧绷。

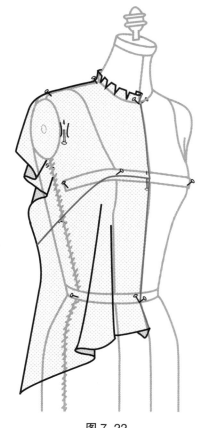

图 7-22

⑥　捋顺并裁剪侧缝的多余布料，纬纱会朝下（如图所示），让所有余量从胸部转移至腰线。

⑦　固定布料，捋顺腰线处布料并修剪（根据设计长度）。让所有余量继续转移至前中线与胸围线交叉位置。

⑧　在胸围线附近，均匀固定所有余量。

图 7-23

⑨ 绘制领型线。通常，在胸部的前中心处有抽褶时，领口要开得低些（参照实例）。

⑩ 在布料上标记与人台对应的所有关键部位。

　a 前中线和胸围线与前中心的交叉处：用虚线标记人台的前中线和前中的抽褶鼓起所在的位置。

　b 领型线：用虚线标记绘制设计的领型线。

　c 肩线：用虚线标记肩线，在肩点处做十字标记。

　d 袖窿弧线：

　» 肩点。

　» 袖窿中部。

　» 腋下点做十字标记。

　e 侧缝线：用虚线标记。

　f 臀围线：用虚线标记设计的长度和形态。

⑪ 后衣片的立体裁剪。按照第43~45页的图示，参照基本纸样后衣片的立体裁剪步骤。后腰点根据设计或更低些，确保对齐肩线，处理掉后肩省并绘制后领口形状。同时，对齐前、后侧缝并长度一致。

图 7-24

胸部抽褶上衣：拓板步骤

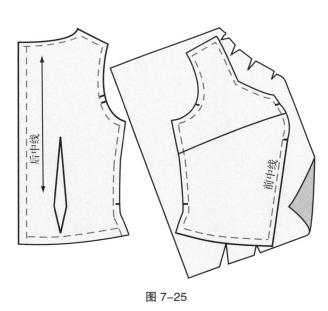

图 7-25

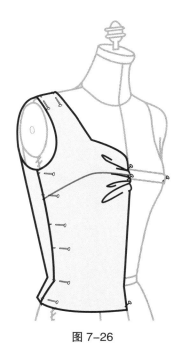

图 7-26

① 从人台上取下布料。对准所有缝合线，放缝并修整多余布料。按照第46~53页的操作要领，放缝并修整多余布料。

② 将完成的衣片放回人台上，检验其准确度、合体度和平衡度。参考第52~53页的检验操作。

肩部抽褶上衣

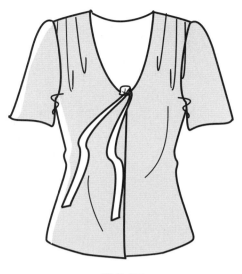

图 7-27

这款在肩部抽碎褶的舒适上衣设计，非常适合学习立体裁剪的技法讲解。前中开口，肩部有碎褶设计，V形领型，所有这些特点显示它是一个很好的立体裁剪操作实例。这款上衣可搭配贴身香烟裤、牛仔裤，或将它束进一件时髦的铅笔裤。

肩部抽褶上衣：准备布料

1. 在人台上测量从颈口线至腰线的前、后长度，分别加12.7cm（5英寸）就是布料的经向长度。

2. 在人台上测量从中线至侧缝的前、后宽度，分别加12.7cm（5英寸）就是布料的纬向宽度。

3. 距离布边2.5cm（1英寸）绘制前、后中线，并扣烫布边。

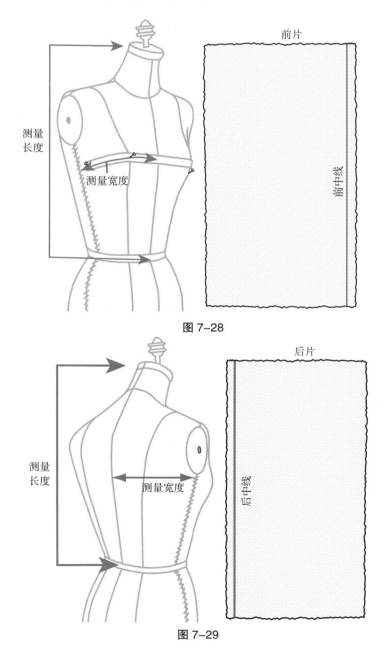

图 7-28

图 7-29

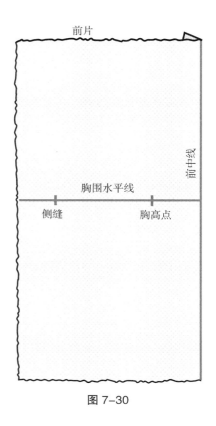

图 7-30

图 7-31

在前布片上：

④ 用L形直尺在布料中心绘制一条纬向直线，作为胸围水平线。

⑤ 测量并标记胸高点。

　a 在人台上测量从前中线到胸高点的距离。

　b 在布料上对应的胸高点位置做十字标记。

⑥ 测量并标记侧缝线。

　a 在人台的胸围水平线上测量从胸高点至侧缝的距离，加0.3cm（$\frac{1}{8}$英寸）松量为侧缝线位置。

　b 在布料上对应的位置做十字标记。

在后衣片上：

⑦ 在经向后中线上，距离布料上端7.6cm（3英寸）做十字标记，为后颈点。

⑧ 距离后颈点向下10.8cm（$4\frac{1}{4}$英寸）处，用L形直尺绘制纬向肩胛骨水平线。

　注　这个距离代表的是8码或10码上衣的尺寸，就是从后颈点至腰线距离的四分之一。对于其他号型，直接取后颈点至腰围距离的四分之一。

⑨ 测量肩胛骨水平线：

　a 在人台上，肩胛骨水平线的测量是从后中线至袖窿处的水平距离，加0.3cm（$\frac{1}{8}$英寸）松量为横背宽度。

　b 在布料的肩胛骨水平线上对应的位置做十字标记。

肩部抽褶上衣：立体裁剪步骤

① 将布料上胸高点的标记与人台上的胸高点位置对齐并固定。

② 将布料上经向前中线与人台前中线对齐，固定前颈点、前臀点，在胸部水平的贴条上也要别一枚大头针。

③ 调整纬向线与地面平行，捋顺布料至侧缝并固定。

　　注　在胸围线下，布料竖直悬挂。下一步，在侧缝处将顺布料并固定，公主线处的多余布料形成鱼眼形褶，褶量的多少决定着腰围线的合体度。

④ 从胸部水平捋顺布料至肩部。同时，捋顺袖窿处的布料，做个1.3cm（$\frac{1}{2}$英寸)的袖窿松量，确保袖窿不紧绷。布料的纬纱和下摆与地面完全平行，所有余量转移至肩部。

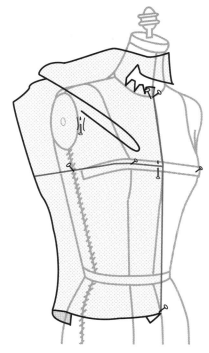

图 7-32

⑤ 在前领口线上修剪、均匀打剪口、捋顺布料进行立体裁剪并固定。

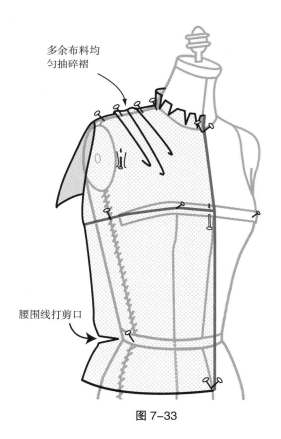

多余布料均匀抽碎褶

腰围线打剪口

图 7-33

⑥ 裁剪并固定肩部褶量。将肩部多余的布料均匀抽碎褶。

　　a 将肩部多余的布料集中分成两或多个省量来做碎褶（理想的设计）。

　　b 将多余的布料固定肩部做碎褶效果，均匀分布在肩线上。

⑦ 在腰围线上打剪口，将布料固定在侧缝上。

8 后片的立体裁剪。参照第110~111页图示的后片立体裁剪步骤进行操作，腰部为菱形省或无省设计，根据前片进行匹配。对齐肩线，调顺后领口线的形状，同时，对齐侧缝线，前、后一致。

9 绘制领口线。

10 在布料上标记与人台对应的所有关键部位。

　　a 领口线：用虚线绘制领型线。

　　b 肩线：用虚线绘制肩线，标记抽褶位置和肩点。

　　c 袖窿弧线：

　　» 肩点。

　　» 袖窿中部。

　　» 腋下点做十字标记。

　　d 侧缝线：用虚线绘制。

　　e 下摆线：标记理想的长度和形状。

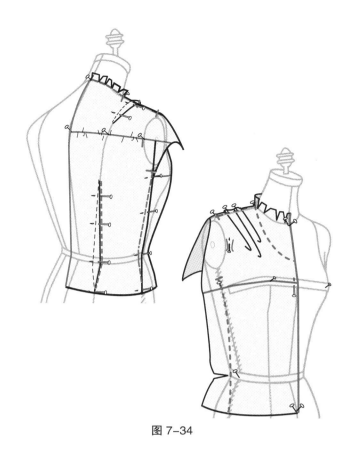

图 7-34

肩部抽褶上衣：拓板步骤

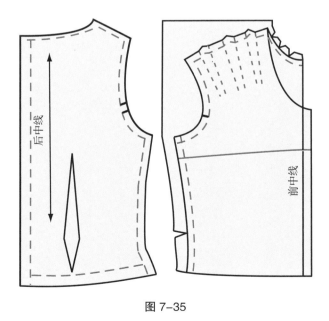

图 7-35

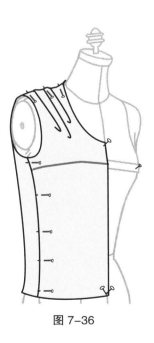

图 7-36

1 从人台上取下布料。对准所有缝合线，放缝并修整多余布料。

2 将完成的衣片放回人台上，检验其准确度、合适度和平衡度。

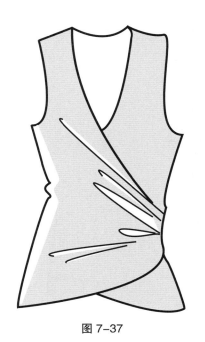

图 7-37

不对称包裹上衣

　　不对称包裹上衣，是指所设计的活褶、省道、碎褶形成的胸部造型线收于另一侧腰部。右上方的领型线顺延至左侧缝或接近左侧缝线，与经纱平行。左上方的领型线顺延至右侧缝，与经纱平行放置在下层。还有很多这样的不对称设计，例如单肩设计。

不对称包裹上衣：准备布料

准备人台

　　取下人台的胸部贴布条。用大头针或标志带标记领型线和袖窿弧线。

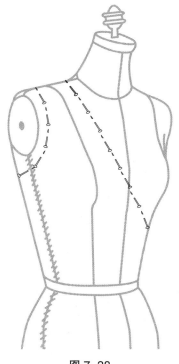

图 7-38

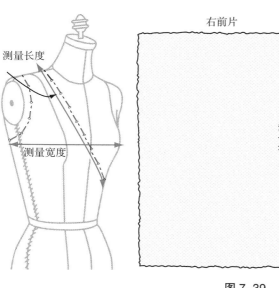

图 7-39

① 准备左、右前片的布料。

a 在人台上，从肩部至上衣长度测量理想的领线，加25.4cm（10英寸）为长度。

b 右前片：在人台上，沿纬向的胸围水平线测量左、右侧缝间的距离，加25.4cm（10英寸）为宽度裁剪布料。

c 左前片：在人台上，沿纬向的胸围水平线测量左、右侧缝间的距离，加25.4cm（10英寸）为宽度裁剪布料。

② 距布边5.1cm（2英寸）绘制经纬直线、熨平，这条经向线是领口线设计的依据。

③ 后片布料与上衣基本纸样的宽度和长度一样。

a 在后中经纱线上，距离布料上端7.6cm（3英寸）处做十字标记，为后颈点的位置。

b 距离后颈点向下10.8cm（$4\frac{1}{4}$英寸）处，用L形直尺绘制纬向肩胛骨水平线。

注 这个距离代表的是8码或10码上衣的尺寸，就是从后颈点至腰线距离的四分之一。对于其他号型，直接取后颈点至腰围距离的四分之一。

c 在人台上，肩胛骨水平线的测量是从后中线至袖窿处的水平距离，加0.3cm（$\frac{1}{8}$英寸）松量为横背宽度。

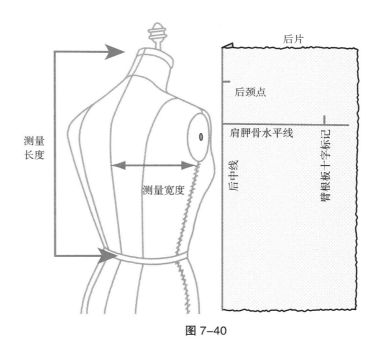

图 7-40

图 7-41

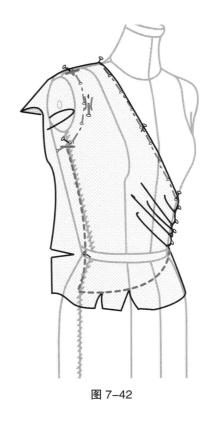

图 7-42

不对称包裹上衣：右前片的立体裁剪步骤

1. 在领型线上理想的位置进行经向褶的固定。在肩部和该款设计的最底端处留一定的余量，固定肩部和领口止点。

2. 捋顺胸部上方的布料并固定。

3. 捋顺和修剪袖窿处的布料，在袖窿中部留 1.3cm（$\frac{1}{2}$ 英寸）的松量，避免袖窿紧绷。

4. 捋顺和修剪侧缝处的布料。让所有余量顺从胸下部转移至腰部。

5. 捋顺、修剪并固定腰围线位置的布料。让所有余量转移至设计抽褶的位置，并固定。

6. 在不对称设计需要抽褶的位置，进行胸部造型的折叠、捏紧和抽褶，强调设计效果。

7. 在布料上标记与人台对应的所有关键部位：

   a 标记每个褶的端点（如果是活褶设计）。

   b 肩线：用虚线绘制肩线，在肩点做十字标记。

   c 袖窿弧线：

   » 肩点。

   » 袖窿中部。

   » 腋下点做十字标记。

   d 侧缝线：用虚线绘制。

   e 下摆线：标记理想的长度和形状。

不对称包裹上衣：左前片的立体裁剪步骤

注　这些步骤适用于左、右前片不同的设计。

① 在领型线上理想的位置进行经向褶的固定。

② 捋顺和修剪袖窿处的布料，在袖窿中部留1.3cm（$\frac{1}{2}$英寸）的松量，避免袖窿紧绷。

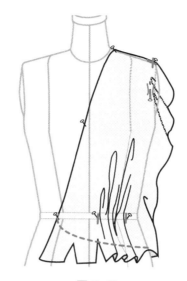

图 7-43

③ 捋顺和修剪侧缝处的布料。让所有余量顺从胸下部转移至腰部。

④ 在不对称设计需要抽褶的位置，进行胸部造型的折叠、捏紧和抽褶，强调设计效果。

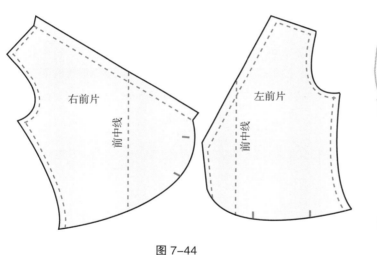

图 7-44

图 7-45

⑤ 在布料上标记与人台对应的所有关键部位：

ａ 标记每个褶的端点（如果是活褶设计）。

ｂ 肩线：用虚线绘制肩线，在肩点做十字标记。

ｃ 袖窿弧线：

　» 肩点。

　» 袖窿中部。

　» 腋下点做十字标记。

ｄ 侧缝线：用虚线绘制。

ｅ 下摆线：标记理想的长度和形状。

⑥ 拓板。从人台上取下布料，对准所有缝合线，放缝并修整多余布料，别合前、后衣片。

⑦ 后片的立体裁剪。参照第110~111页图示的立体裁剪步骤进行操作。腰部为菱形省或无省设计，根据前片进行匹配。对齐肩线，调顺后领口线的形状；同时，对齐侧缝线，前、后一致。

⑧ 将完成的衣片放回人台上，并检验其准确度、合适度和平衡度。

斜裁裹胸上衣

斜裁裹胸上衣，是指一条顺直的或交叉的领型线绕于颈部，时尚前卫的上衣设计。通常，也可以把较低的前侧缝直接系与后背，或是与裙子连为一体。

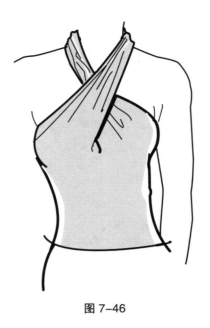

图 7-46

斜裁裹胸上衣：准备布料

① 准备一块86.4cm（34英寸）的方形布料，留足整个前片的造型量。

② 沿布料的斜纹方向绘制对角线，作为衣片中线。

③ 绘制另一条斜纹对角线，作为衣片的胸围线。

④ 后片的设计。测量后片的宽度和长度，加7.6cm（3英寸）进行布料准备。

⑤ 距离布边2.5cm（1英寸），绘制经向后中线并扣烫平服。

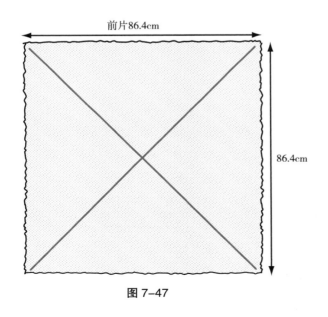

前片86.4cm

86.4cm

图 7-47

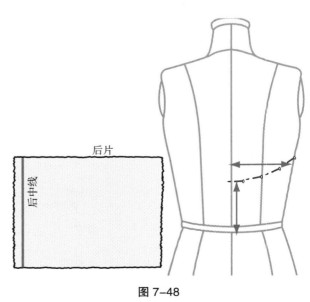

后片

后中线

图 7-48

斜裁裹胸上衣：立体裁剪步骤

准备人台

　　取下人台的胸部贴布条。用大头针或标志带标记领型线和袖窿弧线。

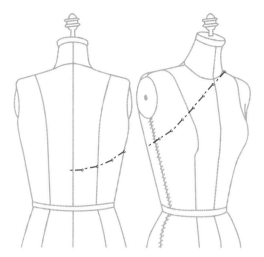

图 7-49

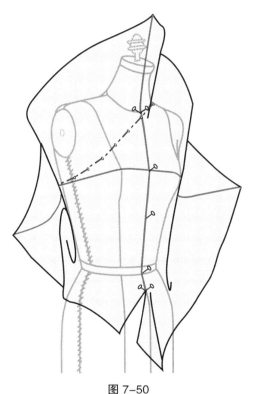

图 7-50

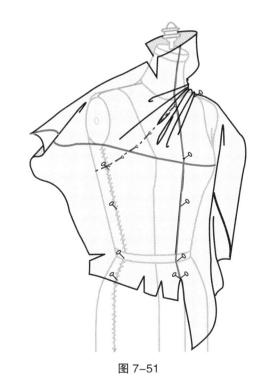

图 7-51

① 正对人台，把布料的斜纹前中线固定在人台的对应位置。

② 另一条斜纹胸围线固定在人台的胸围辅助线上。

③ 在人台的右侧腰部，进行修剪、打剪口和造型。

④ 捋顺和修剪侧缝处的多余布料。所有余量转移到胸部上方并集中于颈部。

注　布料上胸围线是斜向下的方向。

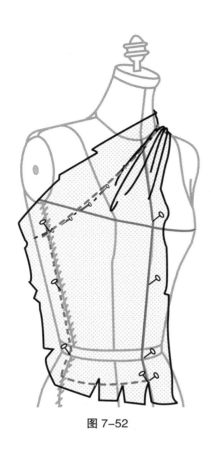

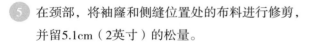

图 7-52

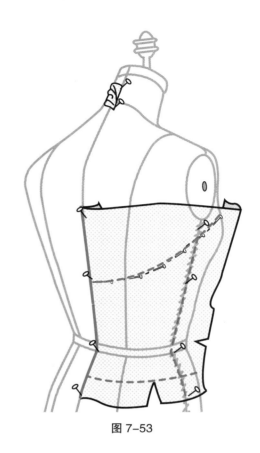

图 7-53

⑤ 在颈部，将袖窿和侧缝位置处的布料进行修剪，并留5.1cm（2英寸）的松量。

⑥ 捋顺和修剪袖窿处的布料。

⑦ 在颈部折叠、捏紧和打褶进行造型，收于后颈点。

⑧ 将准备的后片布料对齐人台并固定，轮廓线处至少留5.1cm（2英寸）的余量。

⑨ 后片腰部的修剪。捋顺和修剪后片从后中线至侧缝的布料。

⑩ 捋顺后侧缝并进行立体裁剪，对齐前、后侧缝，修顺接缝处的形态。

⑪ 在布料上标记与人台对应的所有关键部位：

  a 袖窿弧线和领型线：依据款式设计绕过前后颈部。

  b 侧缝线：用虚线标记。

  c 腰围线：用虚线连顺整条腰围线。

12 拓板。从人台上取下布料。对准所有缝合线，放缝并修整多余布料，别合前、后片。

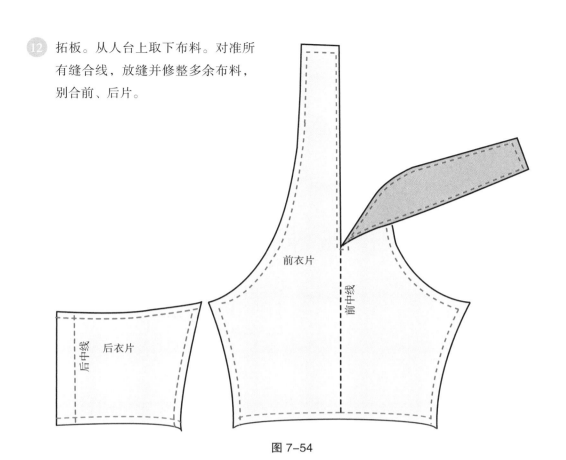

前衣片

前中线

后中线 后衣片

图 7–54

13 将完成的衣片放回人台上，并检验其准确度、合体度和平衡度。

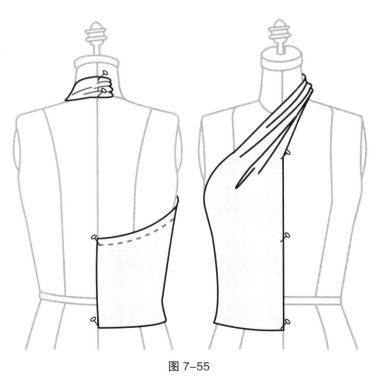

图 7–55

帝国高腰上衣

如图所示的帝国高腰上衣，其前、后都是帝国高腰线设计，胸凸全部转移至胸部下方的设计线上，同时结合侧缝形成摩登十足的形态。

图 7-56

帝国高腰上衣：准备布料

准备人台

在人台前、后身上，用大头针别出理想的帝国上衣高腰设计线。

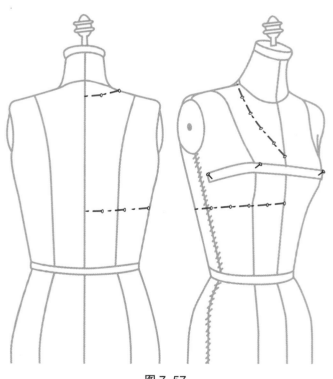

图 7-57

帝国高腰上衣：准备布料——上衣片和下衣片

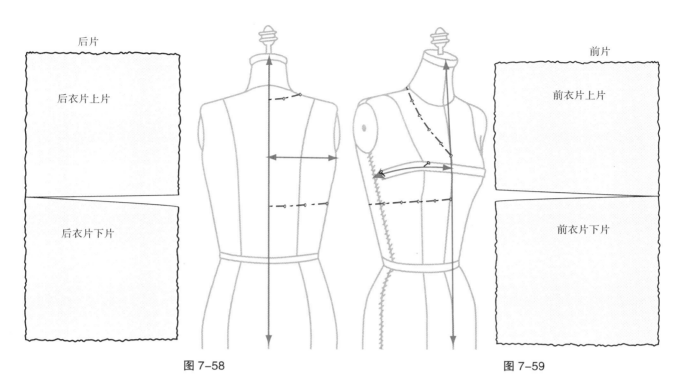

图 7-58   图 7-59

① 在人台上测量从颈口线至腰线的前、后长度，分别加15.2cm（6英寸）就是衣片布料的经向长度。剪口并撕下这个长度的布料。

② 在人台上测量从前中线至侧缝宽度，加12.7cm（5英寸）就是前衣片布料的纬向宽度。剪口并撕下这个宽度的布料。

③ 在人台臂根处的水平位置，测量从后中线至侧缝的宽度，加12.7cm（5英寸）就是后衣片的宽度。剪口并撕下这个宽度的布料。

④ 将前、后片布料的上、下衣片分开。在人台上，测量从领口线至帝国高腰设计线的距离，加7.6cm（3英寸）就是上衣片的长度。

⑤ 从布料的上端量取这个长度，剪口并撕开上、下片。

6　在前身的上、下衣片上，距离布边2.5cm（1英寸）处绘制经向的前中线，扣烫平服。

7　在后身的上、下衣片上，距离布边2.5cm（1英寸）处绘制经向的后中线，扣烫平服。

8　绘制前、后片的纬向水平线。

　　a　前片：测量人台，从领口至胸围辅助线的距离，在上衣片对应的位置绘制胸围线。

　　b　后片：距离上衣片上端20.3cm（8英寸）处绘制纬向的水平线。

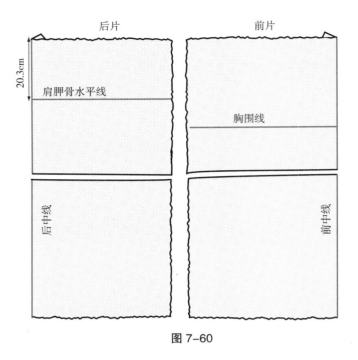

图 7–60

帝国高腰上衣：上衣片的立体裁剪步骤

1　将前身上衣片部分的经向前中线固定在人台的前中线上，调整纬向胸围线成水平线并固定。

2　在前领口线处修剪、均匀打剪口、捋顺布料并固定。

3　捋顺人台胸部的多余布料，逆时针方向进行裁剪。捋顺和修剪袖窿处的布料，在袖窿中部留1.3cm（½英寸）松量并固定，避免袖窿紧绷。

4　继续进行逆时针方向的裁剪，捋顺和修剪侧缝处的布料，把余量转移至罩杯正下方的高腰设计线上。

5　将胸凸形成的布料余量集中在高腰设计线上，做成高腰款式。余量要均匀分布。

6　在帝国高腰设计线上标记抽褶位置，并在布料的对应位置上做好标记。

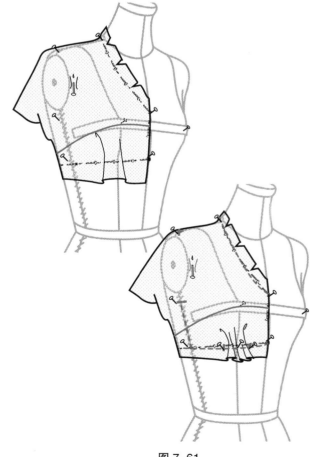

图 7–61

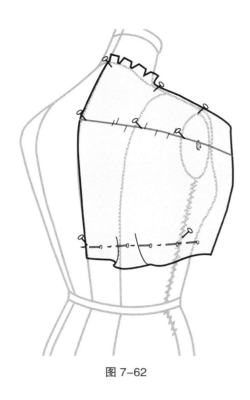

图 7-62

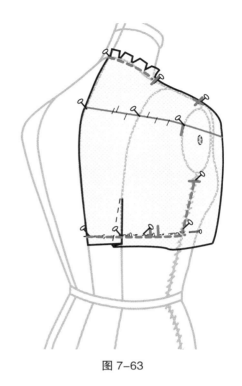

图 7-63

⑦ 后衣片的立体裁剪。将后身上衣部分的经向后中线固定在人台的后中线上。

⑧ 调整纬向纱线，固定肩胛骨处的水平线。

⑨ 在后领口线处修剪、均匀打剪口、捋顺布料并固定。

⑩ 捋顺人台肩部和侧缝处的布料，让所有余量集中到高腰设计线下。

⑪ 将这些在设计线上的余量做成省或碎褶，如图所示。

⑫ 在布料上标记所有与人台对应的关键部位：

  a 标记高腰设计线上省的端点、抽褶的位置。

  b 领口线。

  c 肩线。

  d 袖窿弧线：

  » 肩点。

  » 袖窿中部。

  » 腋下点和侧缝线。

  e 侧缝线。

帝国高腰上衣：下衣片的立体裁剪步骤

1. 将前衣身下衣片的经向前中线固定在人台的前中线上，设计线处留几厘米余量并固定。

2. 将后衣身下衣片的经向后中线固定在人台的后中线上，设计线处留几厘米余量并固定。

3. 捋顺和修剪从中线至侧缝的布料，整理前、后帝国高腰设计线。

4. 在前、后侧缝处打剪口并固定。依据设计造型别大头针。

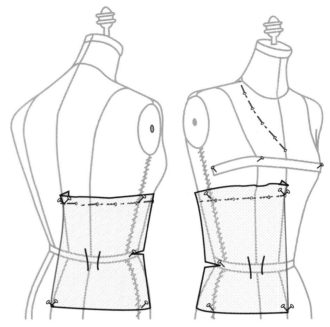

注　轻薄的布料比厚重的布料更容易塑型。

图 7-64

5. 为了使腰部更合体，在人台的公主线处做一个菱形省，腰线下的长度是前省7.6cm（3英寸）、后省12.7cm（5英寸）。

6. 下摆的修剪与造型。

腰线设计

　　在腰部可以设计多个菱形省，也可以做成活褶。省道或活褶的数量和位置根据设计进行调整。

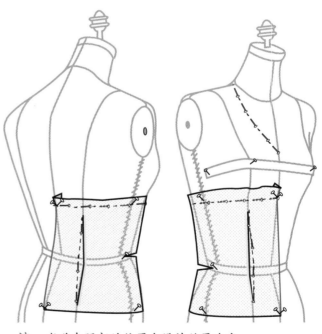

注　省道在腰部的位置由设计效果决定。

图 7-65

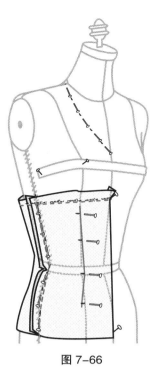

图 7-66

⑦ 别合前、后侧缝线。从下摆线开始修剪并别合
侧缝进行腰部造型。检验立体裁剪的最终效果，
是否有牵扯或扭转变形，有的话就需要同时调整
上、下衣片。

⑧ 在布料上标记所有与人台对应的关键部位：
　a 高腰设计线。
　b 侧缝线。
　c 下摆线。

⑨ 拓板。将所有衣片从人台上取下。对准所有缝合
线，放缝并修整多余布料别合前、后侧缝。

　注　在抽褶位置，前衣片帝国高腰设计线需要下
　　　落0.6cm（$\frac{1}{4}$英寸），这样可以使得造型更
　　　丰满。

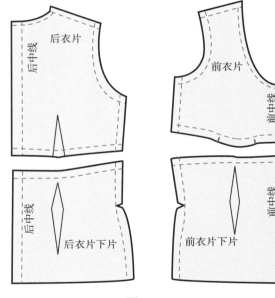

图 7-67

⑩ 将衣片放回人台上，检验准确度。
⑪ 如果需要，可以进行各部位的调整。

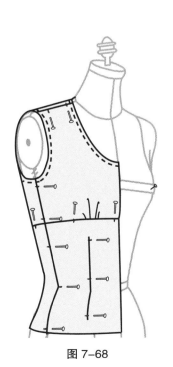

图 7-68

第8章

圆形荷叶边和抽褶荷叶边设计

圆形荷叶边和抽褶荷叶边设计

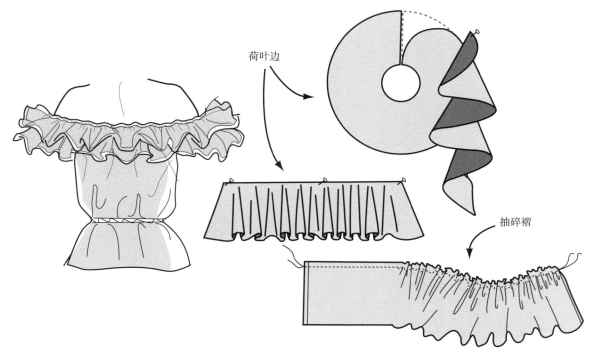

荷叶边

抽碎褶

图 8-1

圆形荷叶边的设计，给人一种形态丰富、造型优雅和高贵的浪漫气质。

荷叶边的裁片是一个封闭的圆形，立体裁剪时拉成直线。这个圆形裁片随着缝制部位逐渐拉直、隆起、像瀑布般层叠下垂，适用于领口、袖口或者设计线的装饰造型。缝制线的长度保持不变，形成流畅丰盈的造型。每个荷叶边缝制线的长度一定，其外轮廓线的形态则是由圆形裁片的曲度和深度控制。一个荷叶边造型可以由一层或多层圆形布料的褶皱形成，也可以设计为多层或一层荷叶边。

抽碎褶是指把两倍缝线长度的布条，收拢并缝制为缝线长度的褶皱，其宽度可变、可单行亦可多行，褶皱的造型灵活，适用于任何直的、弯的、成角度的缝合部位。

学习目的

通过本章的学习，设计者应该能够完成以下操作要求：

» 密切关注荷叶边造型技法的发展变化。
» 不但会操作各种领口、袖口和设计线的荷叶边，还要会操作多层荷叶边设计。
» 会计算圆形荷叶边裁片的用量，进行合理的造型。
» 根据设计效果对荷叶边外轮廓线进行修剪和造型。
» 确定褶边长度与缝线长度的比值。
» 会计算抽碎褶式的荷叶边在领口、袖口、设计线的造型需要量。
» 增加造型的体感，提升荷叶边的丰满度。
» 对抽碎褶式的造型进行丰富的变化，适用更多的设计需要。

圆形荷叶边设计

右图所示的款式，是一件有荷叶边领口的上衣。圆形荷叶边随着领口线逐渐拉直、隆起、像瀑布般层叠下垂。这种操作技法适用于各种轮廓线，如领口线、袖口线和其他设计线。荷叶边的设计形式多样，由一个圆形或多个圆形裁片构成，也可以是一层或多层荷叶边设计。

图 8-2

圆形荷叶边设计：准备布料

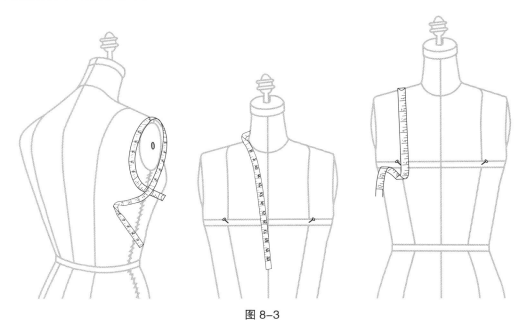

图 8-3

① 测量服装设计荷叶边部位的尺寸。

　a 大的袖口荷叶边［全周长为61cm（24英寸）］。

　b 领口荷叶边［从后颈点至前领口止点的长度为45.7cm（18英寸）］。

　c 公主线装饰荷叶边［从肩线至胸围线的长度为43.2cm（17英寸）］。

② 决定所需的圆形荷叶边的数量。将第①步中的测量数据减去2.5cm（1英寸），除以6的数值进行下一步的操作。

　a 大的袖口荷叶边：61.0cm（24英寸）减去2.5cm（1英寸）为58.4cm（23英寸），再除以6为9.7cm（3.8英寸）。

　b 领口荷叶边：45.7cm减去2.5cm（1英寸）为43.2cm（17英寸），除以6为7.2cm（2.8英寸）。

　c 公主线装饰荷叶边：43.2cm（17英寸）减去2.5cm（1英寸）为40.6cm（16英寸），除以6为6.7cm（2.6英寸）。

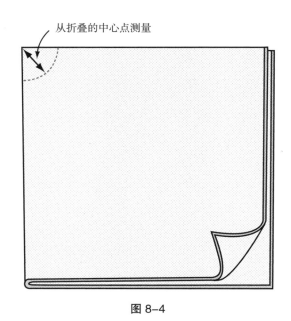

从折叠的中心点测量

图 8-4

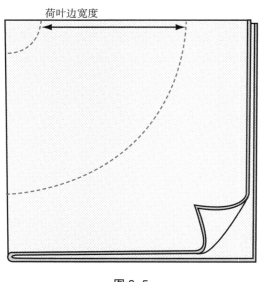

荷叶边宽度

图 8-5

③ 将白坯布沿经、纬进行两次对折。

④ 在折叠的中心点开始测量，用直尺或卷尺标记需要的荷叶边设计线的长度，以此为半径绘制四分之一圆的周长线。

⑤ 确定荷叶边的宽度，再加上5.1cm（2英寸），以此为半径绘制平行于第一个圆周的平行线。

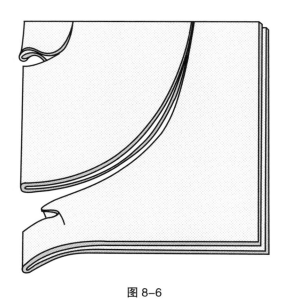

图 8-6

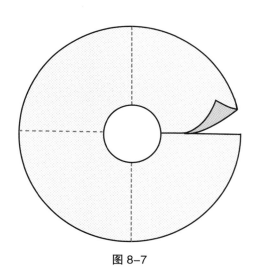

图 8-7

⑥ 按第④步、第⑤步绘制的周长线裁剪布料。

⑦ 展开布料，得到一个完整的圆环形布料，沿着任意一条折线剪开布料。

圆形荷叶边设计：抽褶步骤

① 沿荷叶边的设计线，将圆形布料在人台上进行造型，大约每隔2.5cm（1英寸）固定。

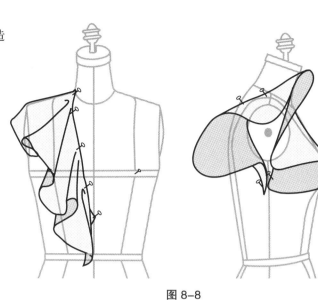

图 8-8

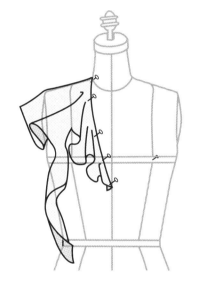

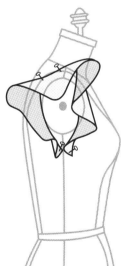

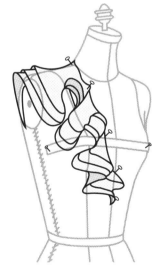

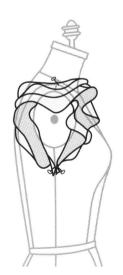

② 修剪荷叶边的外轮廓线，进行造型设计。

图 8-9

注　根据设计，可能需要进行多层造型，通常每层的造型宽度不一样。

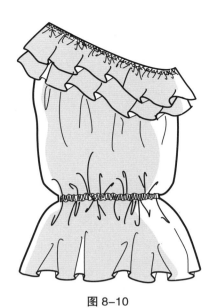

图 8–10

圆形抽褶荷叶边

有些设计可能需要更多的褶量进行造型，使荷叶边丰满更具流动感。为了达到这种效果，放平荷叶边圆形裁片，在其内径剪开加量（通常加量为原长的一倍或一半）。

抽褶荷叶边：准备布料

1 对折布料，决定圆的半径并裁剪，参考圆形荷叶边设计的操作步骤。

2 根据需要的丰满度进行剪开加量。铺平圆形布料，剪开并加量（通常是原长的2倍或1.5倍）。

3 重新裁剪布料。

4 沿圆形裁片的内径，缝合抽碎褶，直到其长度与缝合处一致。

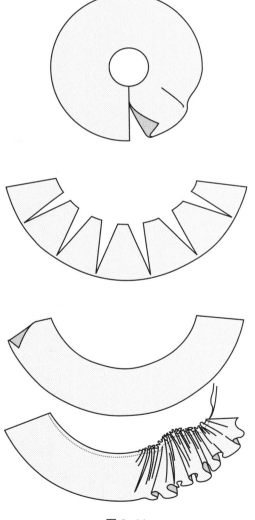

图 8–11

圆形抽褶荷叶边：立体裁剪步骤

① 将抽褶后的布料沿缝合处放置在人台上，间隔
2.5cm（1英寸）固定。

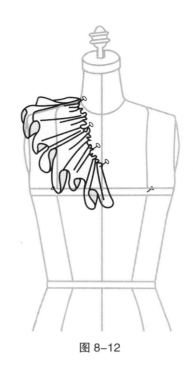

图 8-12

② 修剪荷叶边外轮廓，达到设计效果
的造型。

注　根据设计，可能需要进行多层造型，通常
每层的造型宽度不一样。

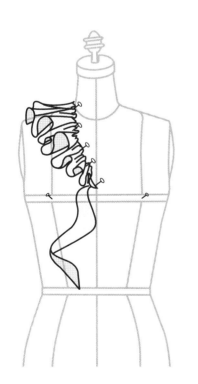 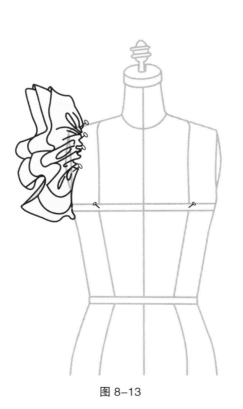 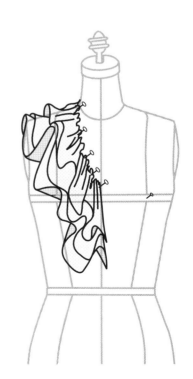

图 8-13

抽褶荷叶边设计

抽褶荷叶边增添了几分优雅的特点，使服装充满柔和而浪漫的气息，特别适合在领口线、衣领、短裙和袖口处的细节设计。因其造型的灵活多变，缝合处可以是直线、曲线或任意角度的线型。

抽褶荷叶边是由一个直布条抽缩而成，根据布料的类型和款式，抽褶的宽度和长度可任意变化，也可以任意排列组合，其抽褶量是1.5倍或者2倍均可。

这款连衣裙设计，就是在领口和裙身做抽褶荷叶边的实例。

图 8-14

图 8-15

抽褶荷叶边设计：立体裁剪步骤

1. 测量服装上进行抽褶设计部位的尺寸。
2. 增加丰满度。
   a. 2倍褶量。使用第①步所测得的数据，计算最大的丰满度（2∶1）。
   b. 增加第①步所测得的数据的一半，计算较小的丰满度（1.5∶1）。
3. 确定荷叶边设计的宽度，必须适合于服装的整体设计效果。

④ 根据前面测量和计算的长、宽，裁剪所需的布料。宽度为经纱方向，抽褶则沿纬纱方向，这样布面具有整洁和顺畅的抽褶丰满度。

⑤ 根据缝合线的长度进行抽褶，并固定在人台上。

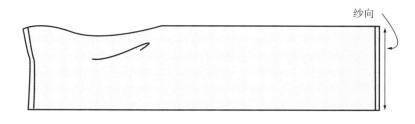

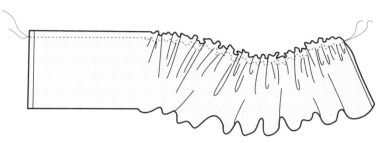

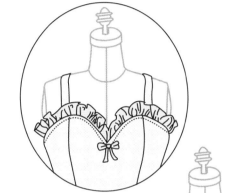

图 8-17

注　如果所需布料的长度超过布料的幅宽，则需要分成多个布条裁剪。

图 8-16

抽褶荷叶边的变化设计

» 抽褶荷叶边的外轮廓比较优雅。

» 抽褶荷叶边为双层对折，分别缝合，二层同等重要。

» 抽褶荷叶边的抽缩技法灵活多变。

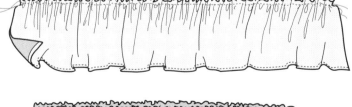

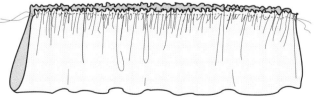

图 8-18

第9章

公主线连衣裙设计

公主线连衣裙设计

公主线连衣裙设计，是指裙身上有纵向分割线的裙子。连衣裙制作完成后，裙身有竖向分割线。比较典型的设计是连衣裙的上身有通过肩部或袖窿弧线至腰围线的公主线。通常这种设计的公主线经过胸高点，公主线结构功能等同于胸省，后片的公主线和前片一致。

连衣裙的款式千变万化。典型的连衣裙设计，如公主线通过肩部且在腰部收紧的连衣裙；通过袖窿的公主线连衣裙；落肩公主线连衣裙。学好这些连衣裙设计，就可以进行更多变化，如紧身胸衣和波浪造型裙。

图 9-1

学习目标

本章讲授公主线立体剪裁、绘制轮廓和拓板。不同款式连衣裙的学习，是进行连衣裙立体裁剪的基础。

通过本章的学习，设计师可以做到：

» 理解人的体型和连衣裙前、后片的联系。
» 连衣裙的造型要考虑合体度、悬垂度、平衡性和比例，激发创造力进行变化的设计。
» 清楚面料经、纬纱向与胸围线和横背宽线的匹配关系，明确连衣裙廓型线。
» 根据连衣裙腰部的贴体度，调整公主线造型、绘制轮廓线。
» 在公主线上增加褶量形成喇叭形。
» 校准前、后加了松量的连衣裙裁片，如袖窿尺寸、腰围造型、测量尺寸和均衡度。
» 检验立体剪裁的最终效果，如合体度、悬垂度、比例，然后拓板。

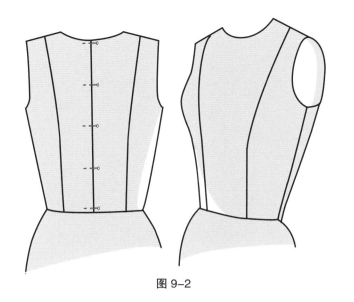

图 9-2

公主线上衣基础纸样

腰部合体、有竖直缝合线而不是省缝的上衣就是公主线上衣的基础纸样。公主线是由肩部和腰部的省，连省成缝而成。这些竖直缝合线，把上衣分成独立裁片。经过缝合，其造型与合体上衣的基础纸样相同，只是有竖直的缝合线。

公主线上衣基础纸样：准备布料

① 从颈点至腰围线（沿经纱方向）测量前、后片的长度，加12.7cm（5英寸）就是准备布料的长度。剪口并撕下这个长度的布料。

② 布料平分。将布料的布边对齐对折，沿对折线剪开撕成两片，分别为前、后片。

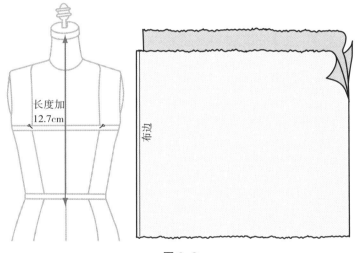

图 9-3

③ 将第①步和第②步准备好的面料中的一片，测量前中片需要的宽度。
在人台的胸围线上，测量从前中线至公主线（沿纬纱方向）的距离，加10.2cm（4英寸）就是前中片的宽度。前片剩下的就是前侧片。

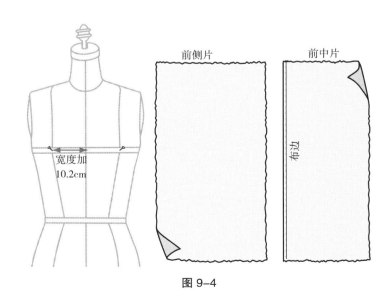

图 9-4

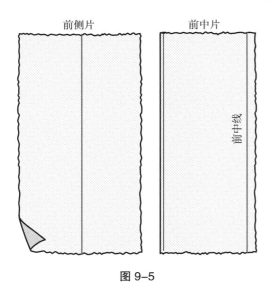

图 9-5

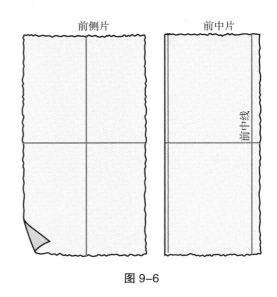

图 9-6

④ 绘制前片上的经向线。

　　a 距离布边2.5cm（1英寸）绘制前中线，扣烫布
　　　边。

　　b 在前侧片的中间位置，绘制经向线。

⑤ 在前中片和前侧片的中间位置，绘制纬向线。

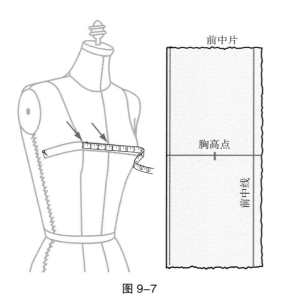

图 9-7

⑥ 在胸高点做十字标记。

　　a 测量人台上从前中线至胸高点的
　　　距离。

　　b 在前中片上对应的位置做十字标记为
　　　胸高点。

7 在第①步和第②步准备好的另外一片
　上，测量后中片需要的宽度。

　在人台的横背宽线上，测量从后中线
　至公主线（沿纬纱方向）的距离，加
　10.2cm（4英寸）就是后中片的宽度。
　后片剩下的就是后侧片。

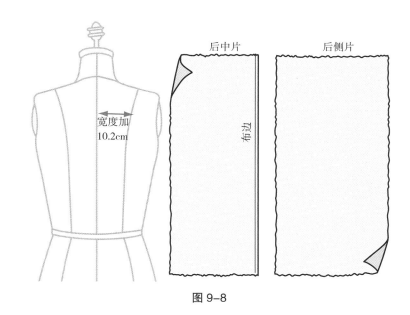

图9-8

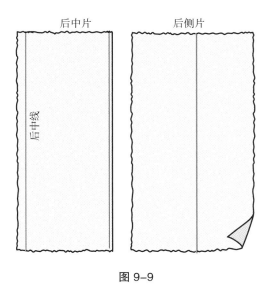

图9-9

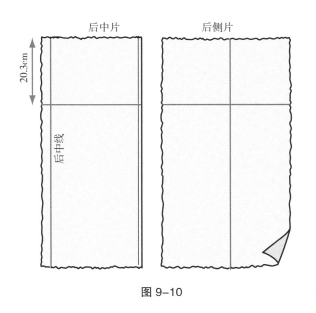

图9-10

8 绘制后片上的经向线。
　a 距离布边2.5cm（1英寸）绘制后中线，扣烫
　　布边。
　b 在后侧片的中间位置，绘制经向线。

9 距离后片上端20.3cm（8英寸），绘制纬向线。

公主线上衣基础纸样：
前中片：立体剪裁步骤

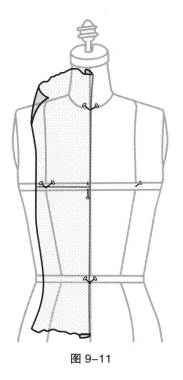

图 9-11

1. 把前中片上胸高点的标记与人台的胸高点对齐，固定前中片。
2. 把前中片的中线与人台的前中线对齐并固定。

   用大头针固定前颈点和前腰点，在胸围线位置把一枚大头针别在胸带上。

3. 捋顺和修剪领口处多余布料，盖过领口线并均匀打剪口。
4. 捋顺和修剪肩部多余布料，刚好盖过公主线并固定。
5. 捋顺和修剪腰部多余布料，刚好盖过腰带和公主线并固定。

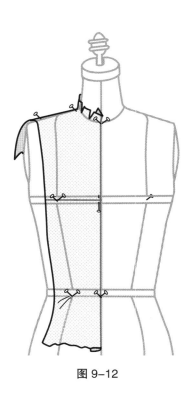

图 9-12

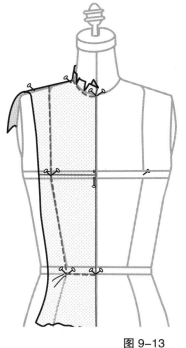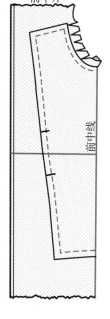

前中片

前中线

图 9-13

6. 在布料上标记所有与人台对应的关键部位：

   a 领口线：用虚线绘制。

   b 肩线：用虚线绘制。

   c 腰围线：用虚线绘制。

   d 公主线和轮廓线：在胸高点位置上、下5.1cm（2英寸）处做十字标记。

7. 前中片的拓板。加缝份并修剪多余布料，前中片重新放回人台。

公主线上衣基础纸样：
前侧片：立体剪裁步骤

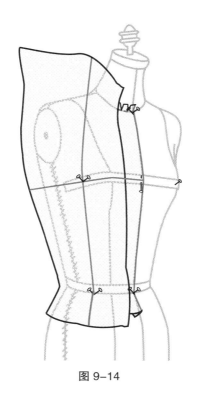

图 9-14

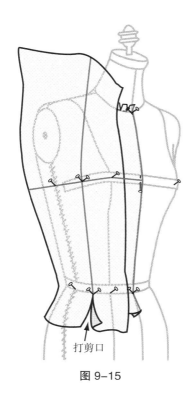

打剪口

图 9-15

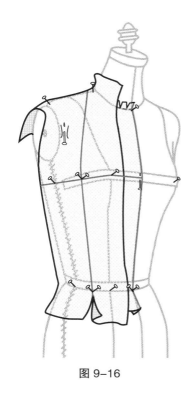

图 9-16

① 把前侧片的经向线与人台前侧片的中间位置对齐固定。

② 把前侧片的纬向线与前中片的纬向线对齐，用大头针在胸围线和腰围线固定。

③ 在前侧片的纬向线与腰围线交叉处打剪口，止点到腰带位置。

④ 腰围线的立体裁剪和固定。从前侧片的纬向线开始，向侧缝和公主线方向捋顺布料，并固定腰围线。

⑤ 捋顺和固定侧缝线。从前侧片的纬向线开始，向侧缝捋顺布料盖过侧缝线并固定，同时避免纬向线偏离原位置。

⑥ 捋顺袖窿处的布料。在袖窿中间做1.3cm（$\frac{1}{2}$英寸）的松量。

⑦ 捋顺胸上部和肩部的布料，修剪肩部。

注　经纱会在胸围线上变形。

8 捋顺和固定公主线。从前侧片的纬向线开始，捋顺布料盖过公主线，在前中片公主线上的十字标记间捋顺余量。

> 注 在胸部会产生余量，作为公主线上十字标记间的松量。

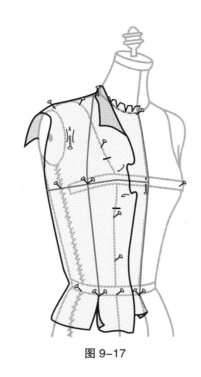

图 9-17

9 在布料上标记所有与人台对应的关键部位：
a 公主线和十字标记：与前中片对位做标记。
b 袖窿：
» 肩点。
» 袖窿中点 [1.3（$\frac{1}{2}$ 英寸）松量]。
» 腋下点。
c 肩线。
d 侧缝线。
e 腰围线。

10 拓板。从人台上取下前侧片，校准所有缝合线。加缝份和前袖窿对位点，修剪多余布料。与前中片别合，用卷尺测量人台尺寸，检查缝合下摆、十字标记、合体度和平衡度。

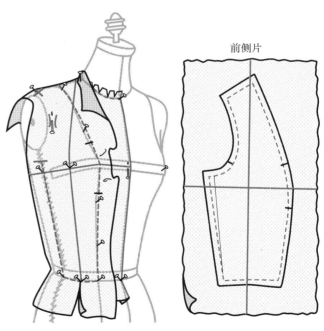

前侧片

图 9-18

公主线上衣基础纸样：

后中片：立体剪裁步骤

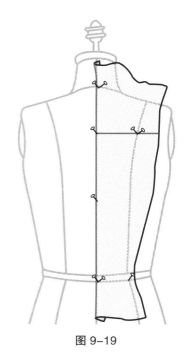

图 9-19

① 把后中片的中线与人台的后中线对齐并固定。

② 把后中片的纬向线与横背宽线对齐并固定。

③ 捋顺和修剪腰部的多余布料，刚好盖过腰带和公主线并固定。

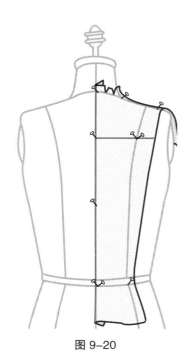

图 9-20

④ 捋顺和修剪后领口处的多余布料，盖过领口线并均匀打剪口。

⑤ 捋顺和修剪肩部的多余布料，刚好盖过公主线并固定。

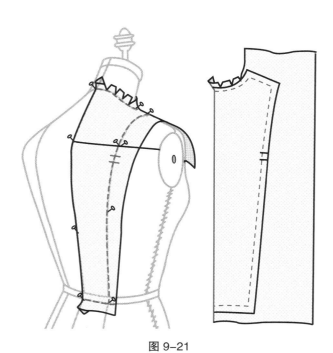

图 9-21

⑥ 在布料上标记所有与人台对应的关键部位：

　a 领口线：用虚线绘制。

　b 腰围线：用虚线绘制。

　c 肩线：用虚线绘制。

　d 公主线和轮廓线：在后公主线上做两个十字标记。

⑦ 后中片的拓板。从人台上取下后中片，校准所有缝合线。加缝份、修剪多余布料，将后中片重新放回人台。

公主线上衣基础纸样：
后侧片：立体剪裁步骤

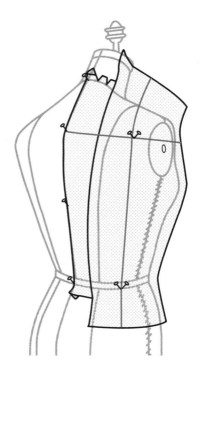

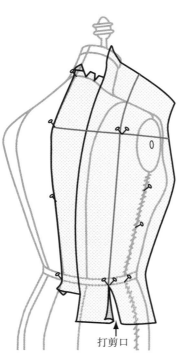

① 把后侧片的经向线与人台后侧片的中间位置对齐固定。

② 把后侧片和后中片的横背宽线对齐。

③ 在后侧片的径向线与腰围线交叉处打剪口，止点到腰带位置。

④ 腰围线的立体裁剪和固定。从后侧片的经向线开始，向侧缝和公主线方向捋顺布料，并固定腰围线。

打剪口

图 9-22

⑤ 捋顺背上部和肩部的布料，修剪肩缝线。

⑥ 捋顺和固定侧缝线。从后侧片的经向线开始，向侧缝捋顺布料盖过侧缝线并固定，同时避免纬向线偏离原位置。

⑦ 捋顺和固定公主线。从后侧片的经向线开始，捋顺布料盖过公主线，在后中片公主线上的十字标记间捋顺余量。

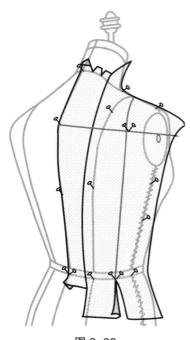

图 9-23

注 经向线将会偏向领口的方向。

8 在布料上标记所有人台对应的关键部位：

a 公主线和十字标记：与后中片对位做标记。

b 袖窿：

» 肩点。

» 袖窿中点［1.3cm（$\frac{1}{2}$英寸）松量］。

» 腋下点。

c 肩线。

d 侧缝线。

e 腰围线。

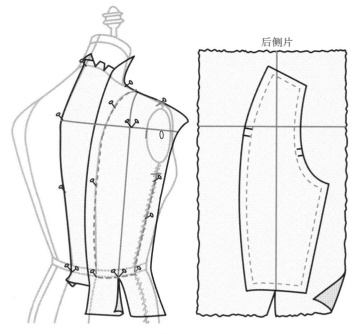

后侧片

图 9-24

9 拓板。从人台上取下后侧片，校准所有缝合线。加缝份和后袖窿对位点，修剪多余布料。

10 将全部衣片别合，重新放回人台，检验精确度、合体度和立体裁剪效果。

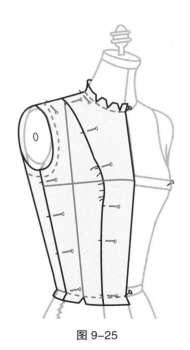

图 9-25

公主线上衣设计

公主线上衣设计是指前衣片分成两片，用缝线竖直缝合，形成一条分割线。这种设计没有合身的腰围线，而是修长的分割线造型。

公主线上衣是经典的上衣款式，也是时尚、修身和长款上衣的变化基础。可以运用到最潮流的套装、连衣裙、运动套装设计中，很多设计师擅长使用这种经典款式的纸样进行变化、创意设计。

图 9-26

公主线上衣设计：**准备布料**

① 从颈口至腰围线（沿经纱方向）测量前、后片的长度，加12.7cm（5英寸）就是布料准备的长度。剪口并撕下这个长度的布料。

② 布料平分。将布料的布边对齐对折，沿对折线剪口撕成两片，分别为前、后片。

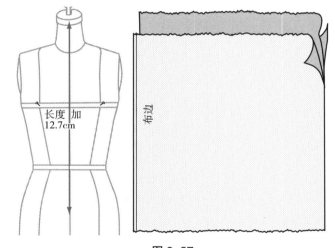

图 9-27

③ 将第①步和第②步准备好的面料中的一片，测量前中片需要的宽度。

在人台的胸围线上，测量从前中线至公主线（沿纬纱方向）的距离，加10.2cm（4英寸）就是前中片的宽度。

前片剩下的就是前侧片。

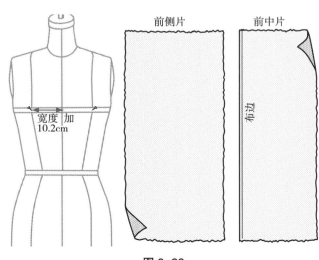

图 9-28

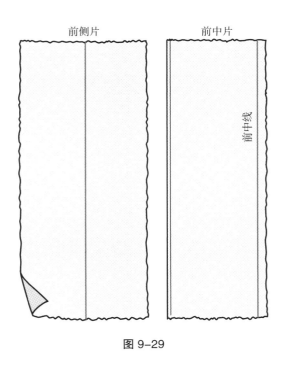

图 9-29

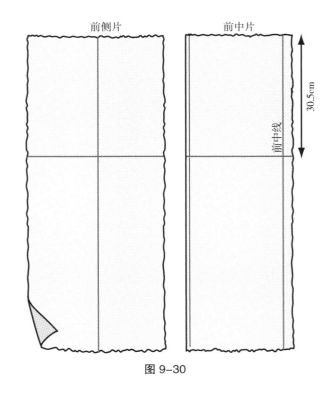

图 9-30

④ 距离布边2.5cm（1英寸）绘制前中线，扣烫布边。

⑤ 在前侧片的中间位置，绘制经向线。

⑥ 距离前中片和前侧片上端30.5cm（12英寸）的位置，绘制纬向线，作为胸围线。

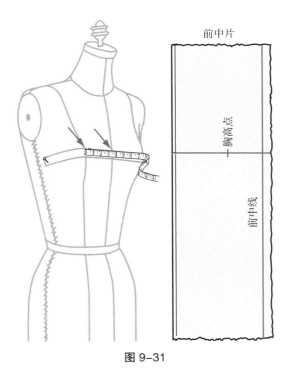

图 9-31

⑦ 在胸高点做十字标记。

a 在人台上测量从前中线至胸高点的距离。

b 在前中片上对应的位置做十字标记为胸高点。

⑧ 在第①步和第②步准备好的另外一片上，测量后中片需 要的宽度。

在人台的横背宽线上，测量从后中线至公主线（沿纬纱方向）的距离，加10.2cm（4英寸）就是后中片的宽度。

后片剩下的就是后侧片。

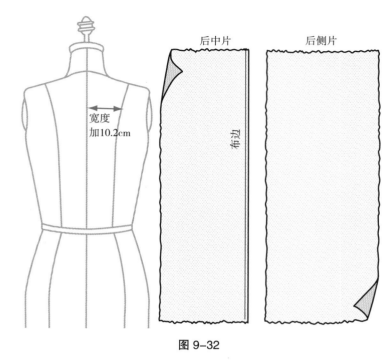

图9-32

⑨ 距离布边2.5cm（1英寸）绘制后中线，扣烫布边。

⑩ 在后侧片的中间位置，绘制经向线。

⑪ 距离后中片和后侧片上端20.3cm（8英寸），绘制纬向线。

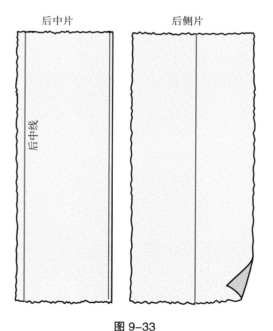

图9-33

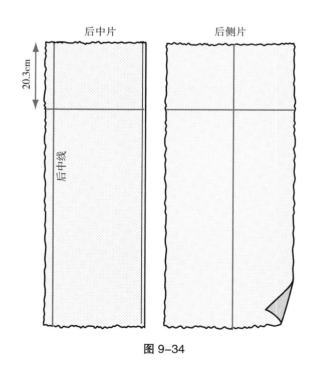

图9-34

公主线上衣设计：

前中片：立体剪裁步骤

① 把前中片上胸高点的标记与人台的胸高点对齐，固定前中片。

② 把前中片的中线与人台的前中线对齐并固定。

用大头针固定前颈点和前腰点，在胸围线位置把一枚大头针别在胸带上。

③ 捋顺和修剪领口处的多余布料，盖过领口线并均匀打剪口。

④ 捋顺和修剪肩部的多余布料，刚好盖过公主线并固定。

⑤ 腰围线与公主线的交叉处打剪口。

⑥ 公主线的裁剪和固定。从前中线捋顺多余布料，刚好盖过公主线。

图 9-35

注 腰围处的布料要平服，不能紧绷。

图 9-36

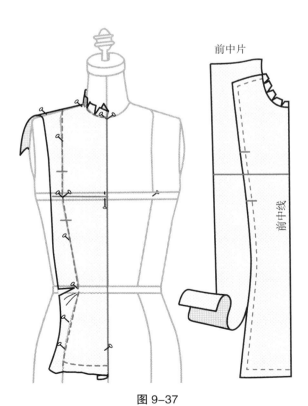

前中片

前中线

图 9-37

⑦ 在布料上标记所有与人台对应的关键部位：

a 领口线。

b 肩线。

c 公主线。

d 轮廓线：在胸高点位置上、下各5.1cm（2英寸）处做十字标记。

e 下摆线。

⑧ 前中片的拓板。加缝份并修剪多余布料，前中片重新放回人台。

公主线上衣设计
前侧片：立体剪裁步骤

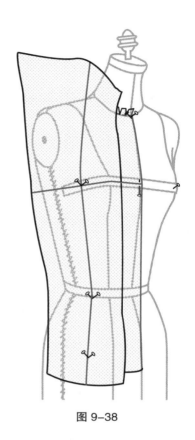

图 9-38

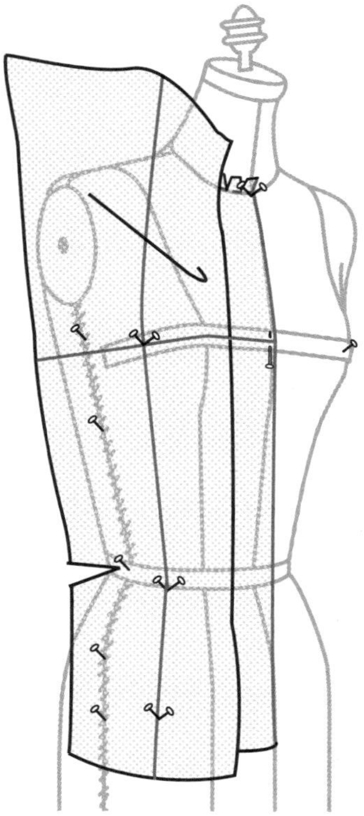

图 9-39

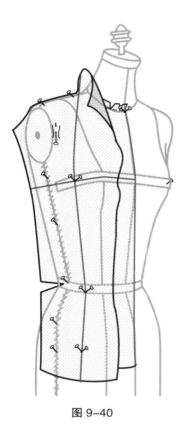

图 9-40

① 把前侧片的经向线与人台前侧片的中间位置对齐固定。

② 把前侧片的纬向线与前中片的纬向线对齐，用大头针在胸围线和臀围线固定。

③ 腰围线与侧缝线的交叉处打剪口。

④ 捋顺和固定侧缝线。从前侧片的纬向线开始，向侧缝捋顺布料盖过侧缝线并固定，同时避免纬向线偏离原位置。

⑤ 捋顺袖窿处的布料。在袖窿中间做1.3cm（$\frac{1}{2}$英寸）的松量。

⑥ 捋顺胸上部和肩部的布料，修剪肩部。

注　经纱会在胸围线上变形。

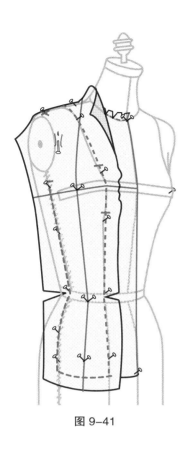

图 9-41

7　腰围线与公主线的交叉处打剪口。

8　捋顺和固定公主线。从前侧片的纬向线开始，捋顺布料盖过公主线，在前中片公主线上的十字标记间捋顺余量。

> 注　在胸部会产生余量，作为公主线上十字标记间的松量。

9　在布料上标记所有与人台对应的关键部位：

　a 公主线。

　b 廓型线上做十字标记：与前中片匹配做标记。

　c 袖窿：

　　» 肩点。

　　» 袖窿中点 [1.3cm（$\frac{1}{2}$英寸）松量]。

　　» 腋下点。

　d 肩线。

　e 侧缝线。

　f 下摆线。

10　拓板。从人台上取下前侧片，校准所有缝合线，加缝份和前袖窿对位点。

　修剪多余布料。与前中片别合，用卷尺测量尺寸，检查缝合下摆、十字标记、合体度和平衡度。

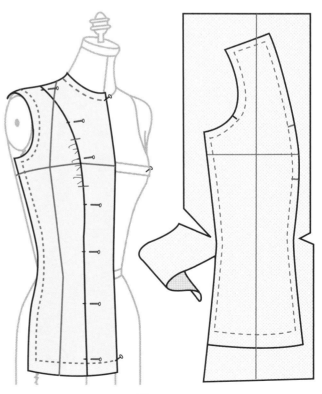

图 9-42

公主线上衣设计：

后中片：立体剪裁步骤

① 把后中片的中线与人台的后中线对齐并固定。

② 把后中片的纬向线与横背宽线对齐并固定。

③ 捋顺和修剪后领口处的多余布料，盖过领口线
并均匀打剪口。

④ 捋顺和修剪肩部的多余布料，刚好盖过公主线
并固定。

⑤ 腰围线与公主线的交叉处打剪口。

⑥ 公主线的立体裁剪。从后中线捋顺多余布料，
刚好盖过公主线并固定。

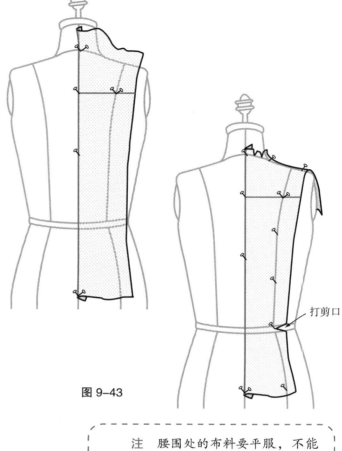

打剪口

图 9-43

> 注 腰围处的布料要平服，不能
> 紧绷。

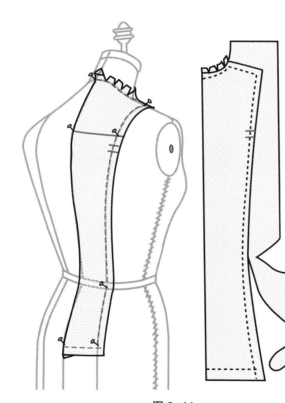

图 9-44

⑦ 在布料上标记所有与人台对应的关键部位：

a 领口线。

b 肩线和腰围线。

c 后公主线。

d 轮廓线标记：在后公主线上做两个十字标记。

e 下摆线。

⑧ 后中片的拓板。从人台上取下后中片，校准所有
缝合线。加缝份、修剪多余布料，将前中片重新
放回人台。

公主线上衣设计：
后侧片：立体剪裁步骤

① 把后侧片的经向线与人台后侧片的中间位置对齐
固定。

② 把后侧片和后中片的所有纬向线对齐。

③ 腰围线与侧缝线的交叉处打剪口。

④ 捋顺和固定侧缝线。从后侧片的纬向线开始，向
侧缝捋顺布料盖过侧缝线并固定。

⑤ 捋顺横背宽上部和肩部的布料，修剪肩缝线。

　　注　纬纱在领口处成一定斜度（纬向线上）。

⑥ 在后侧片的公主线与腰围线交叉处打剪口。

⑦ 捋顺和固定后公主线。从后侧片的纬向线开
始，捋顺布料盖过公主线，在后中片公主线上
的十字标记间捋顺余量。

⑧ 在布料上标记所有与人台对应的关键部位：

　a 公主线和十字标记：与后中片匹配做标记。

　b 袖窿：

　　» 肩点。

　　» 袖窿中点［1.3cm（$\frac{1}{2}$英寸）松量］。

　　» 腋下点。

　c 肩线。

　d 侧缝线。

　e 下摆线。

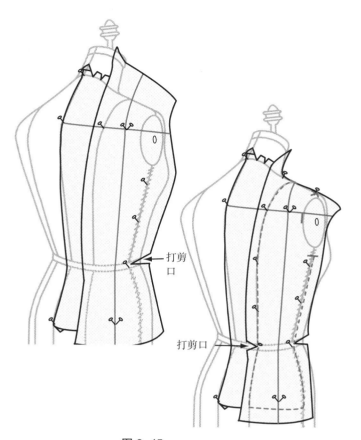

打剪
口

打剪口

图 9-45

⑨ 拓板。从人台上取下后侧片，校准所有缝合线。
加缝份和后袖窿对位点，修剪多余布料。
将全部衣片别合，重新放回人台，检验精确度、
合体度和立体裁剪效果。

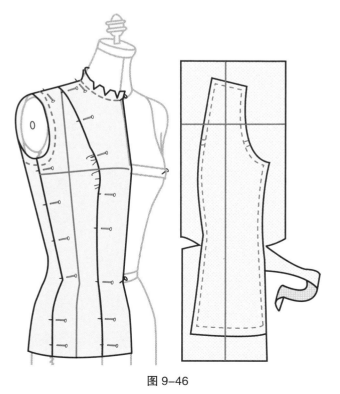

图 9-46

袖窿公主线连衣裙

袖窿公主线连衣裙或上衣的公主线始于袖窿中部，过胸高点至下摆线。这种立体剪裁主要用于转移袖窿和腰部的多余量，多余量转至公主线的成缝设计。

时尚的上衣、套装、连衣裙和运动套装，通常都适用于这种造型设计。

袖窿公主线连衣裙：准备布料

① 准备人台：
在人台上从前袖窿中点至胸高点别大头针。

② 从前颈口至设计裙长（沿经纱方向）测量前、后片的长度，剪口并撕下这个长度的布料。

③ 布料平分。将布料的布边对齐对折，沿对折线剪口撕成两片，分别为前、后片。

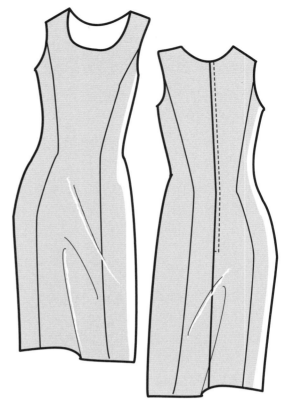

图 9-47

④ 将第①步和第②步准备好的面料中的一片，测量前中片需要的宽度。

在人台的胸围线上，测量从前中线至袖窿弧线（沿纬纱方向）的距离，加10.2cm（4英寸）就是前中片的宽度。

前片剩下的就是前侧片。

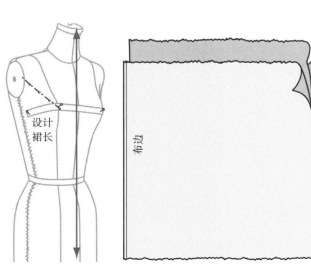

图 9-48

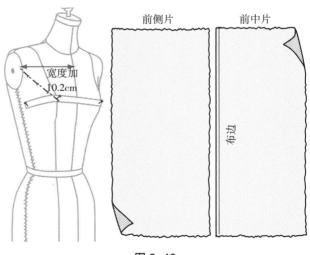

图 9-49

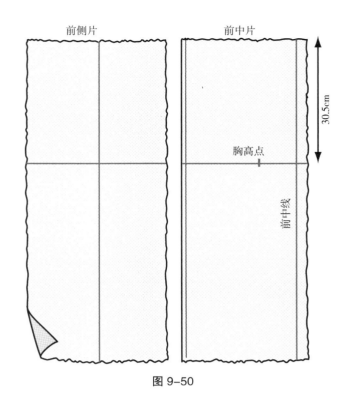

图 9-50

⑤ 距离布边2.5cm（1英寸）绘制前中线，扣烫布边。

⑥ 在前侧片的中间位置，绘制经向线。

⑦ 距离布料上端30.5cm（12英寸）绘制纬向线。

⑧ 在胸高点做十字标记。

　a 测量人台上从前中线至胸高点的距离。

　b 在前中片上对应的位置做十字标记为胸高点。

⑨ 准备人台：

　在人台上从后袖窿中部至胸高点别大头针。

⑩ 在第①步和第②步准备好的另外一片布料上，测量后中片需要的宽度。

　在人台的横背宽线上，测量从后中线至袖窿弧线（沿纬纱方向）的距离，加10.2cm（4英寸）就是后中片的宽度。后片剩下的就是后侧片。

⑪ 距离布边2.5cm（1英寸）绘制后中线，扣烫布边。

⑫ 在后侧片的中间位置，绘制经向线。

⑬ 距离后中片和后侧片上端20.3cm（8英寸），绘制纬向线。

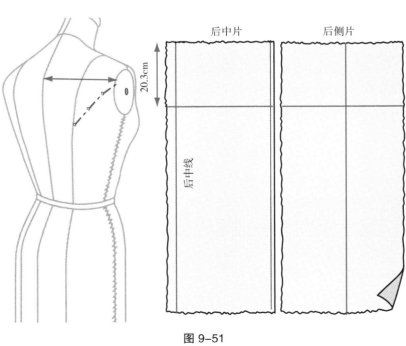

图 9-51

袖窿公主线连衣裙：

前中片：立体剪裁步骤

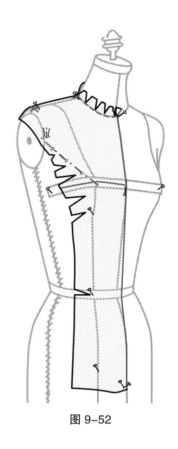

图 9-52

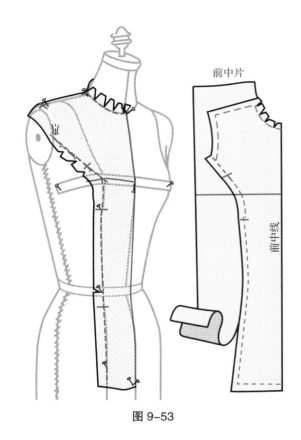

图 9-53

① 把前中片上胸高点的标记与人台的胸高点对齐，固定前中片。

② 把前中片的中线与人台的前中线对齐并固定。用大头针固定前颈点和前臀点，胸围线位置把一枚大头针别在胸带上。

③ 捋顺和修剪领口处的多余布料，盖过领口线并均匀打剪口。

④ 捋顺和修剪肩部的多余布料，刚好盖过公主线并固定。

⑤ 捋顺袖窿处的布料，留1.3cm（$\frac{1}{2}$英寸）的松量，刚好在公主线交点上。

⑥ 修剪公主线外侧的布料，并在腰围处固定。

⑦ 公主线的裁剪和固定。从前中线捋顺多余布料，刚好盖过公主线。

注 腰围处的布料要平服，不能紧绷。

⑧ 在布料上标记所有与人台对应的关键部位：
a 领口线。
b 肩线。
c 公主线。
d 公主线以上袖窿弧线。
e 轮廓线做标记：在胸高点位置上、下各5.1cm（2英寸）处做十字标记。
f 下摆线。

⑨ 前中片的拓板。加缝份并修剪多余布料，前中片重新放回人台。

袖窿公主线连衣裙：

前侧片：立体剪裁步骤

① 把前侧片的经向线与人台前侧片的中间位置对齐固定。

② 把前侧片的纬向线与前中片的纬向线对齐，用大头针在胸围线和臀围线固定。

③ 在腰围线与侧缝线的交叉处打剪口。

④ 挦顺和固定侧缝线。从前侧片的纬向线开始，向侧缝挦顺布料盖过侧缝线并固定，同时避免纬向线偏离原位置。

⑤ 在腰围线与公主线的交叉处打剪口。

⑥ 挦顺和固定公主线。从前侧片的纬向线开始，挦顺布料盖过公主线，在前中片公主线上的十字标记间挦顺余量，避免纬向线的偏斜。

注　在胸部会产生余量，作为公主线上十字标记间的松量。

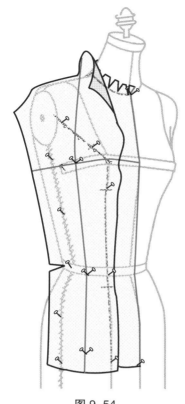

图 9–54

⑦ 在布料上标记所有与人台对应的关键部位：

　　a 公主线。

　　b 廓型线上做十字标记：与前中片匹配做标记。

　　c 袖窿与公主线的交点。

　　d 侧缝线。

　　e 下摆线。

⑧ 拓板。从人台上取下前侧片，校准所有缝合线，加缝份和前袖窿对位点。

修剪多余布料。与前中片别合，用卷尺测量尺寸，检查缝合下摆、十字标记、合体度和平衡度。

图 9–55

袖窿公主线连衣裙：

后中片：立体裁剪步骤

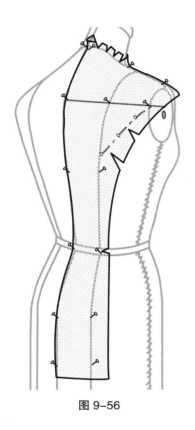

图 9–56

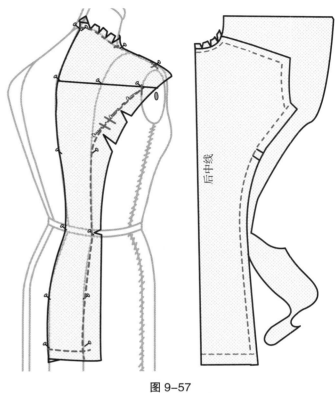

图 9–57

① 把后中片的中线与人台的后中线对齐并固定。

② 把后中片的纬向线与横背宽线对齐并固定。

③ 捋顺和修剪后领口处的多余布料，盖过领口线并均匀打剪口。

④ 捋顺和修剪肩部的多余布料，刚好盖过公主线并固定。

⑤ 在腰围线与公主线的交叉处打剪口。

⑥ 公主线的立体裁剪。从后中线捋顺多余布料，刚好盖过公主线并固定。

注 腰围处的布料要平服，不能紧绷。

⑦ 在布料上标记所有与人台对应的关键部位：

　a 领口线。

　b 肩线。

　c 后公主线。

　d 袖窿与公主线的交点。

　e 轮廓线标记：在后公主线上做两个十字标记。

　f 下摆线。

⑧ 后中片的拓板。从人台上取下后中片，校准所有缝合线。加缝份、修剪多余布料，将前中片重新放回人台。

袖窿公主线连衣裙：
后侧片：立体裁剪步骤

1 把后侧片和后中片的所有纬向线对齐。

2 在腰围线与侧缝线的交叉处打剪口。

3 捋顺和固定侧缝线。从后侧片的纬向线开始，向侧缝捋顺布料盖过侧缝线并固定，避免所有纬向线偏斜。

4 在后侧片的公主线与腰围线交叉处打剪口。

5 捋顺和固定后公主线。从后侧片的纬向线开始，捋顺布料盖过公主线，在后中片公主线上的十字标记间捋顺余量。

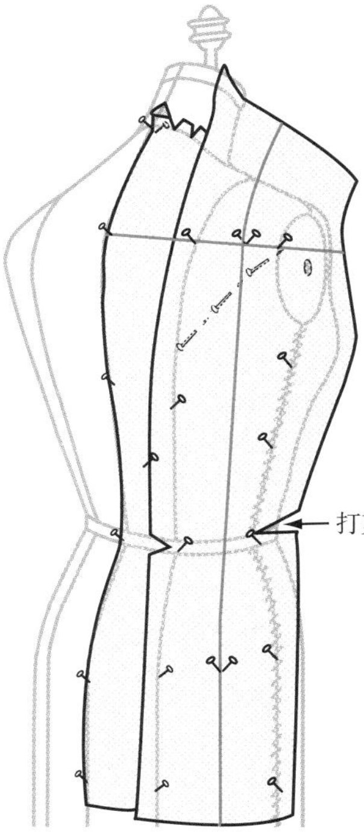

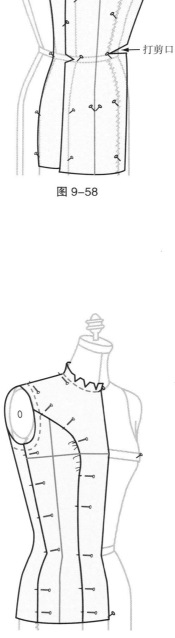

打剪口 ←

图 9-58

6 在布料上标记所有与人台对应的关键部位：

a 公主线和十字标记：与前中片匹配做标记。

b 标注与后中片对位的两个袖窿标记。

c 公主线在袖窿的交点。

d 腋下点。

e 侧缝线。

f 下摆线。

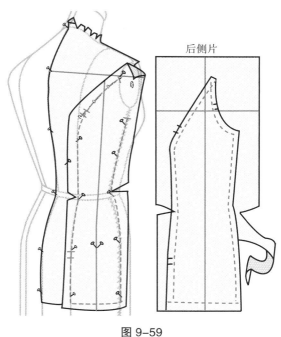

后侧片

图 9-59

7 拓板。从人台上取下后侧片，校准所有缝合线。加缝份和后袖窿对位点，修剪多余布料。

8 将全部衣片别合，重新放回人台，检验精确度、合体度和立体裁剪效果。

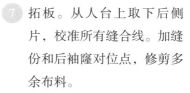

图 9-60

落肩公主线上衣

　　落肩公主线上衣是别具特色的一款设计，使领口和上臂的暴露部分较大，带有露肩的正装礼服特色，同时轮廓相对简洁。

　　很多时候，这种落肩设计可以搭配晚装长裙。领口可做一系列造型变化，上衣片也可以直接延长成为连衣裙。

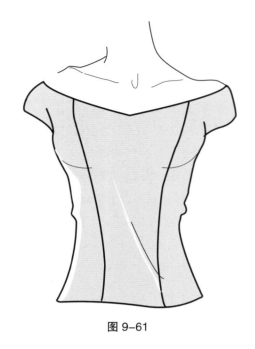

图 9-61

落肩公主线上衣：准备人台

» 从人台上取下腰围带。

» 在人台上用大头针别出设计的前、后领口形状。

» 同时，在进行肩部和袖隆造型时，要准备手臂（第5章，手臂制作的详细讲解）。

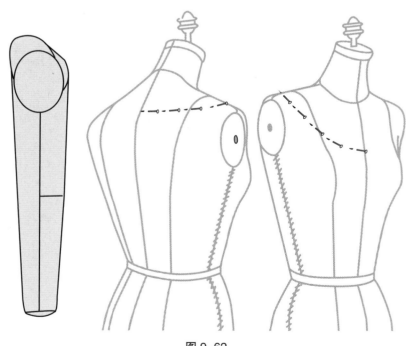

图 9-62

落肩公主线上衣：准备布料

1. 从前颈口至臀围线（沿经纱方向）测量前、后片的长度，加12.7cm（5英寸）就是布料准备的长度。剪口并撕下这个长度的布料。

2. 布料平分。将布料的布边对齐对折，沿对折线剪口撕成两片，分别为前片、后片。

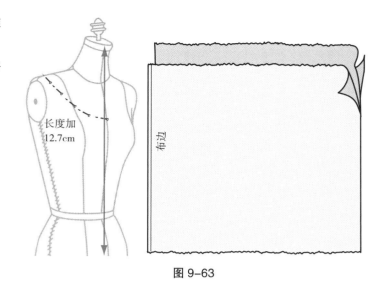

图 9-63

3. 将第①步和第②步准备好的面料中的一片，测量前中片需要的宽度。

在人台的胸围线上，测量从前中线至公主线（沿纬纱方向）的距离，加10.2cm（4英寸）就是前中片的宽度。前片剩下的就是前侧片。

4. 距离布边2.5cm（1英寸）绘制前中线，扣烫布边。

5. 在前侧片的中间位置，绘制经向线。

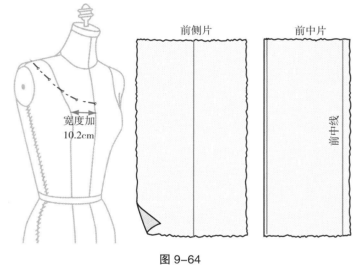

图 9-64

6. 在第①步和第②步准备好的另外一片上，测量后中片需要的宽度。

在人台的横背宽线上，测量从后中线至袖隆弧线（沿纬纱方向）的距离，加10.2cm（4英寸）。

7. 距离布边2.5cm（1英寸）绘制后中线，扣烫布边。

8. 在后侧片的中间位置，绘制经向线。

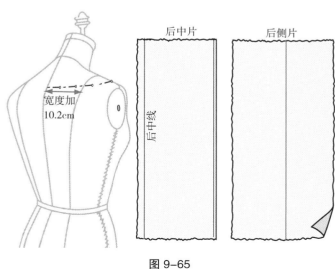

图 9-65

落肩公主线上衣：

前中片：立体裁剪步骤

1 把前中片上胸高点的标记与人台的胸高点对齐，固定前中片。面料在领口处至少多出7.6cm（3英寸），固定前领口和臀围线。

2 在腰围线与公主线的交点处打剪口。

3 公主线的立体裁剪。从前中线将顺多余布料，刚好盖过公主线并固定。

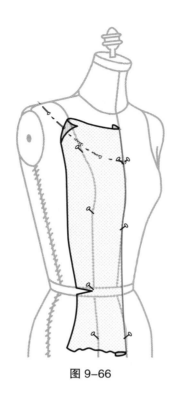

图 9-66

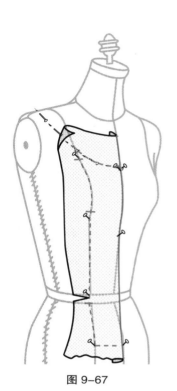

图 9-67

4 在布料上标记所有与人台对应的关键部位：

a 随领型的胸围辅助线。

b 公主线。

c 轮廓线做标记：在胸高点位置上、下各5.1cm（2英寸）处做十字标记。

d 下摆线：根据配套的裙子确定。

5 前中片的拓板。加缝份并修剪多余布料，前中片重新放回人台。

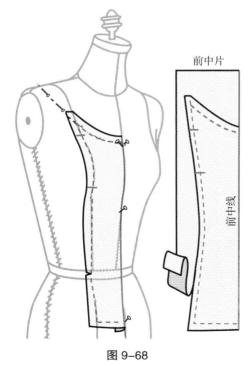

图 9-68

落肩公主线上衣：

前侧片：立体裁剪步骤

1. 把前侧片的经向线与人台前侧片的中间位置对齐固定。面料在肩部至少多出7.6cm（3英寸）。在腰围线和侧缝交点处打剪口。

2. 捋顺和固定侧缝线。从前侧片的纬向线开始，向侧缝捋顺布料盖过侧缝线并固定。

3. 捋顺肩部的布料余量，至少多出10.2cm（4英寸）。

4. 固定袖窿中部和公主线，修剪轮廓外侧的多余面料。

5. 从侧缝开始，捋顺袖窿和臀部处的布料余量，留2.5cm（1英寸）的余量进行调整和拓板。在腰围线与公主线的交叉处打剪口。

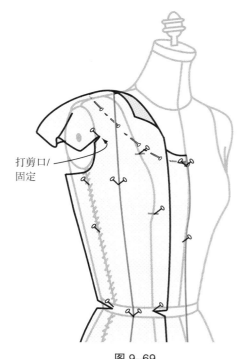

打剪口/固定

图 9-69

> 注 在胸部会产生余量，作为公主线上十字标记间的松量。

6. 捋顺和固定公主线。从前侧片的纬向线开始，捋顺布料盖过公主线并固定。

7. 在布料上标记所有与人台对应的关键部位：

   a 落肩10.2cm（4英寸）。

   b 领口线。

   c 公主线。

   d 廓型线上做十字标记：与前中片对位做标记。

   e 侧缝线。

   f 下摆线。

8. 从人台上取下前侧片，校准所有缝合线，修剪落肩袖轮廓线。

9. 加缝份并修剪多余布料。与前中片别合，用卷尺测量尺寸，检查缝合下摆、十字标记、合体度和平衡度。

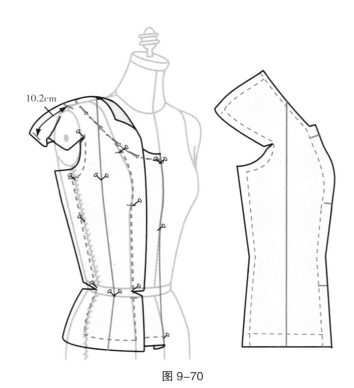

10.2cm

图 9-70

落肩公主线上衣：

后中片：立体裁剪步骤

1️⃣ 把后中片的中线与人台的后中线对齐并固定，面料在领口处至少多出7.6cm（3英寸）。

2️⃣ 捋顺和修剪后领口处的多余布料。

3️⃣ 在腰线与公主线的交点处打剪口。从后中线捋顺多余布料，刚好盖过公主线并固定。

　注　腰围处的布料要平服，不能紧绷。

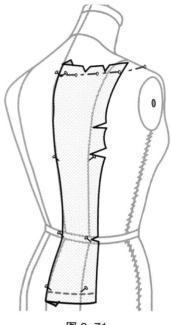

图 9-71

4️⃣ 在布料上标记所有与人台对应的关键部位：

　a 领口线。

　b 后公主线。

　c 轮廓线标记：在后公主线上做两个十字标记。

　d 下摆线。

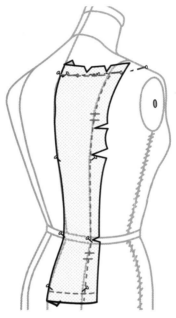

图 9-72

5️⃣ 后中片的拓板。从人台上取下后中片，校准所有缝合线。在公主线上加下摆的摆量，并修顺下摆线。

6️⃣ 加缝份并修剪多余布料，后中片重新放回人台。

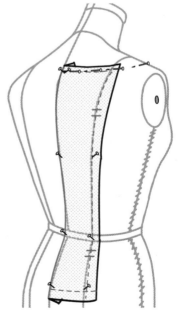
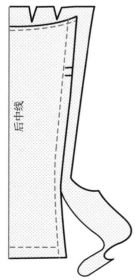

图 9-73

落肩公主线上衣：

后侧片：立体裁剪步骤

固定/打剪口

图 9-74

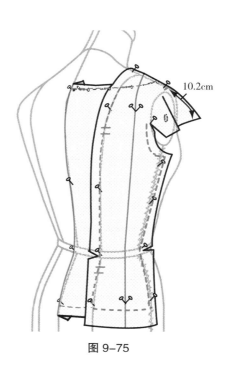

10.2cm

图 9-75

① 把后侧片和后中片的所有纬向线对齐并固定，在腰围线与侧缝线的交叉处打剪口。

② 捋顺和固定侧缝线。从后侧片的纬向线开始，向侧缝捋顺布料盖过侧缝线并固定。

③ 捋顺肩部的布料余量，至少多出10.2cm（4英寸）。

④ 固定袖窿中部和公主线，修剪轮廓外侧的多余面料。

⑤ 从侧缝开始，捋顺袖窿和臀部处的布料余量，留2.5cm（1英寸）的余量进行调整和拓板。在腰围线与公主线的交叉处打剪口。

⑥ 捋顺和固定公主线。从后侧片的纬向线开始，捋顺布料盖过公主线并固定，避免纬向线偏斜。

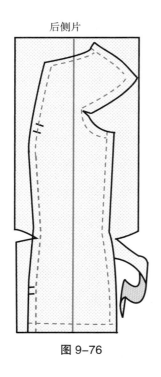

后侧片

图 9-76

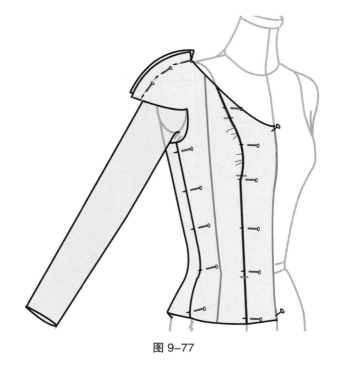

图 9-77

⑦ 在布料上标记所有与人台对应的关键部位：

　a 落肩10.2cm（4英寸）。

　b 领口线。

　c 公主线。

　d 廓型线上做十字标记：与后中片对位做标记。

　e 侧缝线。

　f 下摆线。

⑧ 从人台上取下衣片，校准所有缝合线，修剪落肩袖轮廓线，加缝份并修剪多余布料。

⑨ 把手臂固定在人台上。所有衣片放回人台进行别合，检验肩线、领口线和公主线的合体度。

第10章

无省设计

» 无省上衣
» 无省衬衫或连衣裙
» 单层育克经典衬衫
» 前育克的变化设计

无省设计

本章所讲的廓型历久不衰、简洁大方，适用于设计无胸省的上衣、背心或裙子。这些廓型设计可以依据设计效果进行长、短的调整。不同的设计风格，可采用不同的细节来表达，如变化多样的领型线、衣领造型、育克、设计线、褶、松量以及不同的袖型。

本章主要讲解普通上衣和衬衫廓型的立体裁剪和衍生设计。

图 10-1

合体的无省设计，会令着装者感觉舒适，与人体和谐，其松量的控制也应该紧跟时尚。无省设计的样板或廓型，常常用于无贴体胸省设计的上衣、连衣裙和马甲，同时以紧身型或箱型为主。

» 紧身型：在这种廓型中，通常设计有较小的菱形腰省，腰部收紧。
» 箱型：廓型给人以四四方方的感觉，没有设计分割线或省。侧缝处较宽松且平行于前、后中线，腰部可使用束带或松紧带收紧。

无省上衣样板

　　无省上衣样板常用于设计上衣、马甲以及不需要合体胸省和贴身袖窿的连衣裙。这种长至臀部的宽松上衣，没有紧贴腰部的侧缝线，配有菱形省或者宽松的塔克褶。无省上衣样板的袖子与传统的合体袖略有不同，通常设计有简洁的开衩和开口来增加造型效果。

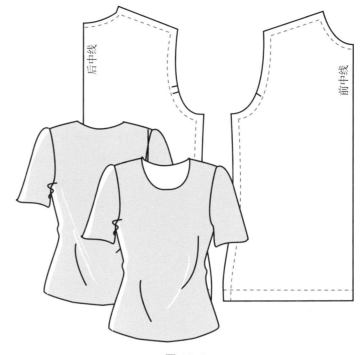

图 10-2

无省衫衬样板

　　无省衬衫样板常用于设计不需要合体胸省、并带有落肩的衬衫。这种设计没有紧贴腰部的侧缝线，配有菱形省。制造商更愿意做装袖，而不是连身袖，因为装袖有更大的自由活动空间。

图 10-3

无省上衣

通常，上衣的廓型修身合体。在这种廓型中，腰部设计较小的菱形省或塔克褶，有利于体现纤细贴身的造型。无省上衣的袖窿比上衣基本纸样的袖窿更深些，同时要确保袖窿的整体平衡，因为都是匹配同一个基本袖片。

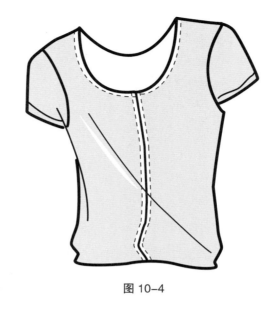

图 10-4

无省上衣：准备布料

① 从颈口至臀围线（沿经纱方向）测量前、后片的长度，加12.7cm（5英寸）就是布料准备的长度。剪口并撕下这个长度的布料。

② 从中心线至侧缝测量前、后片的宽度，加10.2cm（4英寸）就是布料准备的宽度。剪口并撕下这个宽度的布料。

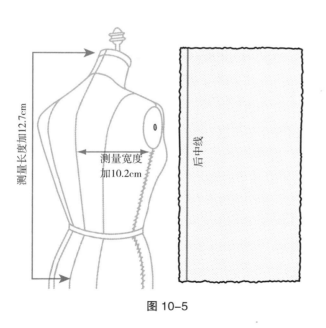

图 10-5

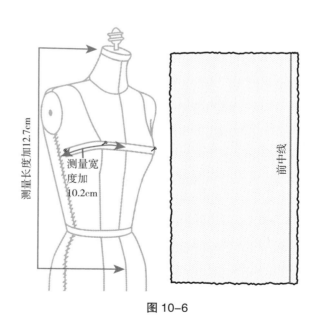

图 10-6

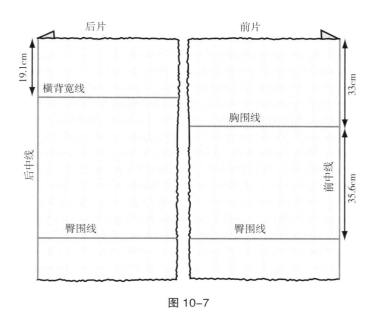

图 10-7

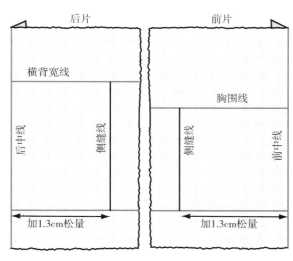

图 10-8

③ 距离布边2.5cm（1英寸）绘制前、后中线，并扣
烫布边。

④ 在前片上，绘制两条纬向线。

a 绘制胸围线。距离布料上端33cm（13英寸）
绘制第1条纬向线。

b 绘制臀围线。距离第1条纬向线35.6cm（14英
寸）绘制第2条纬向线，这条线就是臀围线，
在不同型号的人台上尺寸略有不同。

⑤ 在后片上，绘制两条纬向线。

a 绘制横背宽线。距离布料上端19.1cm（$7\frac{1}{2}$英寸）
绘制第1条纬向线。

b 绘制臀围线。对齐前、后片，在后片上绘制臀
围线，并与前片的臀围线对齐。

⑥ 在前、后片上绘制侧缝线。

a 在人台上，测量从前中线至侧缝的距离，并加
上1.3cm（$\frac{1}{2}$英寸）的松量，在前片胸围线和臀
围线上对应的位置做十字标记。

b 在人台上，测量从后中线至侧缝的距离，并加
上1.3cm（$\frac{1}{2}$英寸）的松量，在后片横背宽线
和臀围线上对应的位置做十字标记。

c 绘制前、后侧缝线。从侧缝的十字标记，绘制
一条与中线平行的经向直线。

无省上衣：前片的立体裁剪步骤

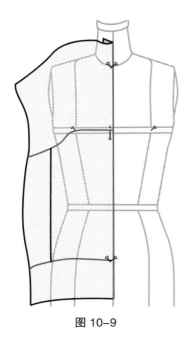

图 10-9

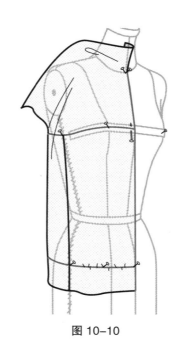

图 10-10

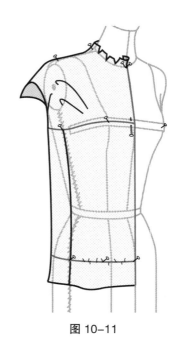

图 10-11

① 将布料上经向前中线与人台前中线对齐并固定，确保人台上的胸围线与布料的纬纱重合。双针固定前颈点、前臀点，在胸部水平贴条上也要别一枚大头针。

② 在臀围线沿纬纱方向抚顺和固定布料至侧缝线，均匀分配1.3cm（$\frac{1}{2}$英寸）松量。

③ 将衣料侧缝固定到人台的侧缝处。务必让衣料横纹平行于底部。

④ 固定肩、颈部位。在颈部周围修剪多余的衣料，均匀打剪口并抚顺布料。

⑤ 在人台的肩、袖窿部位，抚顺并裁剪衣料，所有的余量聚拢至臂根板部位。

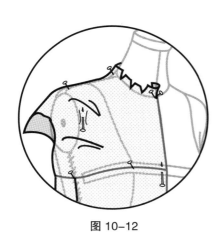

图 10-12

⑥ 分配袖窿松量。

　a 在袖窿中间位置，把袖窿的余量分成两半。

　b 在袖窿的中间位置朝衣身方向，轻推少量布料。

　c 固定袖窿顶部，使余量均匀分配。

图 10-13

图 10-14

7 在布料上标记所有与人台对应的关键部位：

    a 领口线：用虚线绘制。

    b 肩线：用虚线绘制。

    c 袖窿：

    » 肩点。

    » 袖窿中部隆起。

    » 侧缝线的下端点。

    d 侧缝线：在腰围线处做十字标记。

8 拓印领口线和肩线并加缝份，修剪袖窿处的多余布料，留2.5cm（1英寸）的余量。

9 在人台上放置好后片。

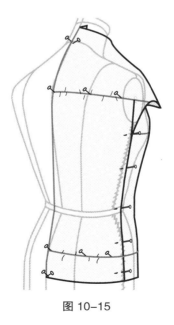

图 10-15

10 将布料上经向后中线与人台后中线对齐并固定。

11 在侧缝处对齐前、后臀围线。

12 后片沿纬纱方向捋顺和固定布料至侧缝线，均匀分配1.3cm（$\frac{1}{2}$英寸）松量。

13 对齐前、后侧缝并别合，务必使臀围线与纬纱重合，避免扭曲，悬挂竖直。

⑭ 修剪颈部和袖窿部位多余的布料，捋顺和固定后肩、颈点部位。

> 注 后袖窿部位会出现一定的松量，大约从肩缝至横背宽线的中间消失，处理在袖窿处。

⑮ 在布料上标记所有与人台对应的关键部位：

a 领口线。

b 肩线。

c 袖窿：

» 肩点。

» 袖窿中部隆起。

» 侧缝线的下端点。

d 侧缝线：在腰围线处做十字标记。

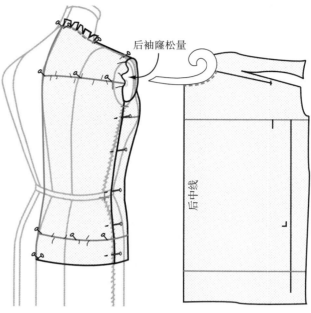

图 10-16

⑯ 从人台上取下前、后片，校准后领口线和肩线。

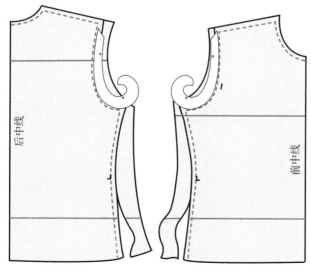

图 10-17

⑰ 校准前、后侧缝和袖窿弧线。

a 距离人台袖板底边缘5.1cm（2英寸），为降低袖窿和侧缝交叉点的位置。

b 在侧缝增加1.6cm（$\frac{5}{8}$英寸）的身体活动松量，用曲尺连接新的十字标记点绘制侧缝线。

c 用云形尺绘制袖窿弧线，如图所示。

> 注 当前、后侧缝别合在一起时，袖窿弧线呈马蹄形。

⑱ 检查并调整前、后袖窿弧线。

a 测量前、后袖窿弧线。后袖窿要比前袖窿长1.3cm（$\frac{1}{2}$英寸）（正确的袖窿匹配）。

b 如果袖窿尺寸不合适，后袖窿去掉0.6cm（$\frac{1}{4}$英寸）修直，或前袖窿增加0.6cm（$\frac{1}{4}$英寸）。

⑲ 加缝份并修剪多余布料。

20 把前、后片别合在一起，放回人台。检查平衡性和舒适度，进行必要的调整。

注　前袖窿部位的布料会出现小褶皱（所有无省设计都会这样）。

检查整体舒适性

前中线和后中线完全与经纱重合。
前片的胸围线完全与纬纱重合，胸围线以下的部分竖直悬挂。
前、后片侧缝的形状和长度一致。

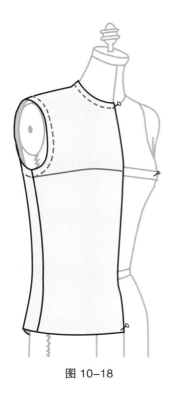

图 10-18

袖子

用调整过的袖原型，具体说明见第100~101页。
绱袖。通过把袖子别合到袖窿上，检查袖山是否有足够的松量，或松量对于造型是否必要。参考第97~98页的绱袖，以及第102页调整袖子松量。

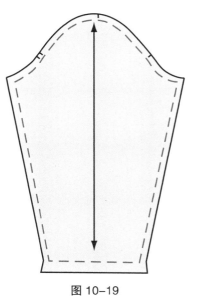

图 10-19

无省衬衫或连衣裙

　　无省上衣用于设计衬衫或连衣裙，或无合体胸省并有落肩的服装。这种设计没有紧贴腰部的缝线，并且常显宽松，同时设计有菱形省。

　　很多时候，一件普通的上衣也需要尽显女性气质。本章以普通的女衬衫为例进行立体衫裁剪，通过强化肩部和侧缝营造休闲特征，同时降低袖窿满足上衣的造型方法。

　　为了匹配较低的袖窿，需要一个上衣袖片进行说明。在袖子样板中，这种上衣袖子很常见，因为对于顾客来说，采用低袖窿设计的服装便于运动、穿着舒适。

　　这种上衣廓型的长短可以调节，根据设计而定。不同的风格可以设计不同的细节，如领口线、领型、育克、设计线、褶、增加松量和不同的袖型。

图 10-20

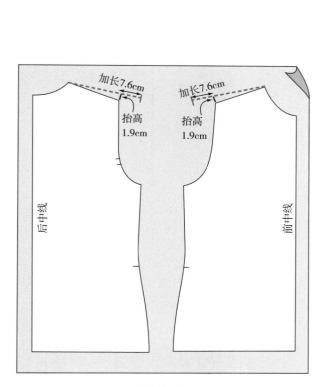

图 10-21

无省衬衫或连衣裙：上衣纸样准备

1　把无省衬衫、连衣裙纸样描摹到打板纸上。

2　原肩点抬高1.9cm（$\frac{3}{4}$英寸）。

3　连接侧颈点与抬高1.9cm（$\frac{3}{4}$英寸）的肩点，绘制新的肩线。

4　肩线加长7.6cm（3英寸）。

⑤ 重新确定袖窿弧线、侧缝和下摆线。

  a 腋下点降低10.2cm（4英寸）。

  b 侧缝增加1.3cm（$\frac{1}{2}$英寸）松量。

  c 绘制新的袖窿弧线。用曲尺连接新的
     肩点和腋下点，袖窿增大。

  d 根据需要，重新绘制下摆线，绘制
     成"上衣式下摆"的形状。

  注 下落腋下点的袖窿弧线，就不再是
     马蹄形。

⑥ 设计与上衣匹配的袖子，在接下来的章
节中会做详细说明。

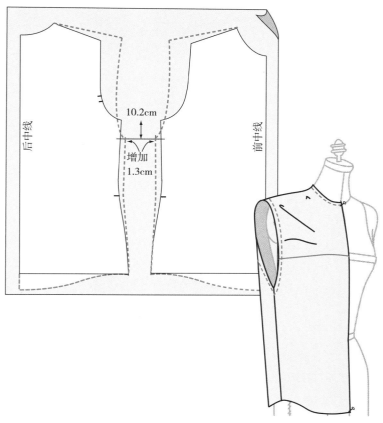

图 10–22

无省衬衫或连衣裙：设计上衣袖

    这种上衣袖的特征是，长至腰围的袖片要与
落肩和下落的腋下点接顺。与落肩匹配的上衣袖
片，比普通袖的袖山高小、袖肥大，这种袖子设
计既活动自如，又穿着舒适。

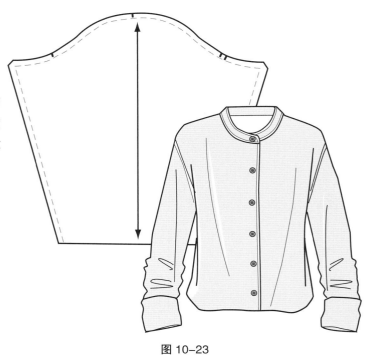

图 10–23

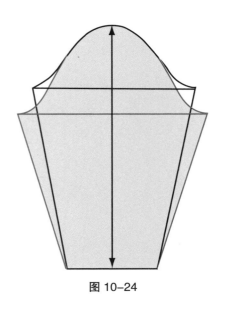

图 10-24

① 调整袖山、经纱和纬纱。

   a 通过用袖原型或调整过的袖原型来进行袖山的调整。向外
      向下扩展袖山量,来匹配更长的上衣袖窿尺寸。

   b 在袖子中线处绘制一条经向直线。

   c 在袖宽线的新位置绘制一条横向直线。

② 准备一张长81.3cm(32英寸)宽76.2cm(30英
寸)的打板纸,沿纵向对折。

③ 把新调整的袖子放到打板纸上,袖中线(经纱)
与打板纸折痕对齐。

④ 从袖山中线向外向下到手腕线,用细线绘制完整
的袖子。

⑤ 取走原型袖纸样。

⑥ 在袖子的袖宽线位置上,以打板纸的中心对折线
为起始,绘制新的袖宽线。

⑦ 在新的袖草图上绘制新的袖宽线。从描完的袖山
开始,向下量8.9cm($3\frac{1}{2}$英寸),在这个位置画
上绘制新的袖宽线。

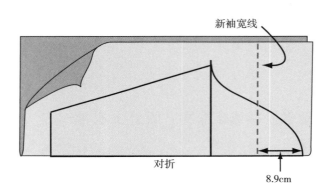

新袖宽线

对折

8.9cm

图 10-26

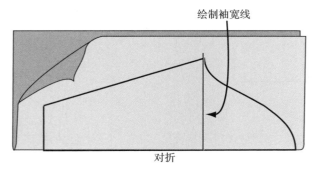

绘制袖宽线

对折

图 10-25

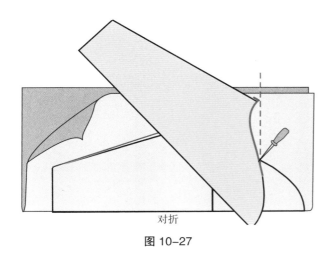

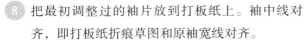

对折

图 10-27

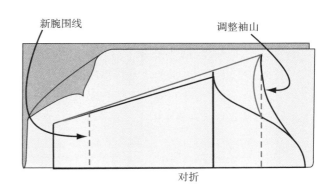

新腕围线　　　　　　　　　　　　调整袖山

对折

图 10-28

8 把最初调整过的袖片放到打板纸上。袖中线对齐，即打板纸折痕草图和原袖宽线对齐。

9 按图示向上旋转袖子到新的袖宽线。用锥子扎在打板纸袖山的四等分点处，继续向上旋转袖下部分直到腋下点到达新的袖宽线。

10 绘制新的袖宽线。用纸样做辅助，从打板纸袖山的四等分点处向外画，一直画到腋下点，取走原袖。

11 绘制新的腋下缝线。用直尺，从新的腋下点开始向下与原腕围线连接。

12 调整新的袖山曲线。用曲尺，调整新的袖山曲线。袖山曲线要简洁光滑，呈"平S形"。

13 绘制新的腕围线。距离原腕围线7.6cm（3英寸），这是袖山高转移至袖窿深的量。

14 裁剪袖子样板。

注

» 这些调整改变了袖山高，因此，把袖子接到袖窿上来确定袖山高是否合适，袖山是否有足够的松量，是很重要的检验步骤。步骤⑮就是袖山变化的具体内容。

» 大部分上衣袖只要求，袖山曲线有1.3cm（$\frac{1}{2}$英寸）的松量。

15 绱袖。（参见第97页袖原型旋转法详细说明）

a 按图示把袖片与衣片的腋下点对齐，对齐净线和侧
　缝线。

注 此时，标记好袖窿弧线上的对位点。

b 围绕袖窿弧线旋转袖片，在袖片的净线上用铅笔或
　锥子使袖片固定。从腋下点开始，围绕袖窿旋转袖
　片，直到袖片边缘和衣片完全吻合。

c 绱袖时，前、后袖窿对位点处进行对齐并用笔做
　标记。

d 沿用此方法完成袖窿的剩余部分。移动锥子至袖片
　与袖窿对齐的位置，继续围绕袖窿旋转袖片，直到
　袖片边缘和衣片完全吻合。

e 重复这个旋转步骤直到袖山顶点与肩点完全吻合。

f 在肩部做十字标记。绱袖时，在袖山和前、后腋点
　处做十字标记。

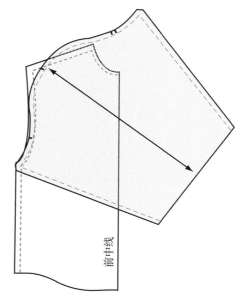

图 10-29

注 通常上衣袖需要1.3cm（$\frac{1}{2}$英寸）
松量。然而，一个宽松的袖子可能需要
3.8cm（1$\frac{1}{2}$英寸）松量。面料、款式和工艺
都是影响松量的因素。

16 如果实践表明袖山的松量过多或过少，可以通
　过以下步骤来调整松量。

松量过少：裁剪袖中线，从袖山曲线到腕围线把
袖片四等分剪开，展开（缝隙）并加量，然后重新绘
制顺畅地袖山曲线。

松量过多：裁剪袖中线，从袖山曲线到腕围线把
袖片四等分剪开，重叠（缝隙）并减量，然后重新绘
制顺畅地袖山曲线。

展开袖片增加松量，每条缝隙增加的量大概在
0.3~1cm（$\frac{1}{8}$~$\frac{3}{8}$英寸）。

剪开并重叠袖片来减少松量，每条缝隙减掉的量大概
在0.3~1cm（$\frac{1}{8}$~$\frac{3}{8}$英寸）。

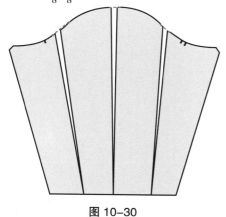

图 10-30

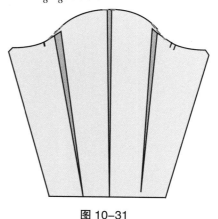

图 10-31

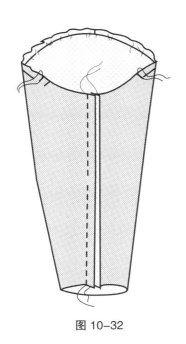

图 10-32

17 准备袖片做样衣。裁剪袖片，先缝腋下部分，袖山在前、后对位点之间有褶量。

18 把袖片固定在人台上。同时，把上衣穿在人台上。提起袖片露出腋下缝，把袖片和袖窿的腋下缝固定，再从前对位点别合至后对位点。

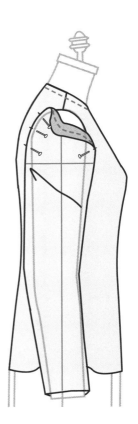

19 固定袖山到袖窿剩下的部分。对齐袖山顶点至上衣的肩缝，以及所有剩下的净线。

20 检查袖子的精确度、适合度与悬垂性。参见第99页合体的袖原型，检查袖子适当的舒适性并进行必要的调整。

图 10-33

单层育克经典衬衫

单层育克经典衬衫是将传统育克上衣的分割线延伸至横背宽线的设计，肩线前移2.5~5.1cm（1~2英寸），主要特征是背部有褶裥和装袖。大部分衬衫有细节设计，如衬衫领、袖口、门襟和口袋。

这里举例说明的是单层育克经典衬衫的立体裁剪操作步骤，在本章中所讲的这种育克设计，也适用于之前曾举例说明的普通上衣的立体裁剪步骤。

衬衫的设计，是无褶育克的立体裁剪，在本章中按照前述的"无省上衣"步骤操作。

图 10~34

单层育克经典衬衫：准备衣身布料

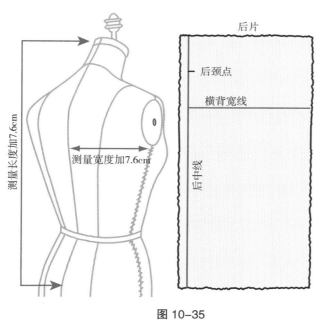

图 10~35

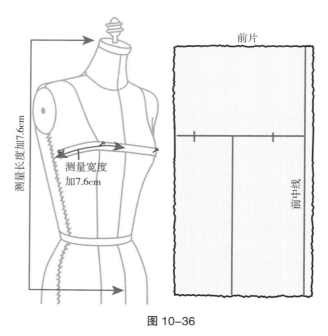

图 10~36

1. 测量前、后衣片需要的长度和宽度，加7.6cm（3英寸）就是布料需要的长度、宽度。

2. 距离布边2.5cm（1英寸），分别在前、后衣片上绘制经向线。

3. 在前、后衣片绘制纬向线作为胸围线和横背宽线。

4. 标记胸高点和侧缝位置。在前衣片绘制公主线，与前中线平衡，需要其他关于准备紧身上衣衣片的细节，请参考紧身上衣原型第38~39页。

单层育克经典衬衫：准备育克布料

① 测量育克需要的长度和宽度。剪一个标准的正方形，边长大约35.6cm（$\frac{1}{4}$英寸）。

② 绘制经向后中线，距离布边2.5cm（1英寸）并平行于布料经纱的直线。

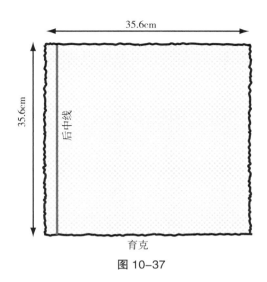

图 10-37

③ 准备后领口剪开位置。

　a 从布料下端开始测量至布长的中点处，绘制一条长3.8cm（$1\frac{1}{2}$英寸）的纬向线定点。

　b 过该点平行于后中线，向上绘制第2条经向线。

　c 沿纬向线和第2条经向线裁剪，剪掉这片呈矩形的布料。

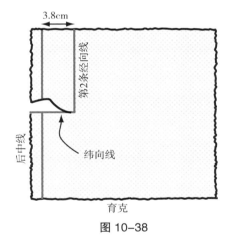

图 10-38

④ 绘制一条比剪掉的纬向纹低1.3cm（$\frac{1}{2}$英寸）的短纬向线，这即是后颈点的位置。

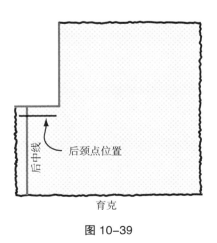

图 10-39

单层育克经典衬衫：立体裁剪步骤

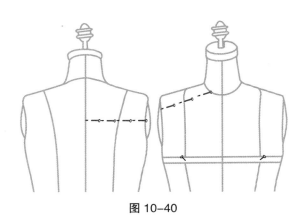

图 10-40

① 准备人台。用大头针在人台上别出育克的造型线。

图 10-41

② 在人台的后中心线位置，固定育克布料的经向后中线。

③ 布料和人台的颈部对齐，并做领口线的标记。

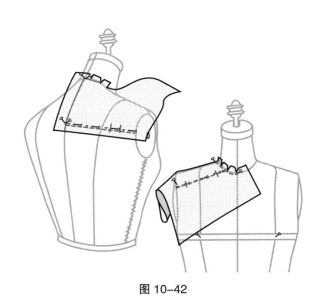

图 10-42

④ 打剪口、捋顺和固定领口线，使布料在肩部平服，直至前造型线位置。

⑤ 在布料上标记所有与人台对应的关键部位：
  a 绘制造型线和造型线上对位点：正面一个，背面两个。
  b 在肩部袖窿和领口处做十字标记。
  c 领口线。

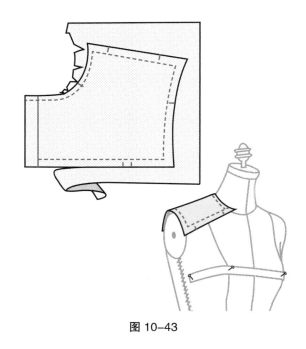

图 10-43

⑥ 拓板。在人台上修剪并校准所有的缝合线，加缝份、修剪多余布料。把完成的育克放回人台，检查其精确度和舒适性。

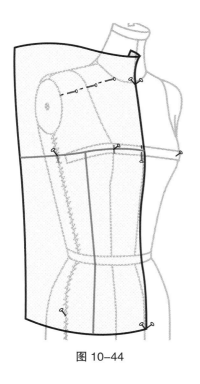

图 10-44

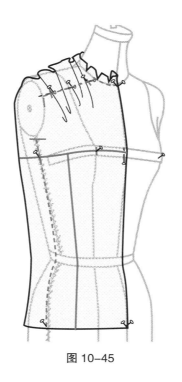

图 10-45

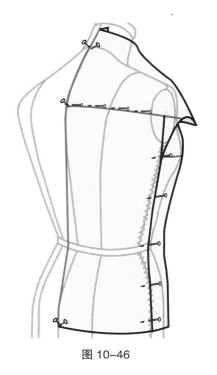

图 10-46

⑦ 前片经向线的立体裁剪。固定前中线（经向线），在人台中线处折叠布料。

⑧ 纬向线的立体裁剪。对齐胸高点，侧缝和公主线与前中线平行。

⑨ 从纬向线向上捋顺衣料。把所有多余布料均匀地分配到育克造型线，修剪、整理、连顺领口线。

⑩ 在布料上标记所有与人台对应的关键部位：

a 领口线：用虚线标记领口余下部分。

b 育克造型线。

c 匹配对位点：与育克对位点相匹配。

d 袖窿：

» 在袖窿线处标记。

» 在侧缝处标记。

e 侧缝线：标记并修剪多余的衣料，留足校准调节量和侧缝的缝份。

⑪ 把后片经向线固定在人台后中线上。

⑫ 在横背宽线处对齐纬向线。在适当的位置固定，布料在横背宽线下自然下垂，标记后侧缝。

⑬ 别合前、后侧缝线。

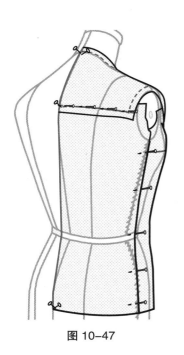

图 10-47

⑭ 后片育克造型线对齐后片横背宽线，并
把育克片别在后衣片上。

⑮ 在布料上标记所有与人台对应的关键
部位：

a 后育克造型线。

b 匹配对位点：使育克对位点相搭配。

c 腋下点。

d 侧缝线。

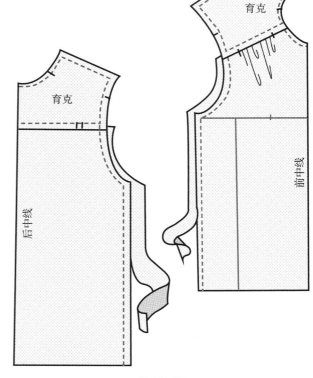

图 10-48

⑯ 拓板。从人台上取下裁片（前、后片和育
克），校准所有的缝合线，加缝份并修剪
余料。

a 校准前袖窿时：把前育克造型线固定在前
衣片造型线上，然后校准袖窿。

b 校准后袖窿时：把后育克造型线固定在后
衣片造型线上，然后校准袖窿。

⑰ 把完成的立体裁剪
布料放回人台，并
检查其准确度、舒
适性和平衡性。

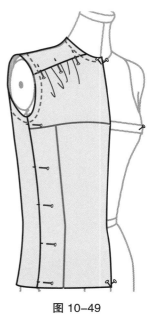

图 10-49

前育克的变化设计

上衣的育克设计，关系到服装肩部的舒适性。育克设计在较靠下的部分，其长度和造型可以随意变化，创造出各式流行的款式设计。

在这里举例说明三种不同的育克造型设计。这三种育克的立体裁剪方法，全都遵循之前章节中的立体裁剪原则。任何上衣、衬衫或其他服装设计，都可以运用这些不同的育克造型。

图 10-50

前育克的变化设计：准备人台

准备人台。参考设计草图，用大头针在人台上别出育克的造型线。

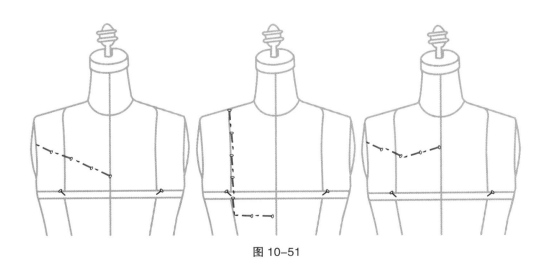

图 10-51

前育克的变化设计：准备布料

① 测量从颈口线至育克造型线的长度（沿经纱），加上7.6cm（3英寸）就是布料的长度。

② 测量从前中线至袖窿的宽度（沿纬纱），加上7.6cm（3英寸）就是布料的宽度。

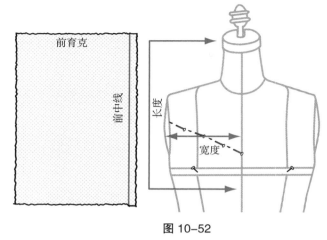

图 10-52

③ 在准备好的育克片上，距离布边2.5cm（1英寸）绘制前中心经向线，扣烫平服。

④ 沿经向线向下测量10.2cm（4英寸），在准备好的育克片上做十字标记。

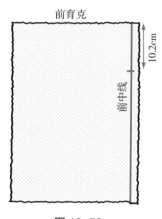

图 10-53

前育克的变化设计：立体裁剪步骤

① 把前育克中心经向线放置到人台的前中线位置，使育克的前颈点的十字标记与人台的前颈点对齐。

② 修剪、挃顺领口线，用大头针固定领口线。

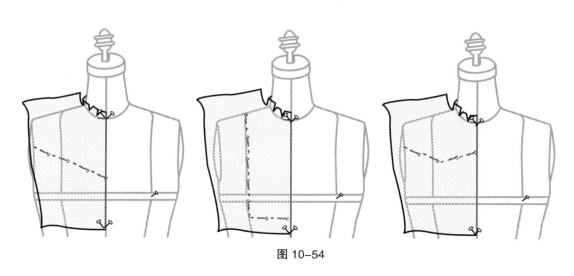

图 10-54

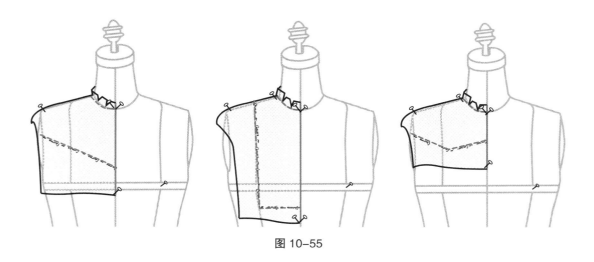

图 10-55

③ 捋顺布料至人台的肩线，在适当的位置固定。

④ 捋顺布料至人台上别好的育克造型线，在适当的位置固定。

⑤ 在布料上标记所有人台对应的关键部位：

a 领口线。

b 肩线和肩点。

c 育克造型线。

d 育克造型线的对位点。

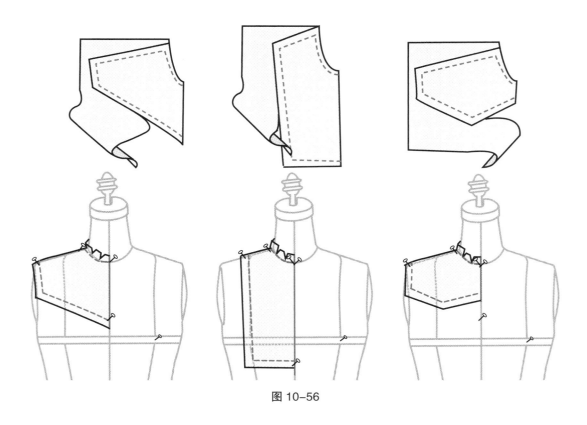

图 10-56

⑥ 拓板。从人台上取下育克裁片，校准所有缝合线，加缝份并修剪多余的布料。把育克重新放回人台，并检查其精确度、舒适性和平衡性。

⑦ 参照之前介绍的单层育克的经典衬衫部分，同样的立体裁剪原则进行与上衣匹配的育克。

第11章
连身袖与插肩袖设计

» 连身袖上衣
» 插肩袖上衣

连身袖与插肩袖设计

下述袖子的变化，适用于设计不同的袖窿开口——插肩袖和连身袖。连身袖在无省上衣的设计中常见的，而插肩袖一般用于紧身或宽松上衣的设计中。这些袖子变化多样，如搭配各式的连衣裙、上衣和衬衫。

图11-1

学习目标

通过本章立体裁剪步骤的学习，设计者应该能够：

» 从前片的胸围线至后片的横背宽线，进行既无省也无褶的连身袖服装设计。

» 前片有一个胸省，后片无省的连身袖服装设计。

» 在无省设计的连身袖服装设计中，正确理解布纹经、纬纱向与各缝线的匹配关系。

» 进行连身袖和插肩袖服装的立体剪裁时，能正确绘制侧缝线、松量和线型。

» 理解连身袖和插肩袖上衣的前、后片形状与造型的关系。

» 发挥创造力，进行连身袖和插肩袖上衣的变化设计。

» 检验无省设计的整体效果，如合体度、着装性、平衡感、比例和准确性。

连身袖上衣

连身袖上衣是一种没有紧贴腰部的、合体无省的上衣设计。袖子裁剪不需要传统的袖窿弧线，而是和服装前、后片合二为一。连身袖服装的腋下深度和袖长有变化，根据肩斜对肩缝进行立体裁剪，侧缝与前中线平行。

为了创造出各种各样的连衣裙和上衣设计，可以以连身袖上衣为基本纸样，通过对线型或衣褶的变化，进行连身部分大小的调整。腰部可以使用菱形省或褶皱，或是简单地用带子系住。

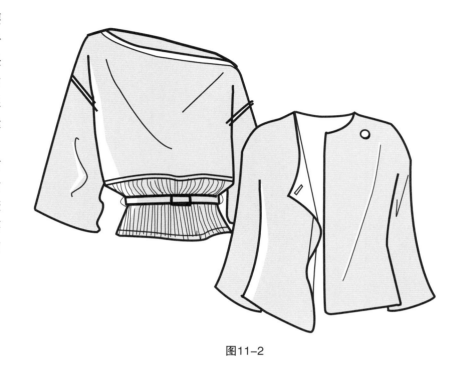

图11-2

连身袖上衣：准备人台手臂

为方便测量，检验连身袖上衣的立体剪裁效果，需要准备人台手臂。参考第90~91页，人台手臂的准备。

图11-3

连身袖上衣：准备布料

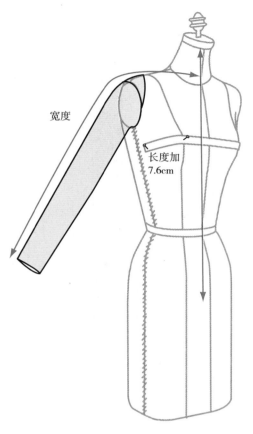

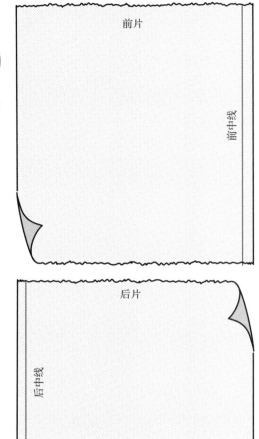

① 沿着经向测量前、后片立体剪裁的长度。测量从颈口线至臀部的长度，加7.6cm（3英寸）就是布料的长度。

② 沿着纬向测量前、后片立体剪裁的宽度。测量从人台的前中线前颈点至手臂腕围线的长度距离，就是布料的宽度。

③ 距离布边2.5cm（1英寸），绘制连身袖服装前、后中线，并扣烫平服。

图11-4

④ 绘制前、后片的纬向线。

  a 绘制胸围线。距离布料上端
    27.9cm（11英寸），绘制第1
    条纬向线。

  b 绘制臀围线。距离第1条纬向
    线35.6cm（14英寸），绘制第
    2条纬向线。

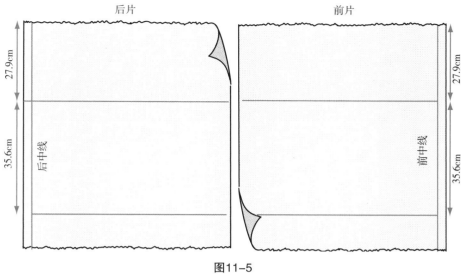

图11-5

⑤ 绘制后侧缝线。

  a 沿人台臀围线，水平测量从
    后中线至侧缝线的距离，加
    1.3cm（$\frac{1}{2}$英寸）的松量。

  b 在布料上标注对应的位置。

  c 绘制后侧缝线。过后侧缝线标
    记，绘制一条平行于后中经向
    线的侧缝线。

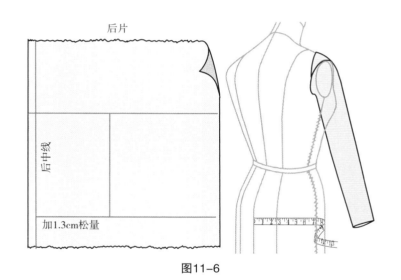

图11-6

⑥ 绘制前侧缝线。

  a 沿人台臀围线，水平测量从
    前中线至侧缝线的距离，加
    1.3cm（$\frac{1}{2}$英寸）的松量。

  b 在布料上标注对应的位置。

  c 绘制前侧缝线。过前侧缝线标
    记，绘制一条平行于前中经向
    线的侧缝线。

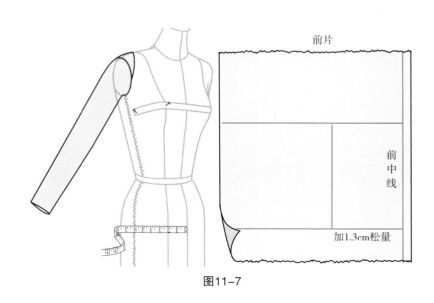

图11-7

连身袖上衣：立体裁剪步骤

1　把布料的前中折叠线与人台的前中线对齐并固定，确保人台的胸围线与布料纬纱方向一致。用大头针在前颈点和前臀点固定，在胸围线位置也别一枚大头针固定在胸带上。

2　沿纬纱方向从前中线至侧缝捋顺布料，均匀放置1.3cm（$\frac{1}{2}$英寸）的松量。

3　将布料上的侧缝线固定在人台的侧缝线上，确保纬纱与地面平行。

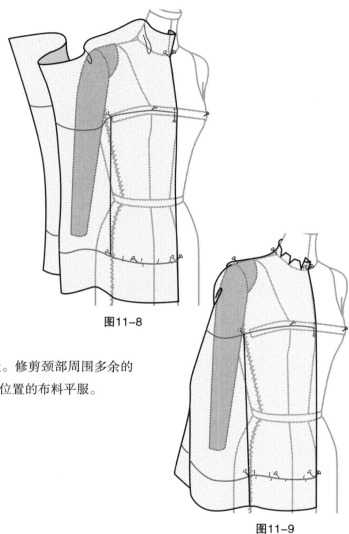

图11-8

4　固定肩膀、颈部位置。修剪颈部周围多余的布料，使肩膀、颈部位置的布料平服。

图11-9

标记肩部位置

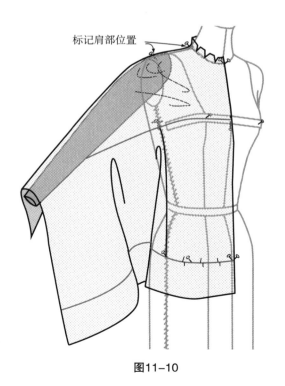

图11-10

5　在布料上标记所有与人台对应的关键部位：

a　颈线：用虚线标记。

b　侧颈点：做十字标记。

c　肩缝到袖口：用虚线标记。

d　侧缝线：在腋下5.1cm（2英寸）处做十字标记。

e　腰围线：在与侧缝线的交点处做十字标记。

f　从人台上取下布料。

6 校准领口线和侧缝线，拓印连身袖上衣的袖子。

a 在肩点处抬高1.3cm（$\frac{1}{2}$英寸）。

b 沿抬高的肩点加58.4cm（23英寸），这条新的肩线就形成一条更平顺的袖缝线。

c 用直角尺，绘制一条垂直于袖缝线的直线，长20.3cm（8英寸）。

d 用直角尺，垂直腕围线绘制一条直线至侧缝线。

e 从侧缝线、腰线位置向前中测量1.3cm（$\frac{1}{2}$英寸），做一个十字标记。

f 从侧缝十字标记处，垂直于腰围线绘制直线与袖内缝线相交。

g 在侧缝线上调整臀型。在臀围线外凸1.3cm（$\frac{1}{2}$英寸），在下摆处回到原来的侧缝线位置。

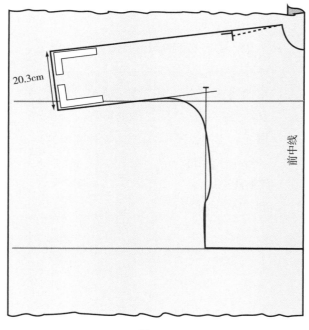

图11-11

7 加缝份，剪裁前片。

8 拓印后片纸样。

a 将前片纸样放置在后片的布料上，对齐纬纱。

b 在后中线位置增加1.3cm（$\frac{1}{2}$英寸）折量，确保两条中心经向线保持平行。

c 用大头针固定两层面料，拓印前片的轮廓线。

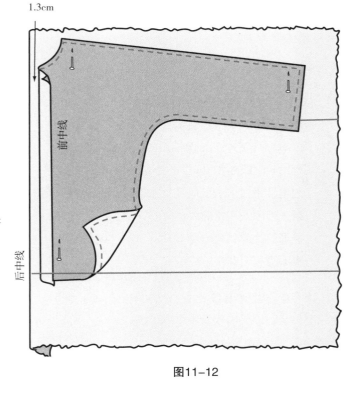

图11-12

⑨ 转换并绘制后肩线和后领口线。

　a 标记后肩线，与前肩线一致。

　b 用曲线板绘制后领口线，调整后肩线
　　和后领口线与中线经纱的形态。如图
　　所示，注意后领口线比前领口线高
　　4.5cm（$1\frac{3}{4}$英寸）。

　c 绘制腕围线。

　d 绘制所有线的缝份。

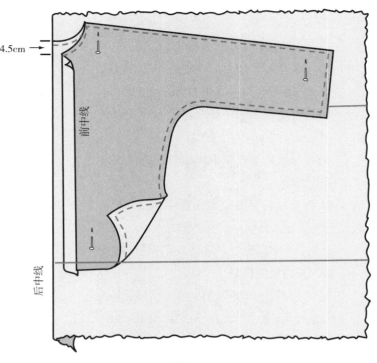

图11-13

⑩ 依据前片的缝合线确定后片的线迹。

　a 移除所有大头针，将前片从肩线向下收进
　　1.3cm（$\frac{1}{2}$英寸）。保持后中线和前中线平
　　行，后中线处多出1.3cm（$\frac{1}{2}$英寸）。

　b 固定校准过的肩缝合线、腋下缝线、侧缝
　　线、腕围线和轮廓线。

　c 根据前片的线迹，绘制后片的腋下缝线、
　　腕围线和轮廓线。

　注　这会让后肩线比前面多出1.3cm（$\frac{1}{2}$英
　　　寸），以维持整体平衡。

⑪ 校准所有的缝合线，添加缝份，裁剪多余的
　布料。

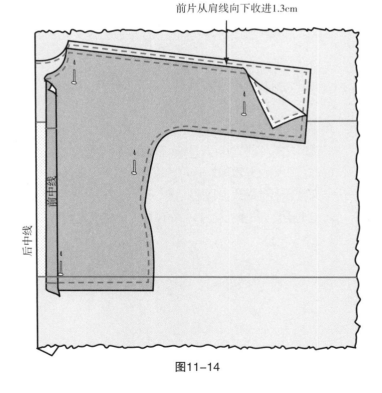

图11-14

12 检验连身袖上衣的立体裁剪效果。

a 将前、后片别合在一起，放回人台上。沿着前中线和后中线固定并检验，若需要可做标记，然后将其从人台上取下再次校准。

b 检验布料的悬垂性。

» 前、后片竖直（没有扭曲）。

» 布料的侧缝线与人台的侧缝对齐。

» 布料的肩线固定在人台的肩线上。

» 前片的胸围线完全水平，这样可以保证胸围线以下的部分竖直悬垂。

» 后片的纬向线与纬纱完全一致，这样可以保证横背宽线以下的部分竖直悬垂。

注 若裁片悬垂不佳，这表明肩和后颈的位置需要调整，也会导致后袖宽度过大。

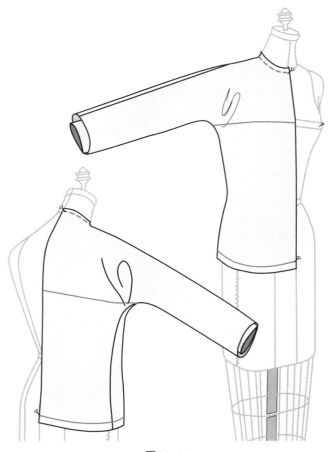

图11-15

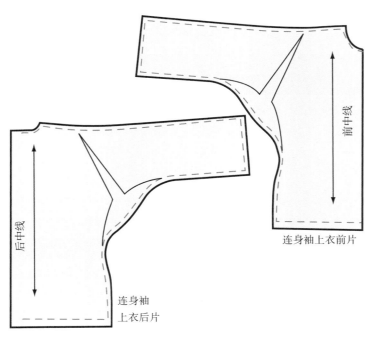

图11-16

加袖裆

增加袖子的腋下部分的布料。以袖子肩点为中心旋转，加量至新肩线和腋下缝线。

插肩袖上衣

插肩袖上衣是指肩部一部分衣片与袖片连为一体，但大身和袖子仍保留原始的腋下曲线。插肩袖缝合线通常斜向造型，从前、后领口线指向前胸和后背。袖窿的深度不变，与装袖差不多。袖子沿着肩缝分成前、后两片。设计者常常结合有省或无省的大身部分，袖子则裁入其中。

插肩袖穿着舒适，方便运动。这种袖子最早是为拉格伦王而发明，他在克里米亚战争中失去一只手臂，就有了这种独特袖子的外套，因此它被称为"拉格伦"袖。

设计者可以进行丰富的变化，运用于连衣裙、上衣或夹克的设计，作为明显的款式特征。在合适的位置通过简单的调整，可以使风格变化各异，也可以在腰部使用菱形省或褶皱修身。

图11-17

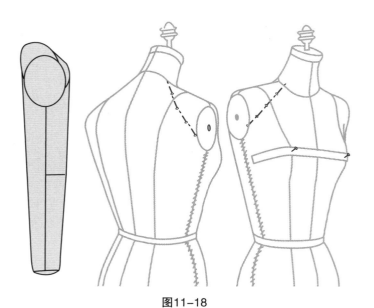

图11-18

插肩袖上衣：准备人台

在人台前、后身上，用大头针别出肩育克（包肩）的形状。育克线从袖窿开始，比对位点低，在领口线处比肩线低2.5cm（1英寸）完成。

同时，准备好手臂，用于裁剪袖子部分（参考第5章袖子的细节说明）。

插肩袖上衣：准备布料

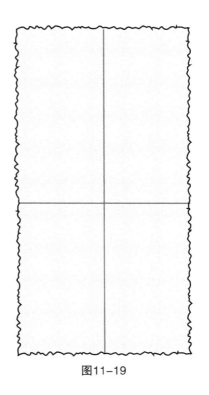

图11-19

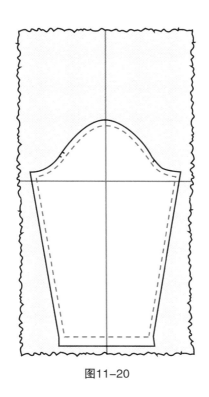

图11-20

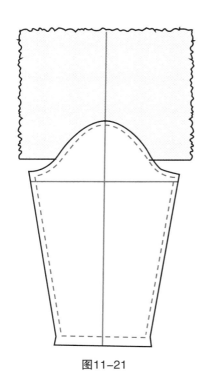

图11-21

①　测量调整后的袖子长度。调整
　　袖子是为了增加活动量（第
　　100～101页）。

②　剪裁一块长86.4cm（34英寸），
　　宽76.2cm（30英寸）的白坯布。

　　a 在白坯布中心绘制经向线。

　　b 距离白坯布的上端40.6cm（16
　　英寸），绘制纬向线（臂围
　　线）。

③　将宽松的袖片纸样放在白坯布
　　上，没有肘省。袖片的中线
　　（经纱）与白坯布的经向线
　　匹配，袖片的臂围线与纬向
　　线匹配。

④　用虚线绘制出整个袖子。

⑤　取走原型袖片。

⑥　给整个袖子加缝份。

⑦　从腕围线开始裁剪至臂根围
　　线上7.6cm（3英寸）的袖子
　　部分，剩下的白坯布留在袖
　　山上。

插肩袖上衣：准备衣片的布料

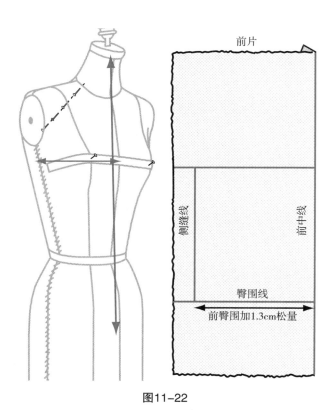

图11-22

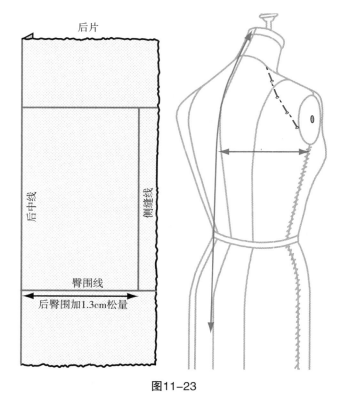

图11-23

① 在人台上从颈口线至臀围线测量前、后片（沿经纱）的长度，加12.7cm（5英寸）就是布料的长度。

② 在人台上从中线至侧缝测量前、后片（沿纬纱）的宽度，加10.2cm（4英寸）就是布料的宽度。

③ 距离布边2.5cm（1英寸）绘制前中心经向线，扣烫平服。

④ 在前、后片布料上绘制纬向线。

⑤ 在前、后片布料上绘制侧缝线。（参考第106～111页，上衣立体裁剪的细节说明）

插肩袖上衣：上衣的立体裁剪步骤

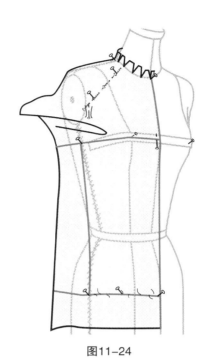

图11-24

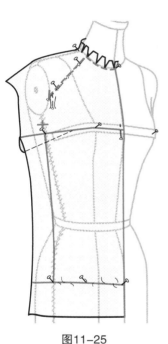

图11-25

① 在人台上固定前片的以下部位：

　a 前中线。

　b 纬向线。

　c 布料的侧缝线固定在人台侧缝位置。

　d 肩颈部位。

② 捋顺肩部的布料，育克部位服帖。在袖窿弧线上靠近前、后腋点处别1.3cm（$\frac{1}{2}$英寸）余量，其余所有多余的布料转移至胸围线下。

③ 捋顺纬纱，布料余量捏出侧胸省。先不固定胸围线，把多余的布料在胸围线上折叠并固定为侧胸省。所有低于侧胸省和胸围线的布料，轻松自然下垂臀部（竖直）。

④ 在布料上标记所有与人台对应的关键部位：

　a 领口线：做十字标记。

　b 前育克线：做十字标记。

　c 腰围线与侧缝线的交点。

　d 插肩部分与袖窿的交点。

　e 侧缝线与袖窿弧线的交点。

⑤ 校准前片。在插肩部分与袖窿弧线交叉处调整线型，加缝份别合并重新放回人台上。

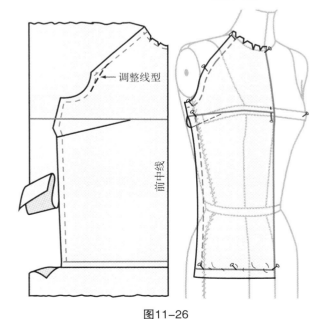

图11-26

⑥ 在人台的侧缝线处，前片扣压在后片上并固定，前片的侧缝指向后片。

⑦ 在侧缝处将前、后臀围线对准纬向线。

⑧ 固定后中折叠线到人台的后中线，臀围线与纬纱一致，布料平整，前、后片自然下垂。

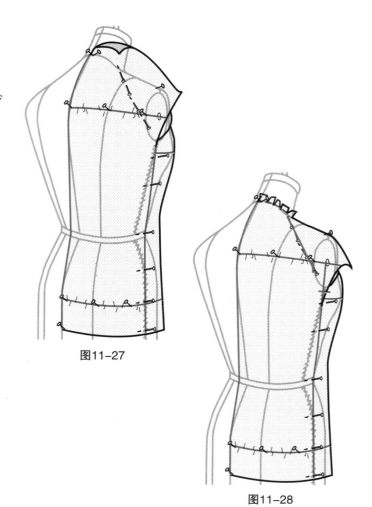

图11-27

⑨ 捋顺后肩颈部的布料并固定。

⑩ 捋顺肩育克位置的布料并固定。

⑪ 在布料上标记所有与人台对应的关键部位：

a 领口线：做十字标记。

b 后育克线：做十字标记。

c 腰围线与侧缝线的交点。

d 插肩部分与袖窿的交点。

e 侧缝线与袖窿弧线的交点。

图11-28

⑫ 从人台上取下布料，校准所有缝合线。加缝份：后领口线加0.6cm（$\frac{1}{4}$英寸），其他缝合线加1.3cm（$\frac{1}{2}$英寸）。

⑬ 别合裁片放回人台，检查其准确性、合适度和平衡性。在领口线周围裁片应平顺，没有凹凸或拉扯，同时其他部分也自然舒适。

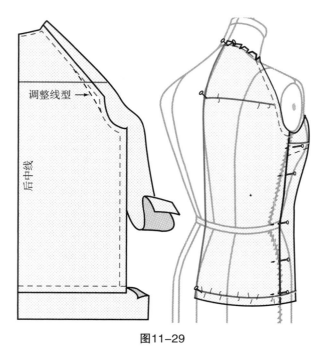

图11-29

插肩袖上衣：袖子的立体裁剪步骤

① 将手臂与人台连接。

② 将袖子的腋下缝线别合在一起。

③ 在人台上用袖子覆盖手臂。手臂中线与袖子纬纱线重合，并指向人台的肩缝合线。

④ 取下手臂，将袖片腋下缝线别合，固定在袖窿上。

⑤ 将袖子裁剪成前、后两片：

  a 捋顺前片至领口线的袖山部分，固定所有的设计缝合线。

  b 捋顺后片至领口线的袖山部分，固定所有的设计缝合线。

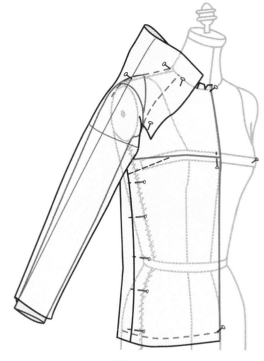

图11-30

⑥ 修剪袖子的领口线部分。

⑦ 从肩育克线向上至人台肩缝线捋顺布料，多余的布料在肩缝线上捏掉。

⑧ 捋顺并固定前、后肩缝线。

  注 装上手臂后，在肩、袖交叉处会增加大概 1.0cm（$\frac{3}{8}$英寸）的肩松量。

⑨ 在布料上标记所有与人台对应的关键部位：

  a 领口线：做十字标记。

  b 前育克线：做十字标记。

  c 后育克线：做十字标记。

  d 肩点处的缝合线。

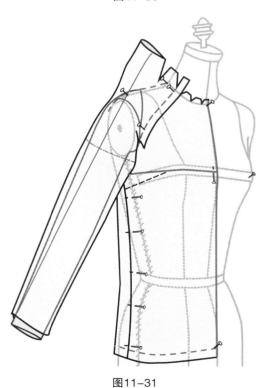

图11-31

10 校准所有的缝合线。将袖子的前、后片从人台上取下，校准所有缝合线。

a 将前、后袖片分开。根据设计线裁剪袖片，袖外侧缝合线全分开为前、后袖。

b 加缝份：前、后袖片领口线处加0.6cm（$\frac{1}{4}$英寸），其余所有缝合线都加1.3cm（$\frac{1}{2}$英寸）。

c 在袖口处加2.5cm（1英寸）的缝份。

注　完成一个顺畅的设计线，有必要调整缝合线。

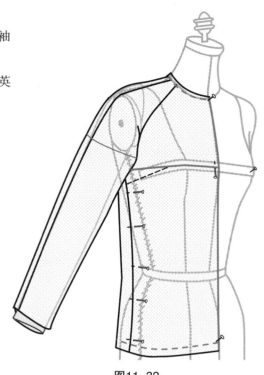

图11-32

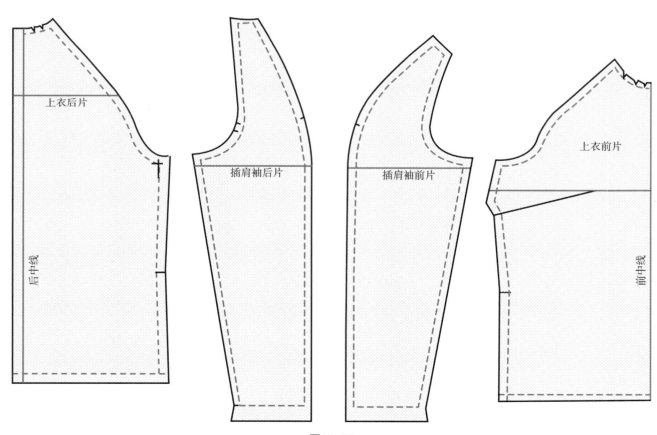

上衣后片

插肩袖后片

插肩袖前片

上衣前片

后中线

前中线

图11-33

第12章
裙子设计

裙子设计

　　裙子是指从腰围线开始的下装，裙子分高腰、低腰和中腰设计。裙子设计变化从基本裙型到极端个性化，设计师可以通过紧贴身体的立体裁剪，设计出各式鼓起、碎褶、喇叭形、活褶、拼块和三角形的造型。款式、下摆（下摆线的宽度）、下摆长的外观都会依据整体进行设计，顾客和季节是必要的设计考量要素。

　　本章用图文说明了喇叭裙、紧身连衣裙、螺旋分割裙和圆裙在设计和立体裁剪上的不同。这些图文展示了怎样将一块平整的布料，做出各式没有省道的腰线。同样，本章也用图文展示了如何做出自然下垂的喇叭形、在腰线用活褶和碎褶挤出鼓起以及做出许多从臀部或腰部下垂至下摆的喇叭造型。

图12-1

学习目标

通过本章的学习，设计者可以做到：
» 理解经、纬纱向在设计变化时，与前、后臀围线的关系。
» 喇叭裙、抽褶裙、螺旋分割裙和圆裙的设计和立体裁剪。
» 进行无省合体腰裙子的设计，从臀部开始余下的布料自然下垂形成波浪褶。
» 在腰部做规律的普利特褶，或抽碎褶形成丰满的造型。
» 进行大量波浪褶的立体裁剪，腰部无省、下摆有大量的波浪褶。
» 能够根据不同面料进行裙子的造型设计，也可以根据设计效果用同一种面料进行造型变化。
» 在丰富的裙子款式设计中，都能检验和平衡前、后侧缝线。
» 可以根据着装者的体型特征，调整和检验前、后片的效果。
» 学会检验裙子反面的整体效果，并进行必要的调整。

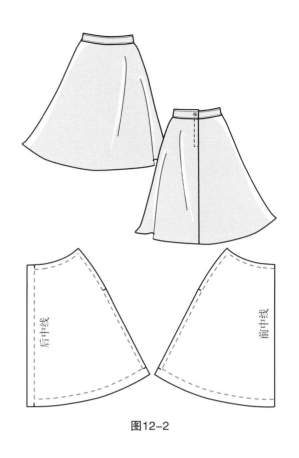

图12-2

喇叭裙（A字裙）

喇叭裙（A字裙）是指裙子的腰、臀部合体，从臀部向下形成喇叭造型，腰围线呈独特的半圆弧形。半圆弧形的腰围线与直腰头或直腰线缝合时，其裙身部分在臀部以下会自然下垂。传统喇叭裙没有前中分缝，通常在侧缝和后中分缝。

用喇叭裙作为基础样板，可以创造性设计出A字形或圆形的各种裙型。造型线、腰带、口袋和下摆的变化，都很容易调整，产生丰富的裙子设计款式。裙子的长度随季节而变，当然也要考虑着装的场合和目的。

喇叭裙：准备布料

1. 测量前、后片（沿经纱），从高于腰围布带12.7cm（5英寸）至设计裙摆的长度就是布料的长度。

2. 将布料分成两半。布边沿经向对折并撕开，分别作为前、后裙片。

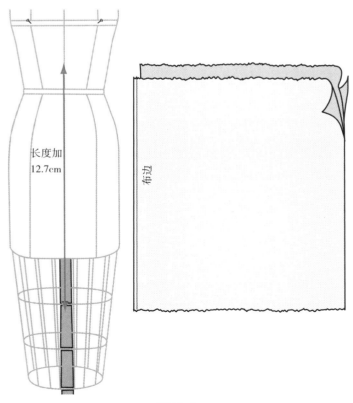

图12-3

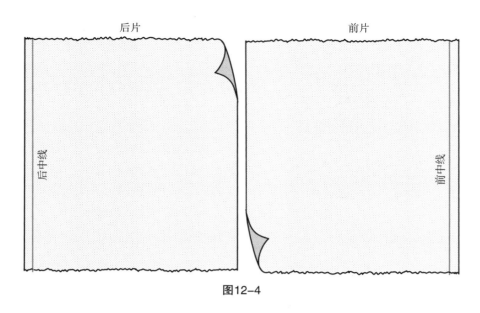

后片　　　　　　　　　　　　前片

后中线　　　　　　　　　　　前中线

图12-4

③ 用步骤①、②准备的布料中的一片，距离布边 2.5cm（1英寸）绘制前中经向线，扣烫平服。

④ 用步骤①、②准备的另一片布料，距离布边 2.5cm（1英寸）绘制后中经向线，扣烫平服。

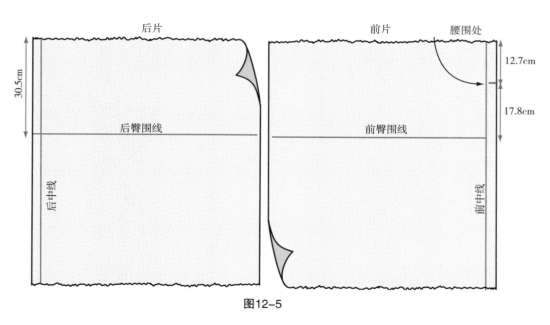

后片　　　　　　　　　　　　前片　　　腰围处

30.5cm

后臀围线　　　　　　　　　　前臀围线

12.7cm

17.8cm

后中线　　　　　　　　　　　前中线

图12-5

⑤ 腰围处做十字标记。距离布料上端12.7cm（5英寸）（在经向线上），用铅笔做腰围处的十字标记。

⑥ 在前、后裙片臀围处，绘制纬向直线为臀围线。

　a 在前裙片上，从腰围标记向下测量17.8cm（7英寸），绘制纬向直线为臀围线。

　b 在后裙片上，距离布料上端30.5cm（12英寸）（在经向线上），绘制纬向直线为臀围线。

喇叭裙：立体裁剪步骤

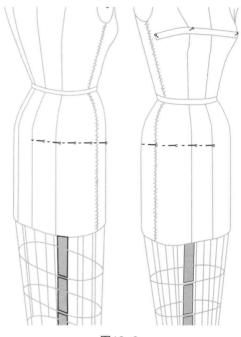

图12-6

① 准备人台。在前、后臀围位置，用大头针或标识带标示出臀围线。

② 将前裙片的前中经向线固定在人台的前中线上。

③ 从前中线至侧缝，捋顺和固定臀围线上的布料，在侧缝和臀围线的交点处固定一枚大头针。

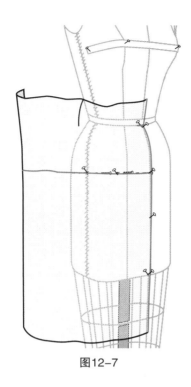

图12-7

④ 在前裙片上进行腰围线的立体裁剪。将布料从上端到腰围线，打剪口并修整。同时，从前中线至侧缝捋顺腰部的面料，并在侧缝和腰围线的交点处固定。

⑤ 取下侧缝和臀围线的交点处固定的大头针，让褶量自由下垂，就形成了两个喇叭褶造型。

⑥ 在布料上标记所有与人台对应的关键部位：

a 前腰围线。

b 侧缝线。

c 下摆线：沿着人台的底部修剪。

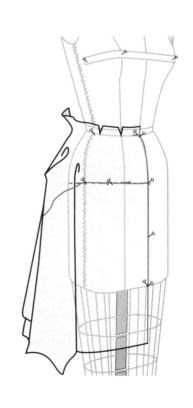

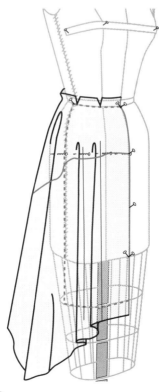

图12-8

⑦ 校准前片。将布料从人台上取下，校准前片，加缝份并修剪余量。

⑧ 后片的粗裁。

　a 将前裙片放在为后裙片准备的布料上，对齐经、纬纱。

　b 中线处，前片比后片宽1.3cm（$\frac{1}{2}$英寸），是保证前、后腰围线长度的不同（平衡），同时纬向纱线保持平行。

　c 将两片布料别合在一起。

　d 绘制后裙片缝线。依据前裙片（侧缝、下摆、腰线）拓印出后裙片对应的缝线。

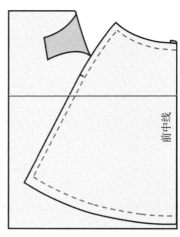

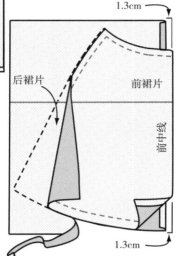

1.3cm

后裙片　前裙片

前中线

1.3cm

图12-9

注　进行裙子的最终效果检验时，重新绘制后腰围线，这是因为前、后腰围线的形状会有一点儿差异。

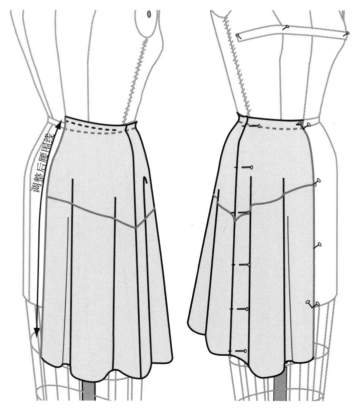

调整后腰围线

图12-10

⑨ 将前、后侧缝线别合在一起。

⑩ 将前、后裙片放回人台，完成后裙片。

　a 固定前裙片的前中线、腰围线和下摆线。

　b 将后裙片捋顺至人台的后中线处（侧缝别合在一起，并对准布料的纬向纱线）。

　c 调整后的中线上、下对齐，没有任何纬斜或牵扯。

　d 检查衣片的侧缝线是否与人台的侧缝贴服。

　e 绘制新的后腰围线，完成纸样。

六片喇叭裙

　　六片喇叭裙的裙身是在直筒裙或喇叭裙的基础上，从腰围至下摆进行直线分割，同时把腰省量处理在分割线上，使腰部合体。

　　六片喇叭裙是由直线分割（公主线）将裙身分为六片，并且在下摆位置的分割线上增加额外的摆量，形成大喇叭的形状。在这种喇叭形的设计里，下摆处的每道缝线处增加一个三角形的摆量。不同的三角形摆量，可以设计为倒褶裥、变化褶裥或三角褶布，在本节有图文说明。

　　经典的六片喇叭裙，可以用不同布料，结合相匹配的口袋、腰带、线缝进行设计。裙长的变化，也制约着裙子的外观和设计风格。

图12-11

六片喇叭裙：准备布料

① 测量前、后片（沿经纱），从高于腰围布带12.7cm（5英寸）至设计裙摆的长度就是布料的长度。

② 将布料分成两半。布边沿经向对折并撕开，分别作为前、后裙片。

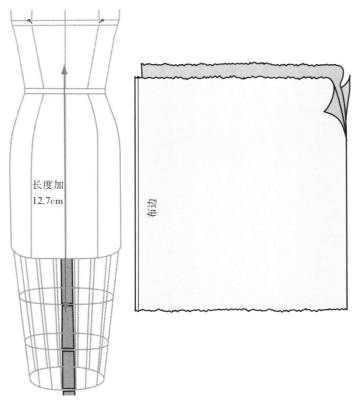

长度加
12.7cm

布边

图12-12

③ 用步骤①、②准备的布料中的一片，在人台上测量从前中线至分割线最宽处的距离，加10.2cm（4英寸）即是前中片的宽度(沿纬纱)，剩下的布片做前侧片。

④ 在前片上绘制纬向线。

　a 在前中片上，距离布边2.5cm（1英寸）绘制前中经向线，扣烫平服。

　b 在前侧片的中心位置，绘制经向线。

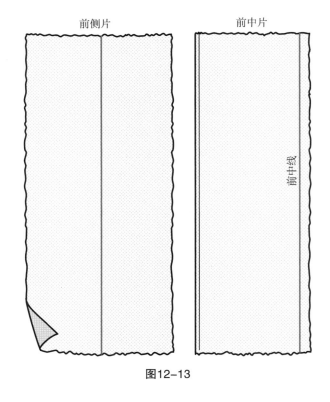

图12-13

⑤ 标记腰围位置。在前中片上，距离布料上端5.1cm（2英寸）（在经向线上）做腰围十字标记并绘制布料的纬向线。

　a 在腰围标记向下17.8cm（7英寸）处，绘制布料的纬向线。

　b 在前侧片上，距离布料上端22.9cm（9英寸），绘制布料的纬向线。

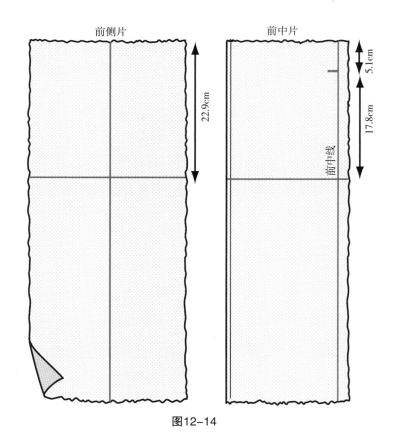

图12-14

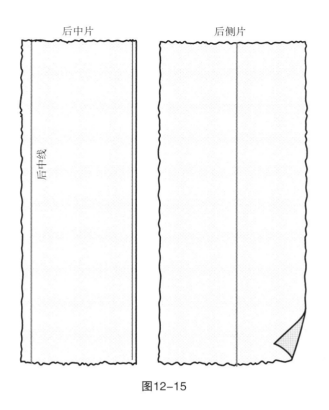

图12-15

后中片　　后侧片

后中线

6 用步骤①、②准备的另一片布料，在人台上测量从后中线至分割线最宽处的距离，加10.2cm（4英寸）即是后中片的宽度（沿纬纱），剩下的布片做后侧片。

7 在后中片上绘制经向线。距离布边2.5cm（1英寸），绘制后中经向线，并扣烫平服。

8 在后侧片的中心位置，绘制经向线。

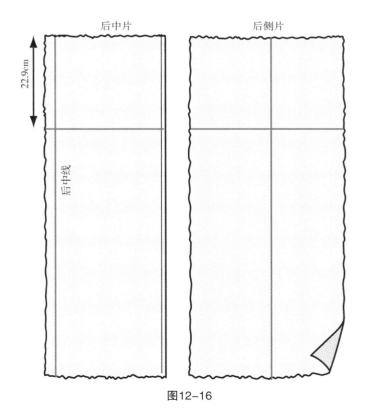

图12-16

后中片　　后侧片

22.9cm

后中线

9 在后片上，距离上端22.9cm（9英寸），绘制布料的纬向线。

六片喇叭裙：立体裁剪步骤

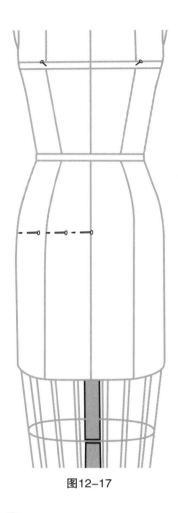

图12-17

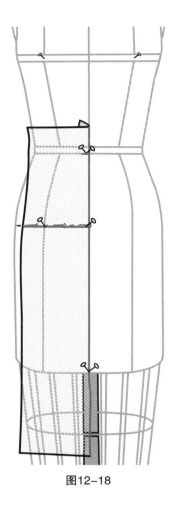

图12-18

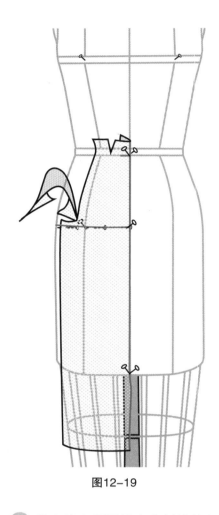

图12-19

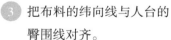

① 准备人台。在前、后臀
围位置，用大头针或标
识带标示出臀围线。

② 将前中片的中心经向线固
定在人台的前中线上。

③ 把布料的纬向线与人台的
臀围线对齐。

④ 前中片上腰围线和分割线的立体
裁剪。

a 将布料从上端到腰围线，打剪口
并修整。同时，捋顺布料过人台
的公主线并固定。

b 分割线的立体裁剪。从前中线至
公主线捋顺布料，臀围线以下部
分自然下垂，修剪腰围线至臀围
线之间的分割线。

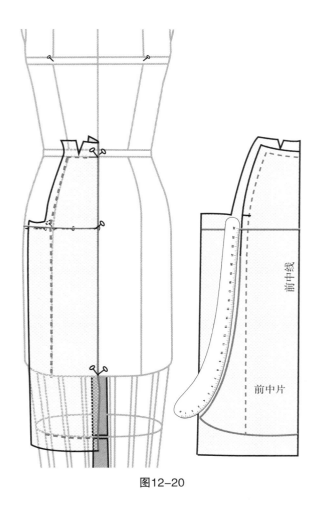

图12-20

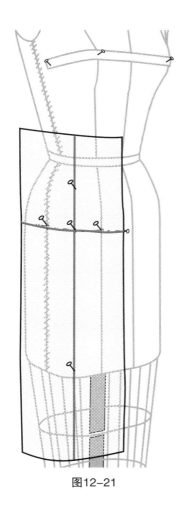

图12-21

5 标记前中片所有关键部位：

  a 腰围线：用虚线标记前中线至分割线之间的腰围线。

  b 分割线：用虚线标记腰围线至下摆线之间的分割线。

  c 造型线对位点：只在纵向线上标记。

  d 下摆线。

6 校准所有缝线：

  a 从人台上取下前中片，校准所有缝线。

  b 用曲线尺，在分割线上调整设计喇叭形状。在臀围线以下，进行喇叭形状的设计，包括角度、形态、鼓起量和长度，根据裙子整体效果进行调整。

  c 加缝份并修剪。

7 沿前侧片的经向线，将前侧片固定在人台公主线的中心平衡线上。

8 将前侧片的纬向线与人台臀围线对齐，用大头针固定。

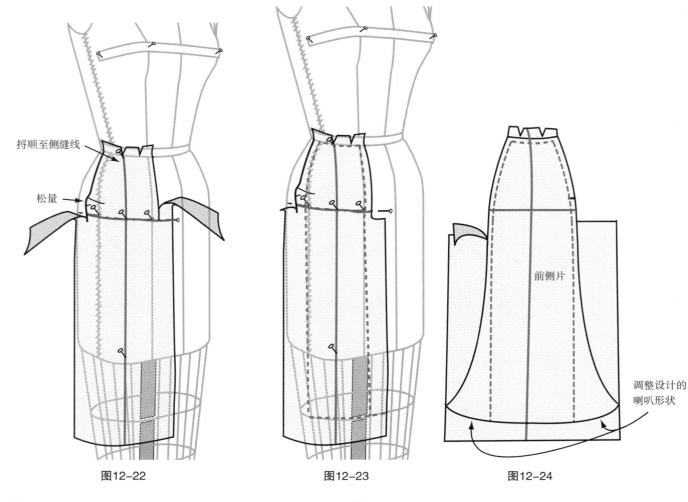

图12-22   图12-23   图12-24

⑨ 前侧片上，腰围线、分割线和侧缝线的立体裁剪。

  a 固定前侧片上端至腰线的布料，打剪口并捋顺至侧缝线。

  b 沿纵向从人台的腰线至下摆，捋顺分割线。

  c 沿经向至侧缝线，捋顺臀部的布料，修剪从腰围线到臀围线布料的余量。

> 注 在分割线至侧缝线，可能需要1.3cm（$\frac{1}{2}$英寸）的松量，这会使侧片在分割线上平滑至侧缝。

⑩ 标记前侧片所有关键部位：

  a 腰围线：用虚线标记前中至分割线之间的腰围线。

  b 分割线：用虚线标记腰围线至下摆线之间的分割线。

  c 造型线对位点：只在纵向线上标记。

  d 下摆线。

⑪ 校准所有缝线：

  a 从人台上取下前侧片，校准所有缝线。

  b 用曲线尺，在分割线上调整设计的喇叭形状。在臀围线以下，进行喇叭形状的设计，包括角度、形态、鼓起量和长度，根据裙子整体效果进行调整。

  c 加缝份并修剪。

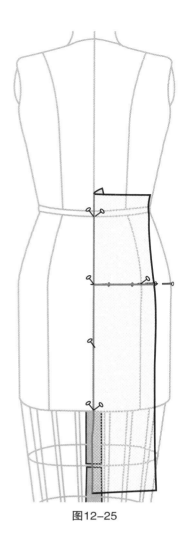

图12-25

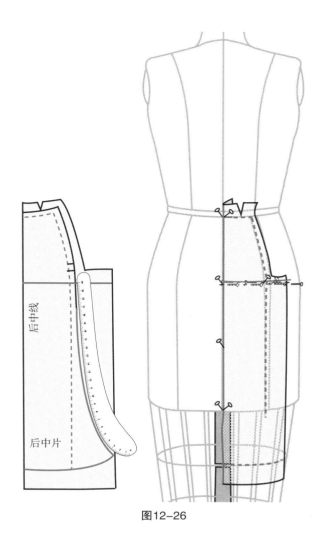

图12-26

⑫ 将后中片的中心经向线固定在人台的后中
线上。

⑬ 把布料的纬向线与人台的臀围线对齐。

⑭ 后中片上，将布料从上端到腰围线，打剪口
并修整。同时，捋顺布料过人台的公主线并
固定。

⑮ 分割线的立体裁剪。从后中线至公主线捋顺
布料，臀围线以下部分自然下垂，修剪腰围
线至臀围线之间的分割线。

⑯ 标记后中片关键部位：

a 腰围线：用虚线标记后中线至分割线之间的腰
围线。

b 分割线：用虚线标记腰围线至下摆线之间的分
割线。

c 造型线对位点：只在纵向线上标记。

d 下摆线。

⑰ 校准所有缝线：

a 从人台上取下后中片，校准所有缝线。

b 用曲线尺，在分割线上调整设计的喇叭形状。
在臀围线以下，进行喇叭形状的设计，包括角
度、形态、鼓起量和长度，根据裙子整体效果
进行调整。

c 加缝份并修剪。

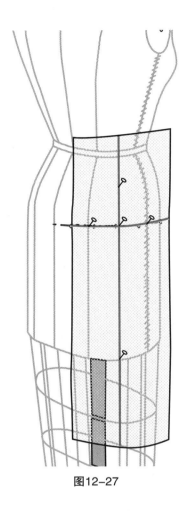
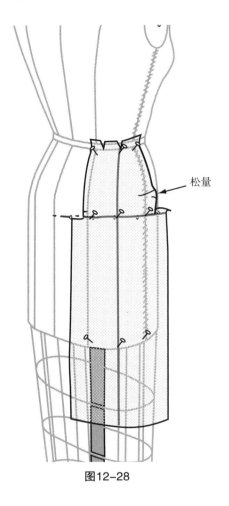

图12-27　　　　　　　　　　　　　　　　　图12-28

18　沿后侧片的经向线，将后侧片固定在人台公主线
　　的中心平衡线上。

19　将后侧片的纬向线与人台臀围线对齐，用大头针
　　固定。

20　腰围线的立体裁剪。固定后侧片上端至腰线的
　　布料，打剪口并捋顺至侧缝线。

21　沿纵向从人台的腰线至下摆，捋顺分割线，修
　　剪从腰线到臀围线的余量。

22　沿经向至侧缝线，捋顺臀部的布料，修剪从腰
　　线到臀围线的余量。

注　在分割线至侧缝线，可能需要1.3cm
（$\frac{1}{2}$英寸）的松量，这会使侧片在分割线上平
滑至侧缝。

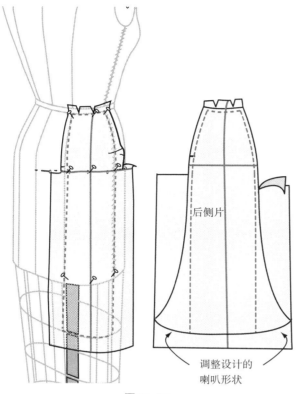

图12-29

23 标记后侧片所有关键部位：

a 腰围线：用虚线标记后中线至分割线之间的腰围线。

b 分割线：用虚线标记腰围线至下摆线之间的分割线。

c 侧缝线：用虚线标记整条侧缝线。

d 造型线对位点：只在纵向线上标记。

e 下摆线。

24 校准所有缝线：

a 从人台上取下后侧片，校准所有缝线。

b 用曲线尺，在分割线上调整设计的喇叭形状。在臀围线以下，进行喇叭形状的设计，包括角度、形态、鼓起量和长度，根据裙子整体效果进行调整。

c 加缝份并修剪。

25 将全部裁片别合并放回人台上，仔细检验。

图12-30

六片加褶裙

六片加褶裙设计，恰当地定义了加三角形布的用途，同时也赋予了经典加褶裙活力。六片加褶裙有直线分割（公主线），在每道分割线加进三角形布，使下摆处增加了锥形布料。三角形布的鼓起量决定了下摆的形态。

经典的六片加褶裙，可以用不同布料，结合相匹配的口袋、腰带、线缝进行设计。裙长的变化，制约着裙子的外观和设计风格。

图12-31

六片加褶裙：立体裁剪步骤

六片加褶裙保留六片喇叭裙的直线分割，不用添加多余的喇叭形在缝线上。替而代之的是一个锥形裁片，被称为三角形布，缝进每条分割线的下端。

① 参照六片喇叭裙的立体裁剪步骤，只是不用在缝线上添加多余的喇叭形设计。

② 绘制一个三角的锥形布片，其长度和宽度根据具体设计效果而定，加缝份。

③ 别合所有缝合线，检验其合体度。在下摆处，将三角形布别进每条分割缝中。注意从上至下，要正确别进每个三角形布片。

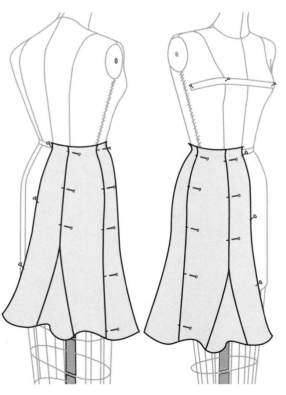

图12-32

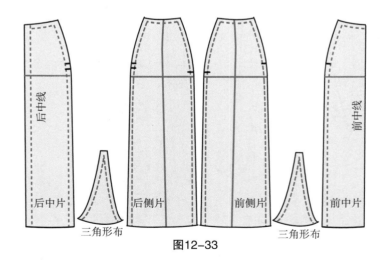

后中线 后中片 三角形布 后侧片 前侧片 三角形布 前中线 前中片

图12-33

六片褶裥紧身裙

六片褶裥紧身裙，是在每条分割缝线的下端增加褶裥量。侧缝线上不用增加褶裥量。典型的褶裥是在上端竖直缝紧，在下摆处能展开。

经典的六片褶裥紧身裙，可以用不同布料，结合相匹配的口袋、腰带、线缝进行设计。裙长的变化，制约着裙子的外观和设计风格。

图12-34

褶裥裙的款式变化

同样，褶裥裙也能通过非传统方式来进行直线分割。如右上图所示，片为裙子的基本纸样。

六片褶裥紧身裙：立体裁剪步骤

① 参照六片喇叭裙的立体裁剪步骤。

② 褶裥替代喇叭形，确定加入的位置及大小，即在分割缝上的长度、高度和下摆处的宽度。

③ 加缝份。

④ 别合所有缝合线，检验其合体度。整条裙子完成后，褶裥藏于裙片下倒向一侧，且裙片的每条折痕压平对齐。

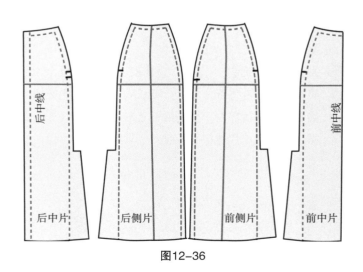

图12-35

图12-36

后中线　后中片　后侧片　前侧片　前中片　前中线

八片褶裥裙

八片褶裥裙是更显时尚的造型设计，就像啦啦队的表演服装，展示出独特的色彩和气质。八片褶裥裙也是喇叭裙和六片褶裥裙一样的直线分割，不同的是在每道分缝线上都增加了褶裥量，包括前中线和侧缝，大致在臀围线至下摆间的褶裥量可以展开，腰围线至臀围线之间增加的褶裥被缝进每道缝线中。

图12-37

八片褶裥裙：立体裁剪步骤

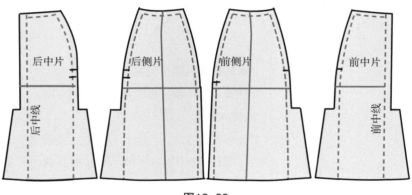
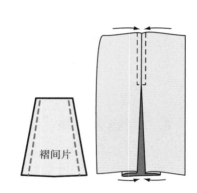

图12-38

① 参照六片喇叭裙的立体裁剪步骤。

② 替代喇叭形，确定加入褶裥的位置，即在分割缝上长度、高度和下摆处的宽度，并放缝。

③ 绘制另外添加的褶裥片。需要测量褶裥的长度和双倍宽度，包括放缝。

④ 别合所有缝合线，检验其合体度。在下摆处，将褶裥片别进每条分割缝。注意从上至下，要正确别进每块褶裥片。整条裙子完成后，褶裥藏于裙片下，且裙片的每条折痕压平与褶裥的中心线对齐。

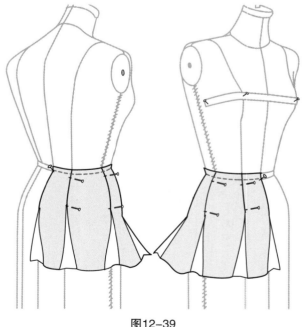

图12-39

图12-40

抽褶裙

　　抽褶裙（碎褶裙）是指通过抽缩矩形布料，得到合体的腰围线。抽缩后的鼓起量，取决于布料的选择和设计需要。抽褶裙的款式变化带来无比新颖的外观感受。布料、口袋、褶边和饰边的不同，可加强其设计感，也是在创造布纹纱向凹凸效果的经典操作。

抽褶裙：准备布料

1　测量前、后片（沿经纱），从高于腰围布带12.7cm（5英寸）至设计裙摆的长度就是布料的长度。

2　将布料分成两半。布边沿经向对折并撕开，分别作为前、后裙片。

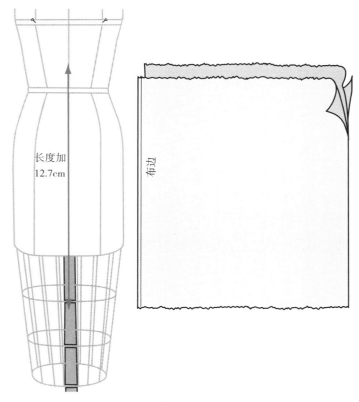

图12-41

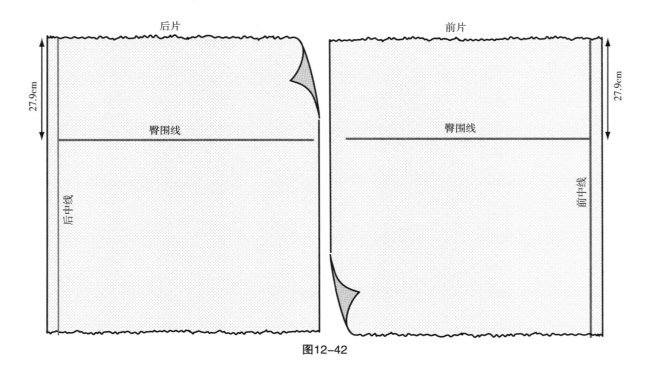

图12-42

③ 用步骤①、②准备的布片，距离布边2.5cm（1英寸）绘制前中、后中经向线，扣烫平服。

④ 绘制前、后臀围线：

  a 距离布料上端27.9cm（11英寸）。

  b 在这个位置绘制纬向线。

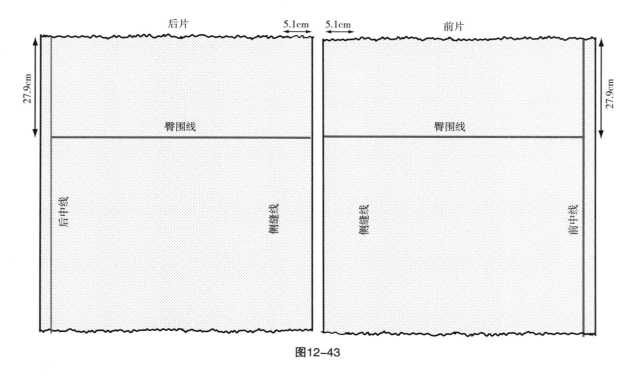

图12-43

⑤ 距离布边5.1cm（2英寸）绘制平行于中心线的侧缝线。

抽褶裙：立体裁剪步骤

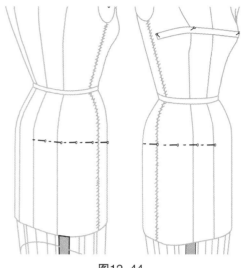

图12-44

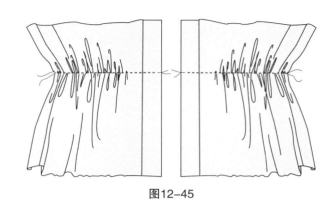

图12-45

1 准备人台。沿人台的前中线，从腰围线向下17.8cm（7英寸）处为臀部高度，用大头针或标识带从前中线至后中线标记平行于地面的臀围线。

2 沿前、后臀围线（纬向线），抽缩布料，其鼓起的高度要和臀围相匹配。

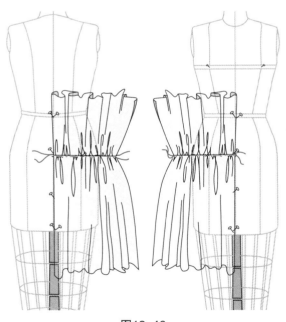

图12-46

图12-47

3 将抽缩后布料的前、后中线与人台的中线位置对齐并固定，调整在臀部高度的纬纱。

4 将布料纬纱与人台的臀部高度对齐并固定。从中线至侧缝的碎褶，平均分配在人台臀部高度处，确保布料的纬纱平行于地面，且侧缝对齐。

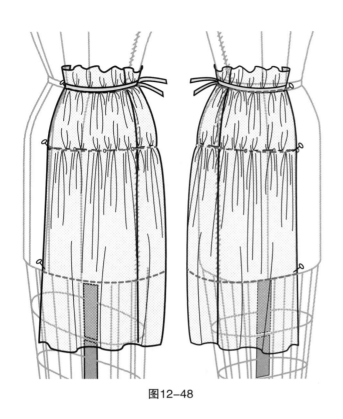

5 将腰线抽缩打褶。用斜纹布条在腰线处固定，平均分配碎褶量。

6 标记关键部位：

　a 腰围线。

　b 下摆线。用虚线标记人台的底部，下摆需和地面平行。

图12-48

7 拓板。将布料从人台上取下，校准并放缝。

8 将前、后两片别合在一起，放回人台并检查，可以做任何调整与改进。

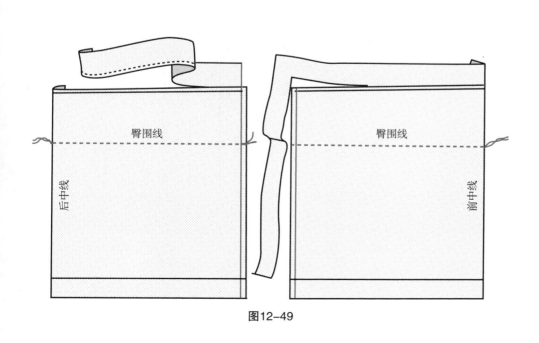

臀围线

后中线

臀围线

前中线

图12-49

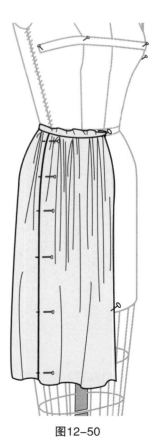

图12-50

塔裙（多层裙）

在传统抽褶裙的基础上，增加一层或多层抽碎褶设计，能带来优雅感，给人以更舒展、浪漫和创新的时尚外观。依据布料和裙子风格，褶的排列可随意调整其宽度和长度。

每一层都是将只有一条缝线的直布料，抽缩而成。加褶量为1.5到2倍，参照第8章荷叶边和褶边的设计，在第154～155页有更多在裙子和领口设计褶的操作详解。

图12-51

塔裙（多层裙）：立体裁剪步骤

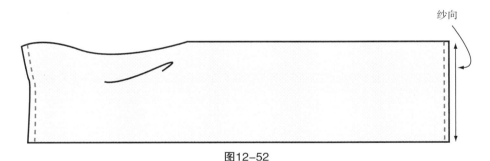

纱向

图12-52

1. 参照抽褶裙的立体裁剪步骤，用抽褶裙部分设计的长度操作。

2. 测量抽褶裙的底端，即褶边被缝进处。

3. 确定褶边的长度。裁剪裙子缝合线1.5倍长度的矩形，如：111.8cm（44英寸）+55.9cm（22英寸）=167.7cm（66英寸）。

4. 褶边的宽度要适宜。在布料上测量对应的褶边长、宽，宽度方向为经纱方向，这样抽缩为纬纱方向，确保了抽褶部分的顺畅。

> 注　如果抽褶边长度大于布料的幅宽，则需要分片。

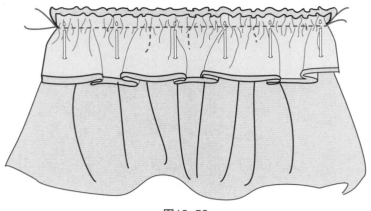

图12-53

⑤ 用打褶压脚进行抽褶，确保均匀抽缩。

⑥ 将褶边别进或缝进上一层的褶边或衬裙。

图12-54

褶边造型变化

① 一层褶边可以外卷，显得可爱。

② 二层布料的褶边，两个毛边都缝合，就不再需要处理下摆了。

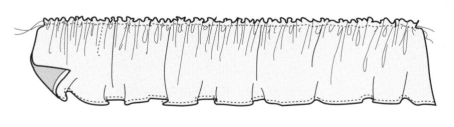

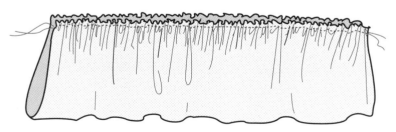

图12-55

圆裙

圆裙的腰围线是合体的，呈现出夸张的圆曲线。当圆裙的腰线与直腰头缝合时，喇叭形自然落入下摆线，形成多个喇叭形的裙轮廓。裙长可以任意设计，依据造型在腰部的缝合量，可以任意调整。举例说明，短圆裙可用来设计滑冰服或芭蕾舞服装，长圆裙的设计更适合晚礼服。

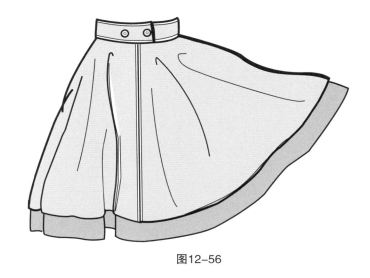

图12-56

圆裙：准备布料

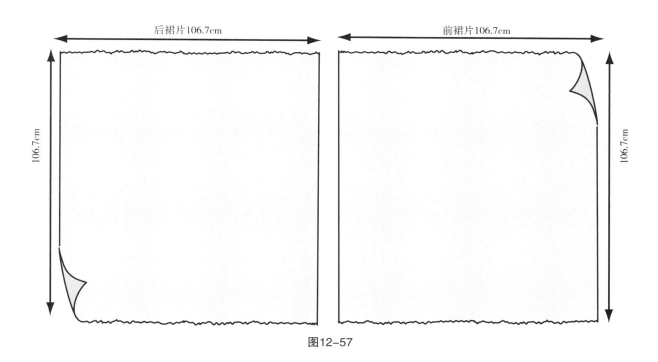

图12-57

① 沿着布料经纱测量106.7cm（42英寸），为前、后裙片的长度裁剪布料。

② 沿着布料纬纱测量106.7cm（42英寸），为前、后裙片的宽度裁剪布料。即是一个完美的方形布料。

③ 在前、后裙片上，距离布边2.5cm（1英寸）绘制中心经向线并扣烫。

④ 标记前腰位置。距离布料上端12.7cm（5英寸）（在经向线上），做腰线位置的十字标记。

⑤ 绘制前、后片的纬向线。

　a 在前裙片上，从腰围标记向下测量17.8cm（7英寸），绘制纬向直线为臀围线。

　b 在后裙片上，距离布料上端30.5cm（12英寸）（在经向线上），绘制纬向直线为臀围线。

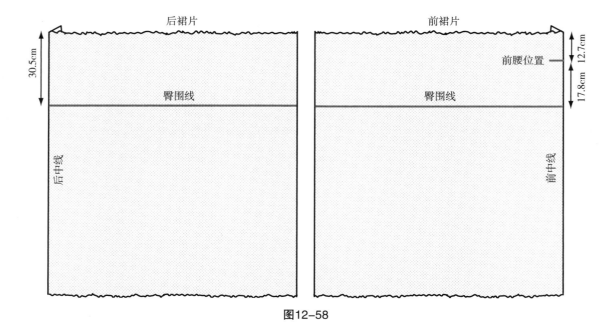

图12-58

圆裙：立体裁剪步骤

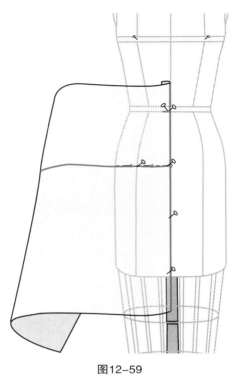

图12-59

1. 将前片布料中经向线与人台的前中线对齐并固定。
2. 将前片布料上的腰线标记与人台的前腰点对齐。
3. 沿纬纱至公主线的立体裁剪。沿人台的臀围线，捋顺布料至公主线并固定。

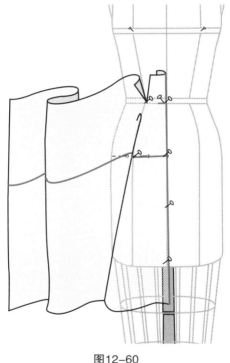

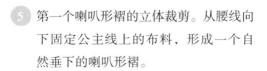

图12-60

4. 前腰线至公主线的立体裁剪。
   a 从布料上端至腰围线打剪口。
   b 从腰围线至公主线捋顺并修剪布料。
   c 在腰围线与公主线的交叉处固定大头针。

5. 第一个喇叭形褶的立体裁剪。从腰线向下固定公主线上的布料，形成一个自然垂下的喇叭形褶。

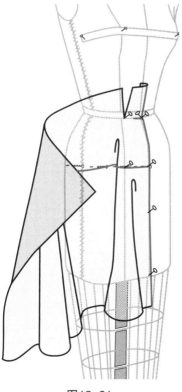

图12-61

⑥ 在腰线上，距第一个喇叭形褶 2.5cm（1英寸）固定，裁剪第二个喇叭形褶，捋顺布料至侧缝。

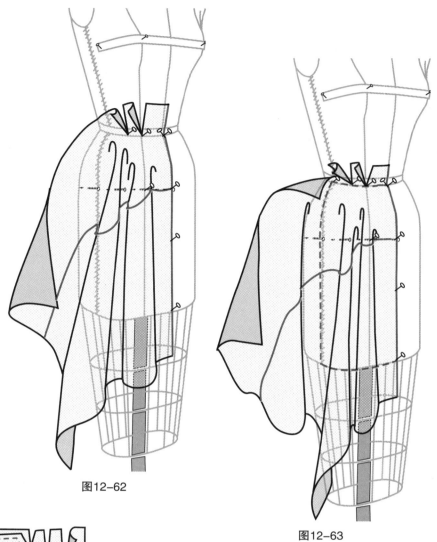

图12-62

图12-63

⑦ 继续在腰线上固定、打剪口、裁剪两个喇叭形褶。

⑧ 标记关键部位：

　a 腰围线。

　b 侧缝线。

　c 下摆线：沿人台的底部修剪。

⑨ 校准前片。将布料从人台上取下，校准前片，放缝并修剪余量。

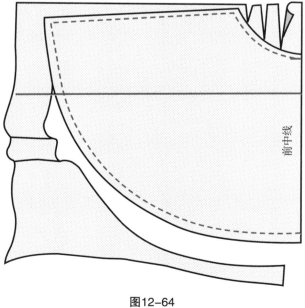

前中线

图12-64

10 将前裙片放在为后裙片准备的布料上。

　　a 对准前、后片的纬纱。同时，将前、后中心褶省处的经纱对齐，前片长出1.3cm（$\frac{1}{2}$英寸）。保持纬纱平行，这个差量就是前、后腰围线的造型差异。

　　b 绘制裙子的后缝线。绘制与前裙片一样的标记（临时腰线、侧缝和下摆）。

> 注　最终检验效果时，后腰线会做调整，这是因为前、后腰线的造型会有一点儿差异。

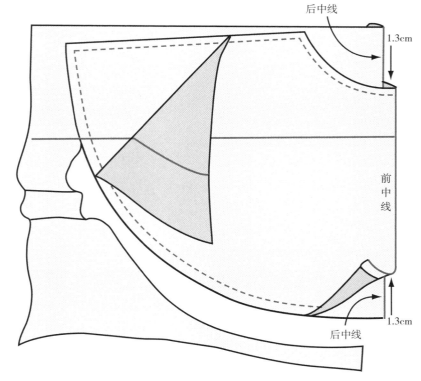

后中线

1.3cm

前中线

后中线

1.3cm

图12-65

调整后腰线

图12-66

11 检查圆裙的合体性与平衡度。将前、后侧缝别合在一起，将前、后裙片放在人台上来完成。将所有裁片放回人台上，调整后腰线，直到裙子自然悬挂，且侧缝对准人台的侧缝，固定前、后中线处的腰线。

斜裁圆裙

斜裁圆裙的理念，是由玛德琳·薇欧奈（Madeleine Vionnet）提出的一种独特的服装斜裁技术。

这款斜裁圆裙特别重要，因为在裁剪时，布料的经、纬纱有大的改变，从而在前、后中线不需要接缝，是完美的斜纹。通过这种裁剪，能使喇叭形在臀部自然下垂。令人吃惊的是，完成的下摆在缝合和悬挂一段时间后，仍能保持平行于地面。侧缝是缝合线。

在设计这款斜裁圆裙时，设计师让鼓起度达到了理想状态。腰线的形状易掌控，形态有异。

图12-67

斜裁圆裙的特征

在将布料裁剪成圆裙时，斜裁的布料具有独特的拉伸性。斜裁圆裙的特征包括：

» 裙子的每个喇叭形褶的量适度蓬松。在裙子的喇叭形褶被裁剪出时，腰线也成型了。前、后腰线的形状不同，后腰线更深、更圆顺。这是因为后腰线比前腰线距离地面低2.5cm（1英寸）。

» 自然平衡、侧缝缝合、褶均匀分布，在前、后中线不需要缝合，且有完美的斜纹。这款斜裁圆裙特别重要，因为在裁剪时，布料的经、纬纱有大的改变。

» 完成的下摆在缝合和悬挂一段时间后，仍能保持平行于地面。

斜裁圆裙：准备布料

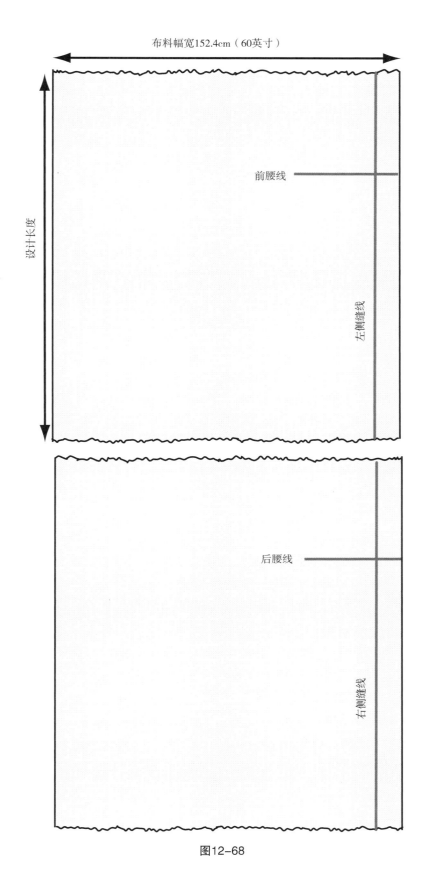

1. 根据设计测量前、后裙片的长度。从腰线到设计的长度沿着经向线测量，加30.5cm（12英寸）就是布料的长度。

2. 用布料的幅宽做前、后圆裙片。

3. 在前、后裙片上，距离布边2.5cm（1英寸），绘制经向线。

4. 距离布料上端25.4cm（10英寸），绘制前、后裙片的纬向线，同时在布料一半处绘制纬向线。

布料幅宽152.4cm（60英寸）

设计长度

前腰线

左侧缝线

后腰线

右侧缝线

图12-68

斜裁圆裙的前裙片：立体裁剪步骤

① 将布料的经向线，与人台的左侧缝对齐并固定。

② 调整并裁剪在人台左侧缝腰线上的纬向线，固定侧缝。

③ 让布料在人台的前身顺滑，自然悬挂。

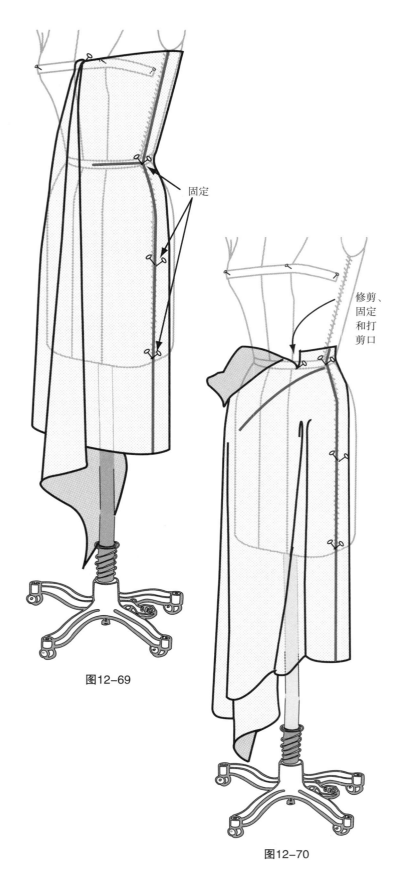

固定

修剪、固定和打剪口

图12-69

④ 在腰线处修剪、捋顺、固定和打剪口，做第一个喇叭形褶。

　a 距离侧缝约5.1cm（2英寸）处，修剪布料从上端至腰线。

　b 捋顺并裁剪至腰线处，距离侧缝约5.1cm（2英寸）处的布料。

　c 在布料的上端至腰线上打剪口。

⑤ 裁剪第一个喇叭形褶。从腰线与公主线的交叉处向下固定布料，形成一个自然下垂的喇叭形褶。用一枚大头针固定在喇叭形褶的底部，用来控制它在造型上的位置。

> 注　每个喇叭形褶必须有同样的造型，才能保持一个平衡的下摆线。

图12-70

6 在腰线处修剪、捋顺、固定和打剪口，做第二个喇叭形褶。

  a 在距离第一个喇叭形褶3.8cm（$1\frac{1}{2}$英寸）的腰线上，捋顺并裁剪第二个喇叭形褶并固定。

  b 修剪、捋顺、固定和打剪口。

  c 在第二个喇叭形褶的腰线上固定大头针，形成和第一个一样的喇叭形褶。

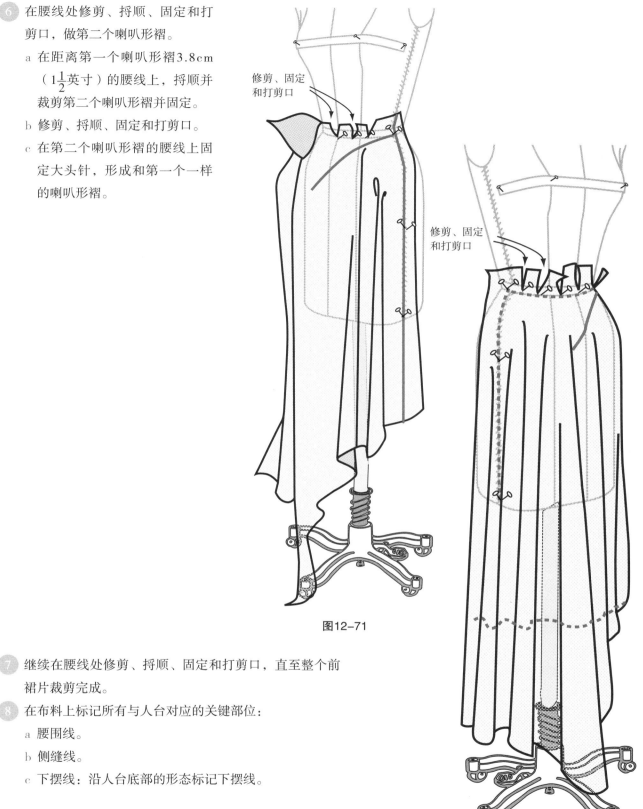

修剪、固定和打剪口

修剪、固定和打剪口

图12-71

图12-72

7 继续在腰线处修剪、捋顺、固定和打剪口，直至整个前裙片裁剪完成。

8 在布料上标记所有与人台对应的关键部位：

  a 腰围线。

  b 侧缝线。

  c 下摆线：沿人台底部的形态标记下摆线。

斜裁圆裙的后裙片：立体裁剪步骤

① 将布料的经向线，与人台的右侧缝对齐并固定。

② 调整并裁剪，将布料在人台右侧缝腰围线上的纬向线固定侧缝。

③ 让布料在人台的后身顺滑，自然悬挂。

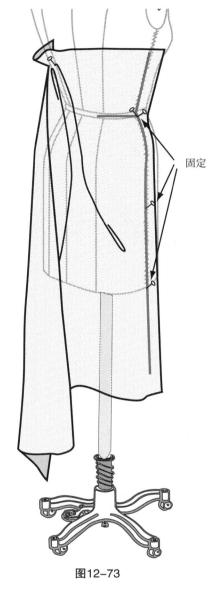

固定

图12-73

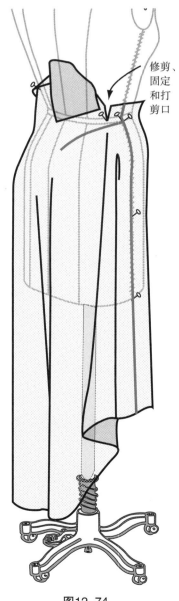

修剪、
固定
和打
剪口

图12-74

④ 在腰线处修剪、捋顺、固定和打剪口，做第一个喇叭形褶。

　a 距离侧缝约5.1cm（2英寸）处，修剪从上端至腰线的布料。

　b 捋顺并裁剪至腰线处，距离侧缝约5.1cm（2英寸）处的布料。

　c 在布料上端至腰线上打剪口。

⑤ 裁剪第一个喇叭形褶。从腰线与公主线的交叉处向下固定布料，形成一个自然下垂的喇叭形褶。用一枚大头针固定在喇叭形褶的底部，用来控制它在造型位置。

注　每个喇叭形褶必须有同样的造型，才能保持一个平衡的下摆线。

6 在腰线处修剪、抚顺、固定和打剪口，做第二个喇叭形褶。

   a 在距离第一个喇叭形褶3.8cm（$1\frac{1}{2}$英寸）的腰线上，抚顺并裁剪第二个喇叭形褶并固定。

   b 修剪、抚顺、固定和打剪口。

   c 在第二个喇叭形褶的腰线上固定大头针，形成和第一个一样的喇叭形褶。

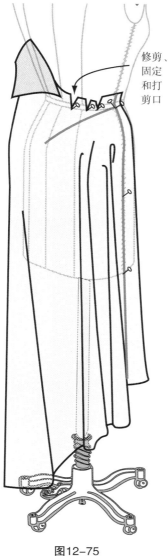

修剪、固定和打剪口

图12-75

7 继续在腰线处修剪、抚顺、固定和打剪口，直至整个后裙片裁剪完成。

8 在布料上标记所有与人台对应的关键部位：

   a 腰围线。

   b 侧缝线。

   c 下摆线：沿人台底部的形态标记下摆线。

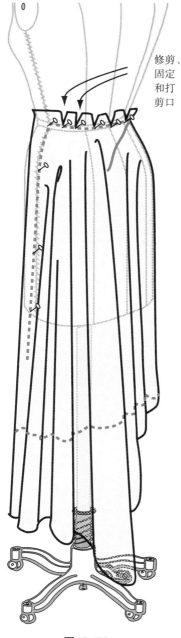

修剪、固定和打剪口

图12-76

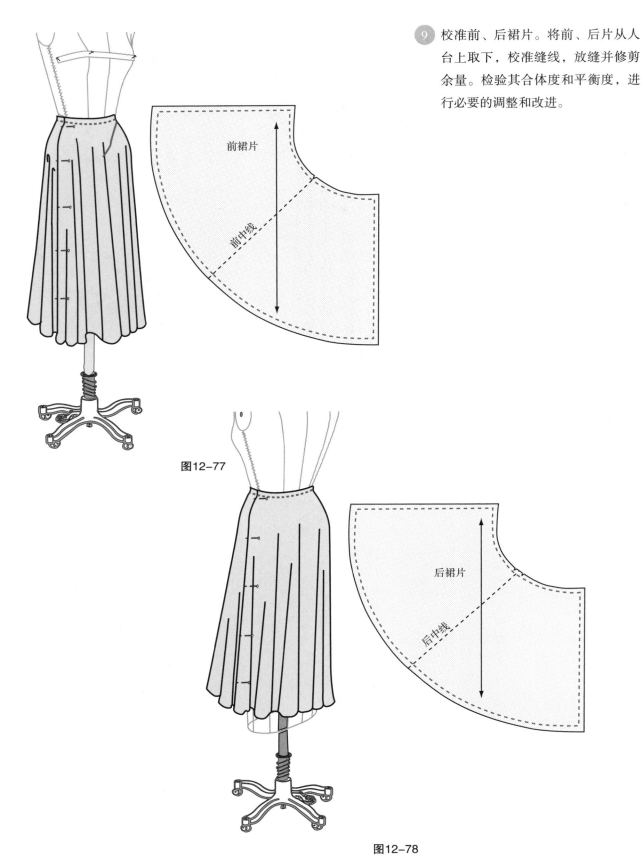

⑨ 校准前、后裙片。将前、后片从人台上取下，校准缝线，放缝并修剪余量。检验其合体度和平衡度，进行必要的调整和改进。

前裙片

前中线

图12-77

后裙片

后中线

图12-78

臀育克裙

臀育克裙的腰线合体，有利于裙下部的制造设计，不论是抽褶、紧身或圆裙的形式都适宜。添加不同风格的口袋、腰带和裙长，都能增强臀育克裙的设计特征。

育克——裙子的臀育克使得上部合体，没有省道，在臀部的分割线将裙子分成两部分。育克线的形态可以平行于腰线，也可以随意造型。育克的宽度也可以变化，但不会低于臀围线。裙子可以有腰头，也可以与育克融为一体。

裙身部分——裙子的下部可被设计为圆裙，一层或多层造型，有褶或是紧身的。

如图所示，是臀育克与圆裙、抽褶裙的组合设计，这样的组合使非常普通的裙子变得时尚了。

图12-79

臀育克圆裙

这款臀育克圆裙，在臀部有一个水平分割线将裙子分成两部分。育克线的形态可以平行于腰线，也可以随意造型。下裙部分自然下垂，是多层喇叭形的圆裙。其长度可以调节，举例说明，短圆裙可被用来设计为滑冰服或芭蕾舞服装，长圆裙的设计更适合晚礼服。

高超的立体裁剪技术，可以裁剪出特别合体的侧缝、前中缝、后中缝和所有经向线。不同风格的口袋、腰带和裙长，都是增强臀育克裙的设计特征。立体裁剪技术很明了地展示如何通过育克的造型，形成完美的裙廓型。

图12-80

臀育克圆裙：准备育克布料

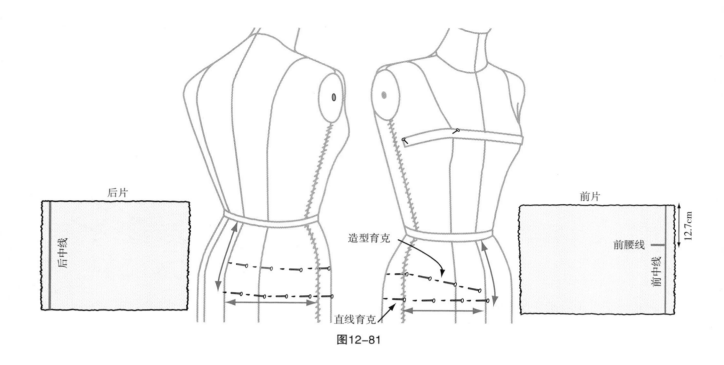

后片

后中线

造型育克

直线育克

前片

12.7cm

前腰线

前中线

图12-81

1. 准备人台。用大头针或标识带别出育克设计线。

2. 测量前、后育克（沿经向线）的长度，加12.7cm（5英寸）就是面料的长度。

3. 测量设计育克线（臀部）的最宽处，加12.7cm（5英寸）就是面料的宽度。

4. 距离布边2.5cm（1英寸），绘制前、后育克的经向线并扣烫。

5. 在腰线位置做十字标记。距离布料上端（在前经向线上）12.7cm（5英寸）处做十字标记。

臀育克圆裙：育克的立体裁剪步骤

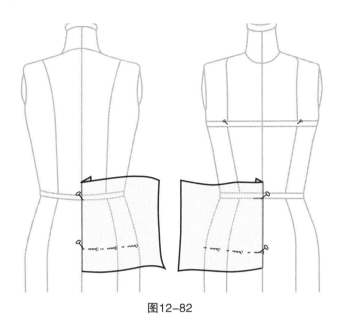

图12-82

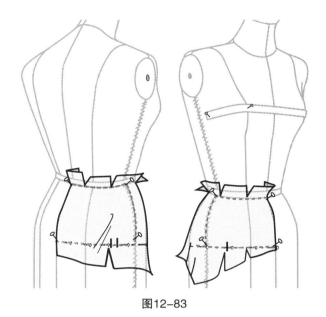

图12-83

① 固定前、后育克的中心经向线。

　a 将育克片的前中心经向线折叠与人台的前中线
　　位置对齐，盖过腰线5.1cm（2英寸）。

　b 将育克片的后中心经向线折叠与人台的后中线
　　位置对齐，盖过腰线5.1cm（2英寸）。

② 前、后育克腰围线的立体裁剪。修整、固定从布
　料上端至腰线的布料（注意剪口不要超过腰线位
　置）。捋顺并裁剪从人台的中线至侧缝的腰部布
　料，在侧缝、腰围线位置别大头针。

③ 在布料上标记所有与人台对应的关键部位：

　a 前、后腰围线。

　b 前、后侧缝线。

　c 前、后育克造型线。

　d 育克造型线对位点：前片一个，后片两个。

④ 校准缝线。将前、后
　育克片从人台上取
　下，校准缝线，放缝
　并修剪余量。将前、
　后育克侧缝别合在一
　起，放回人台进行裙
　摆部分的立体裁剪。

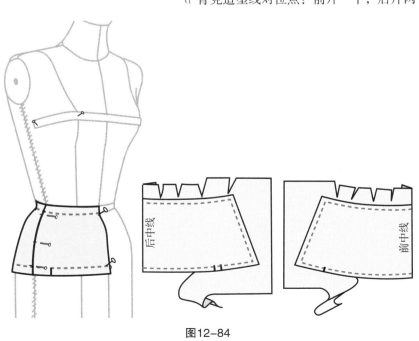

图12-84

臀育克圆裙：准备裙身布料

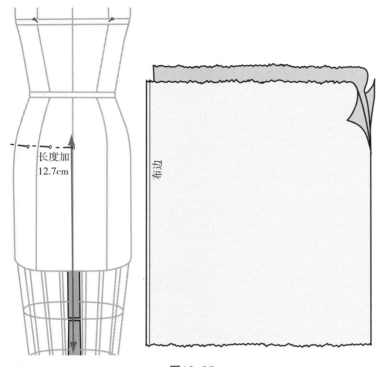

图12-85

1. 测量前、后片（沿经纱），从高于腰围布带12.7cm（5英寸）至设计裙摆的长度就是布料的长度。
2. 将布料分成两半。布边沿经向对折并撕开，分别作为前、后裙片。

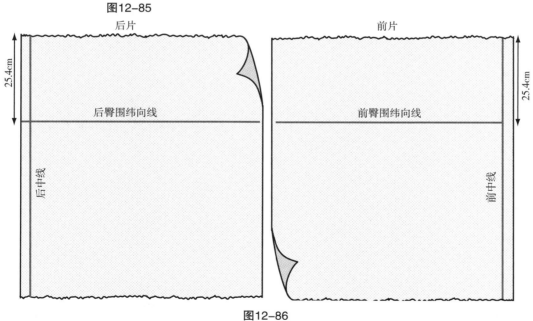

图12-86

3. 用步骤①、②准备的布料其中的一片，距离布边2.5cm（1英寸）绘制前中经向线，扣烫平服。

4. 用步骤①、②准备的另一片布料，距离布边2.5cm（1英寸）绘制后中经向线，扣烫平服。
5. 在前、后裙片上，距离上端25.4cm（10英寸），绘制完美的纬向线。

臀育克圆裙：裙身的立体裁剪步骤

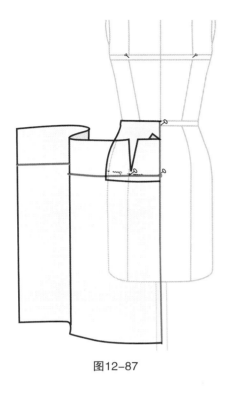

图12-87

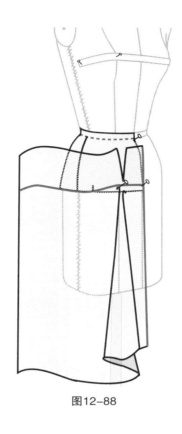

图12-88

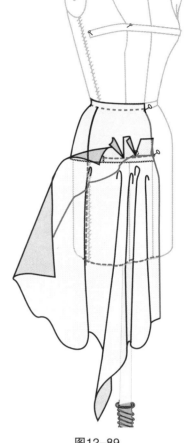

图12-89

① 将裙片布料前中经向线与人台
的前中线对齐并固定。

② 将纬向线与人台的臀围线对齐
并固定，在这个设计中，育克
造型线和臀围线在同一位置。

③ 距离前中7.6cm（3英寸），在上
端至育克造型线的布料上，捋
顺、修剪并打剪口。将裙身造
型线与育克造型线别合固定。

④ 在公主线部分，捋顺布料自然
下垂，形成第一个波浪形褶。

⑤ 在育克造型线上别另一枚大头
针，为了固定造型，然后把裙
身与育克造型线别合在一起。

⑥ 在裙身造型线上，捋顺布料至
侧缝，距离第二个波浪形褶约
2.5cm（1英寸）处，捋顺、修
剪并打剪口，形成第二个波浪
形褶。

⑦ 继续捋顺、修剪并打剪口，做
好每一个波浪形褶。

⑧ 在布料上标记所有与人台对应
的关键部位：

a 裙身造型线和对位点。

b 侧缝线。

c 下摆线：沿人台的底端绘制。

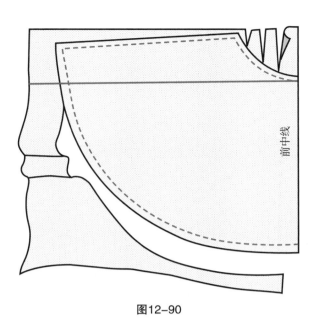

图12-90

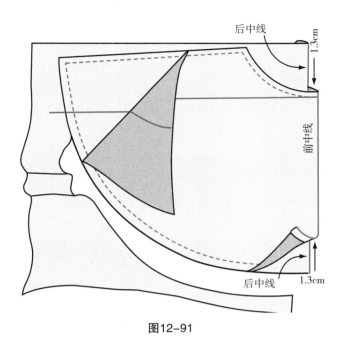

图12-91

⑨ 校准前片。将前片从人台上取下,校准前片,放
缝并修剪余量。

⑩ 校准后片。

a 将前裙片放在为后裙片准备的布料上,对
准前、后片的纬纱。

b 将前、后中心褶处的经纱对齐,前片长出
1.3cm ($\frac{1}{2}$英寸)。保持纬纱平行,这个
差量就是前、后腰围线的造型差异。

c 绘制裙子的后缝线。绘制与前裙片一样的
标记(临时腰线、侧缝和下摆)。

⑪ 将育克和裙身布料别合在一起,放回人
台。检查其合体度和平衡度,进行必要的
调整。

图12-92

臀育克抽褶裙

臀育克抽褶裙，在臀部有一条水平分割线将裙子分成两部分。育克线的形态可以平行于腰线，也可以随意造型。下裙部分自然下垂，设计为竖向碎褶（铅垂）。同时，设计师可通过具体的设计风格，自行控制褶量。

高超的立体裁剪技术，可以裁剪出裙身布边印花的视觉效果。裙身抽褶部分，可以通过调整褶皱的长、宽，进行多变的造型。

这款经典的臀育克抽褶裙，不同风格的口袋、腰带和裙长，都是增强臀育克裙的设计特征。立体裁剪技术清晰地展示了如何通过育克的造型，形成完美的裙廓型。

图12-93

臀育克抽褶裙：准备布料

准备人台和育克裁片。参照第266~267页，准备这款臀育克抽褶裙的育克部分。

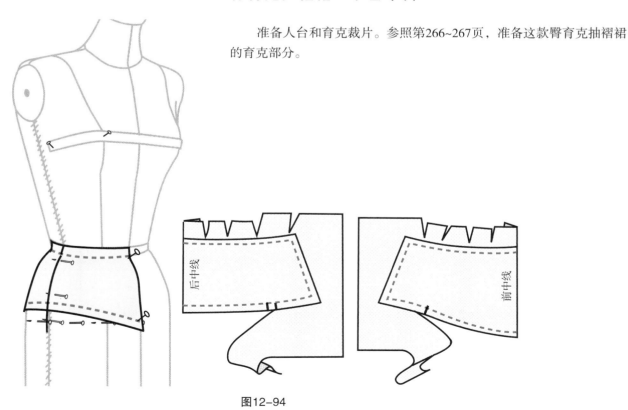

图12-94

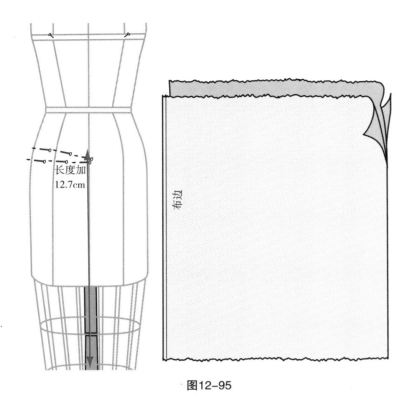

① 从育克设计线上12.7cm（5英寸）至设计的裙摆位置，测量前、后裙身的长度（沿着经向线）。

② 将布料对折，撕开成两半。

③ 一片用来做前裙片，另一片将做后裙片。

图12-95

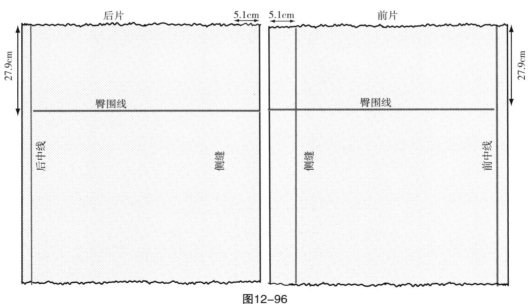

图12-96

④ 用步骤①、②中准备的两片布料，在距离布边2.5cm（1英寸）处绘制前、后中心经向线，扣烫平服。

⑤ 绘制前、后臀围线：

a 距离布料上端27.9cm（11英寸）向下测量至设计长度。

b 在这个位置做十字标记。

⑥ 距离布边5.1cm（2英寸）绘制侧缝线，平行于中心经向线。

臀育克抽褶裙：裙身的立体裁剪步骤

① 将前、后纬向线上的布料抽褶。

前、后侧缝别合在一起。

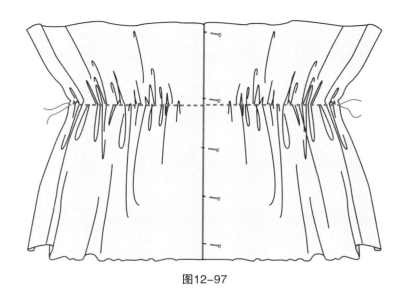

图12-97

② 布料的前、后中心经向线与人台的中线
位置对齐，并固定。

③ 调整前、后纬向线与臀部高度一致，并
固定。

注 确保将纬向线固定在臀部高度位
置，而不是与育克线别合在一起。

图12-98

④ 用斜纹牵条布在腰线标记褶势，平均分配褶量。

注　裙子在设计的育克线上修剪。

⑤ 标记关键部位：

a 育克造型线：标记褶势。

b 造型线对位点。

⑥ 校准裙片。将裙片从人台上取下，校准裙片，放缝并修剪余量。

⑦ 将抽褶的裙身固定在育克线上，放回人台上检查，进行必要的调整与改进。

图12-99

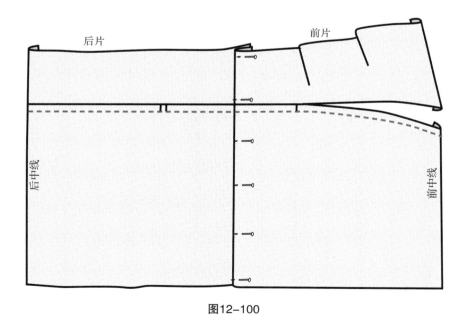

后片　　　　　　前片

后中线　　　　前中线

图12-100

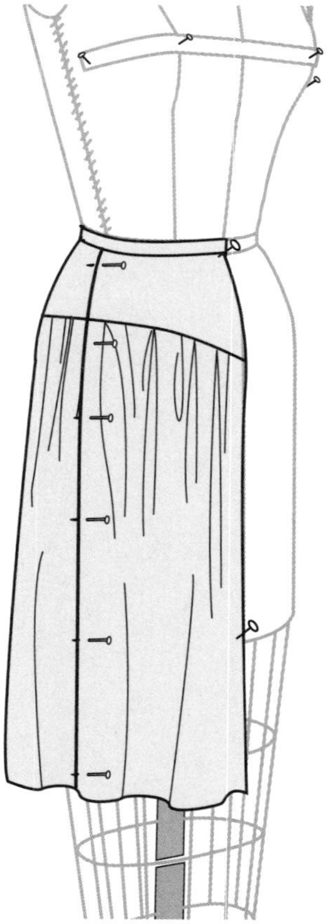

图12-101

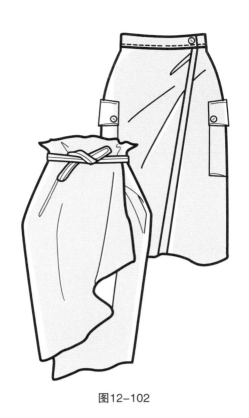

图12-102

不对称包裹裙

大部分经典的包裹裙，都是从右前方到左前方包裹身体。包裹裙在前中部分增加了用布量［通常多7.6cm（3英寸）］，两个前裙片一般为第一层（右前裙片）包裹着下一层（左前裙片）。第一层即右前裙片可以设计成不同的形状、角度、省和褶造型。下一层即左前裙片，则是平服且保持基本裙的形状。

前裙片在腰线处，可用纽扣、绳结或暗扣连接。包裹部分通常不是整个前身，腰线处自然下垂至下摆。在下面的讲解中，基本裙型作为底裙设计，如果是喇叭形裙，侧底部的喇叭形裙也要和上层的裙片造型一致。

包裹裙可以设计为任意长度，搭配不同风格的口袋、腰带、流苏、纽扣或造型线，来增强其设计特点。

不对称包裹裙：准备布料

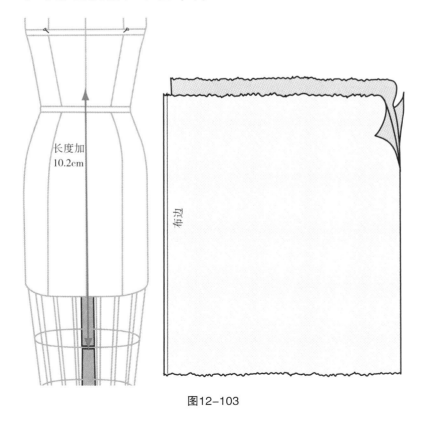

长度加
10.2cm

布边

图12-103

1. 左、右前裙片：
   a 从腰线上5.1cm（2英寸）至设计的长度（沿经向线）测量，加10.2cm（4英寸）就是布料的长度。
   b 将布料裁成两半。将布料对折，并撕开成两半。
   c 一片用来做右前裙片，另一片做左前裙片。

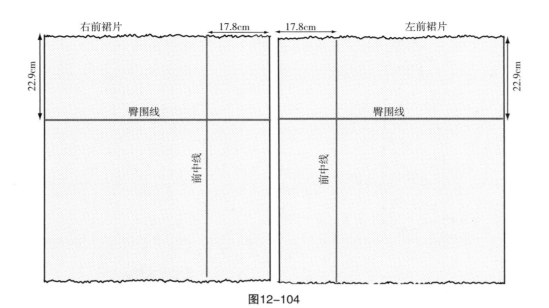

图12-104

② 在左、右裙片上，距离布边17.8cm（7英寸），绘制前中心经向线。

③ 在左、右裙片上绘制纬向线。在布料上，距离布料边上端22.9cm（9英寸），用L形尺在两个裙片上绘制纬向线。

④ 绘制左、右裙片的侧缝线。在人台上，从前中线至侧缝（沿臀部高度）测量，加1.3cm（½英寸）松量。在布料的对应位置标记臀围线，过这个标记，绘制侧缝线平行于前中心纬向线。

⑤ 绘制和基本裙型一样的后片经向线、纬向线和侧缝线。

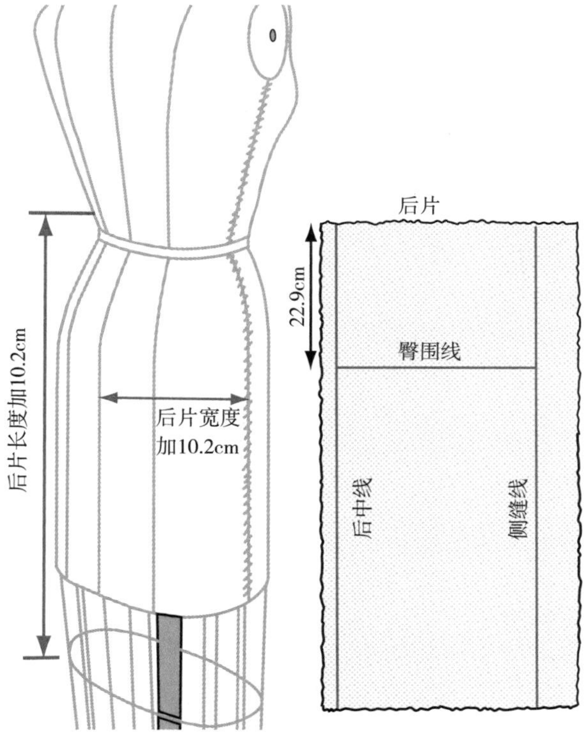

图12-105

⑥ 后裙片：

a 从腰线上5.1cm（2英寸）至设计的长度（沿经向线）测量，加10.2cm（4英寸）就是布料的长度。

b 从后中线至侧缝（沿臀围线）测量，加10.2cm（4英寸）就是布料的宽度。

c 距离布边2.5cm（1英寸），绘制后中心经向线。

d 距离布料上端22.9cm（9英寸），绘制臀围线。用L形尺在裙片上绘制纬向线。

e 根据后臀部的宽度，绘制平行于后中线的侧缝线，加1.3cm（½英寸）的松量。

不对称包裹裙：右前裙片的立体裁剪步骤

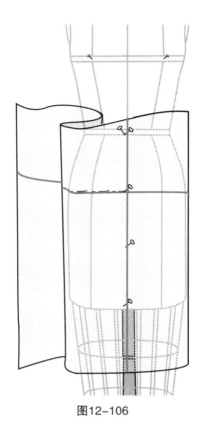

图12-106

① 将右前裙片的中线与人台的前中线位置对齐，纬向线与人台的臀围线对齐。

② 沿纬纱捋顺布料至侧缝（平均分配松量），并固定。

③ 固定臀围线以下部分的侧缝线。

④ 在褶尾的最低处，从布料的外轮廓至侧缝打剪口，并固定此位置的侧缝线。

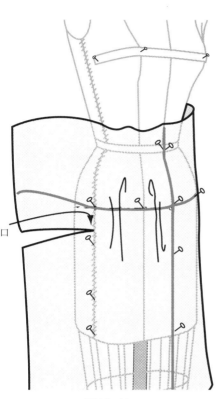

打剪口

图12-107

⑤ 抽腰线上的第一个褶。第一个褶需从前中线和另一侧的公主线之间开始，从腰围线至褶尾最低处的侧缝线。

⑥ 继续打剪口、固定、抽褶和修剪，完成剩下的抽褶造型。

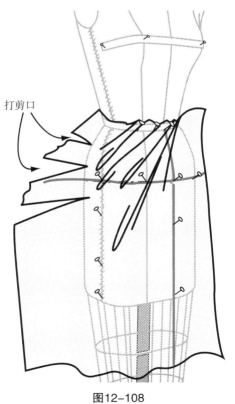

打剪口

图12-108

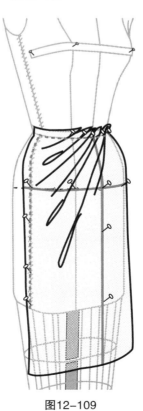

图12-109

不对称包裹裙：左前裙片的立体裁剪步骤

1 将左前裙片的中线与人台的前中线位置对齐，纬向线与人台的臀围线对齐。

2 沿纬纱捋顺布料至侧缝（平均分配松量），并固定。

3 固定臀围线以下部分的侧缝线。

4 在腰围线做一个或两个省，省长至臀部高度。捋顺从前中线至公主线的布料，在公主线与腰围线的交点处做十字标记，固定省。

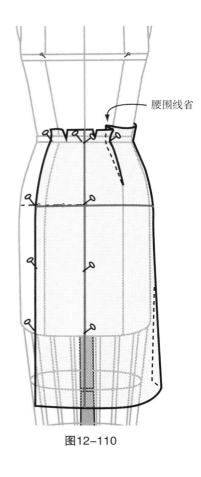

腰围线省

图12-110

5 同基本裙一样裁剪后裙片。衣片与人台的侧缝和经纬向线分别对齐。

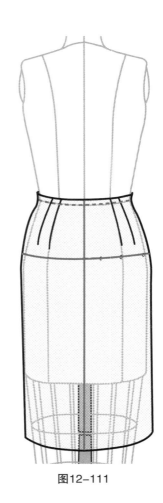

图12-111

6 标记关键部位：

  a 腰围线：前、后片。

  b 省道：左前片和后片。

  c 碎褶：右前片。

7 拓板。将布料从人台上取下，校准所有缝线，放缝并修剪余量。

将完成的裙片放回人台上，检查其准确性、合体度和平衡性。

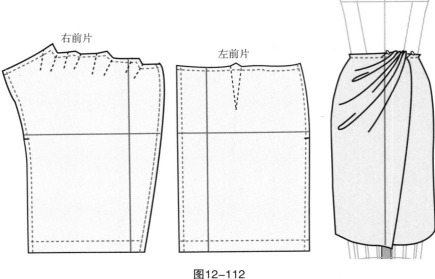

右前片　　　　左前片

图12-112

图12-113

陀螺裙

陀螺裙很容易辨识，在臀部有明显的凸起造型。臀部的凸起造型，主要是由腰线位置的大褶形成。同时，需要更长的布料，才有足够的松量和自由的活动空间。在进行立体裁剪时，没有侧缝分割线，从前中线至另一侧的包裹部分非常重要。这款非常讨人喜欢的裙子，极具女性化特征，常用柔软的布料制作，也被称为窄底裙。

陀螺裙：准备布料

1. 沿经向测量设计的裙长，加15.2cm（6英寸）就是布料的长度。

2. 沿纬向测量设计的裙肥［至少91.4cm（36英寸）］，作为布料的宽度。

3. 距离布边2.5cm（1英寸），绘制后中经向线并扣烫。

4. 距离布料上端，从后中经向线向下测量7.6cm（3英寸），做后腰线位置的十字标记。

5. 在后中经向线上，距离腰线十字标记17.8cm（7英寸）处，绘制臀围纬向线。

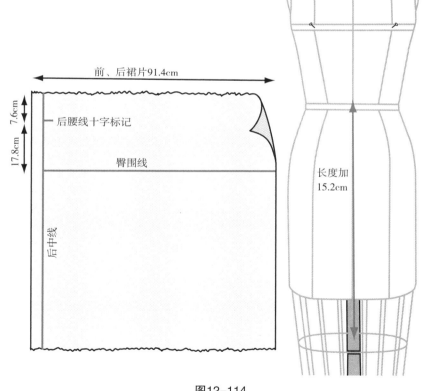

图12-114

> 注　立体裁剪完成后，在前中、后中处有分割缝线，左右都没有侧缝分割线。

陀螺裙：立体裁剪步骤

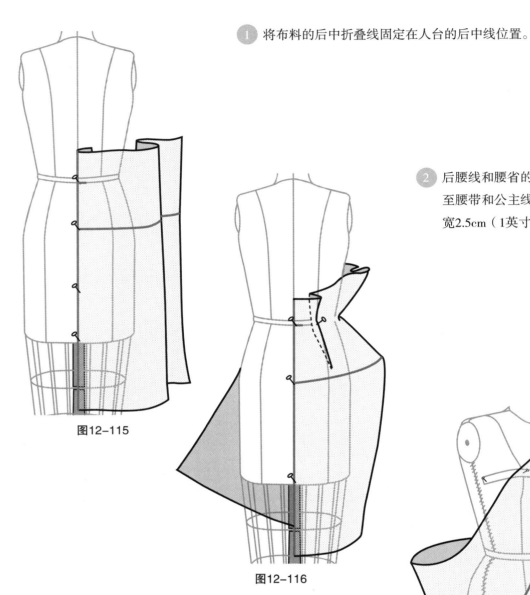

① 将布料的后中折叠线固定在人台的后中线位置。

图12-115

② 后腰线和腰省的立体裁剪。捋顺布料至腰带和公主线，捏后腰省一个，省宽2.5cm（1英寸）。

图12-116

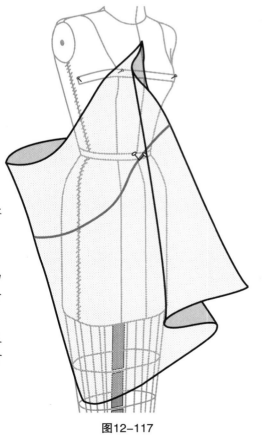

③ 至前中线的纬纱立体裁剪。沿布料的臀围线，向上提拉布料，将其拉至前中线、腰部位置并固定，经、纬纱此时为斜向。

注 这个提拉的过程，要保持腰部的水平，使臀部凸起更好，而在下摆处无凸起。同时，在下摆位置也需要有足够松量，方便行走。

如果前裙片正好是斜裁，就可达到最大化的腰线凸起。如果只是一定角度的斜向裁剪，腰线上的凸起度变小，这都是可行的设计方案。

图12-117

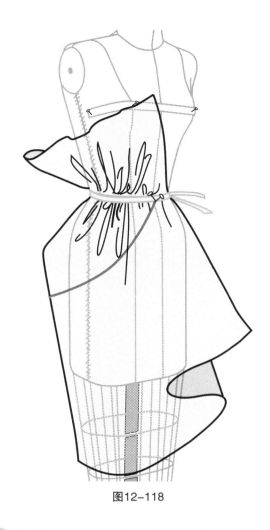

图12-118

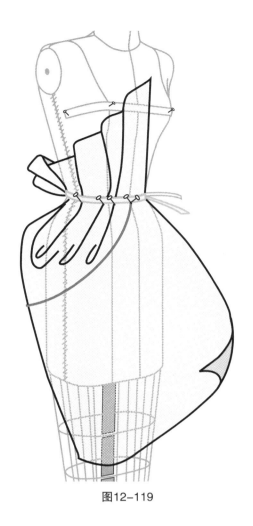

图12-119

④ 将腰线上的凸起抽褶。用斜纹布带系在腰线
上，平整分配褶量。

⑤ 在腰线抽出理想的褶势。同时，轻微下按每个
褶，有助于调整臀部的布料。轻微提起前中心斜
纹至腰部位置。

注　按下并保持褶裥（代替褶），会给这款梦幻
般的裙子带来不同的风格特征。褶的个数，
还有设计的凸起度，取决于每个设计师的主
观设计构思。

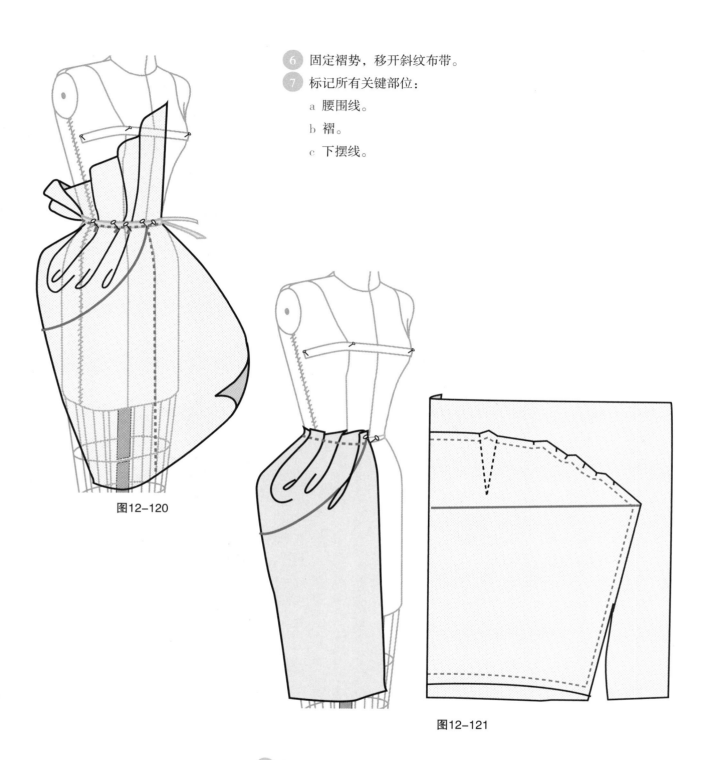

⑥ 固定褶势，移开斜纹布带。

⑦ 标记所有关键部位：

　　a 腰围线。

　　b 褶。

　　c 下摆线。

图12-120

图12-121

⑧ 校准裙片。将布料从人台上取下，校准裙片，放缝并修剪余量。固定褶势，把裙片放回人台上。检查其准确性，进行必要的调整和改进。

提高篇

第四部分

进阶设计

掌握了立体裁剪操作的基本原则和技法后，设计者就可以学习本部分的内容——创意服装和高级时装，前提是有丰富的操作经验和高超的缝制技术。

第四部分讲裤子设计、针织衫设计、领子和领口设计 、外套设计、斗篷设计、常服或礼服连衣裙设计（包括斜裁和垂褶连衣裙）等立体裁剪。针对不同的设计风格，选择与之匹配的面料和板型调整技法。

本部分操作实例中，融入了微妙的视错觉效果产生令人愉悦的设计细节。因此，设计者在把握总体效果时，要更加注重细节的设计。通过一步一步的操作，展示操作中的效果和技法运用。

第13章
裤子设计

» 裤子的专业术语和尺寸
» 设计两省的裤子基础纸样
» 裤子的款式变化

裤子设计

裤子是一种包裹下体及两腿的服装，裤腿有一致的长度和宽度。有人认为，1930年由凯瑟琳·赫本（Katharine Hepburn）和玛琳·黛德丽（Marlene Dietrich）设计的、非常流行的宽松裤子是裤子的起源。事实上，裤子源于19世纪早期，到19世纪后期由长裤一词缩写而成。最早用"裤子"这个概念，是指专属于男人和男孩的服装，现在它是一个广义的术语，包括长裤、短裤、牛仔裤等。

裤子可以设计成西裤、长裤、短裤等不同款式。在其设计中，最重要的因素是造型、长度和宽度。裤子设计的变化可以表现为，裤腿、裤腰、裤头、口袋、活褶和褶裥的不同造型。

配上独特的腰带，可以使裤子添加时尚感和趣味性。传统的腰带，由环状的带身和可以调节的带扣构成。如果是松紧带设计，则穿着更加舒适，便于运动。其他腰带的变化设计，可能在后中或两侧的合适位置装松紧带。

裤子选用的面料，直接改变和影响其造型。比如，大裤腿的裤子选用较硬的面料，就会呈现出大的喇叭形状；相反，选用丝绸面料的话，则更有飘逸感。

裤腰可以是腰带、松紧带、裤腰拉带或者是贴边。腰部可以设计成平服的，也可以是细褶的或堆褶的。腰头可以是腰带或贴边，有时前中开口设计为纽扣式。裤子在服装流行中举足轻重，特别是在当今的着装潮流中，裤子可用于商务着装、日常着装和晚宴着装。

裤子一般选用机织面料，其基础纸样分为两省设计的裤子和牛仔裤。可以通过改变基础纸样的裤腿形状，或者把省道转换成活褶、褶裥、碎褶、育克等形式，进行丰富的款式变化。

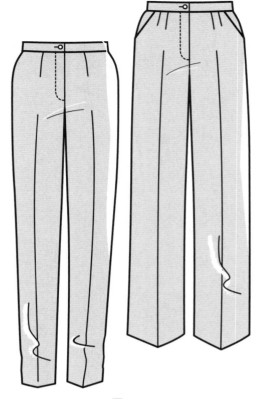

图13-1

学习目标

通过对本章的学习，设计者应该学会：

» 学会有两个省的裤子设计及其基础纸样。
» 变化裤子基础纸样，如松量、腰线倾斜度以及裆深部位，进行不同的造型设计。
» 认识裤子臀围线和裤裆线与布料经纬纱的匹配关系。
» 检查并分析立体裁剪的最终效果，总结裤子合体度、悬垂感、比例和服用性能的关系。
» 裤腿造型的立体裁剪操作要领，取决于裤子设计的风格特征。
» 检查并平衡前、后内侧缝和外侧缝。

裤子的专业术语和尺寸

以下是在人台上测量裤子尺寸的操作。要设计一款完美的合体裤子，正确地测量尺寸十分重要。按照步骤进行测量和检验，就会做出完美合体的裤子。如果测量不准确，做出的裤子也不会合适，严重的话裤子会扭扯，裤腿不能自然下垂。下面的内容，是裤子重要的专业术语。

裤子的腰线

在传统裤子的人台上，其腰线处系一条斜纹布带，用皮尺沿穿着位置测量，可以是自然的腰线位置，也可以是自己设计的腰线位置。腰线处的斜纹布带，是后续测量的一个重要参照位置。

腰线的倾斜度

测量从地面至腰线上前中、侧缝、后中的距离，控制好腰线的倾斜度和裤长，尤其是男裤和大于18码的女裤。

- » 测量前腰点至地面的距离，在脚踝处减少2.5cm（1英寸）。
- » 测量侧腰点至地面的距离，在脚踝处减少2.5cm（1英寸）。
- » 测量后腰点至地面的距离，在脚踝处减少2.5cm（1英寸）。

臀围

- » 臀部最丰满的位置，或者腰线下方17.8~22.9cm（7~9英寸）的地方，加3.8cm（$1\frac{1}{2}$英寸）的松量。

把臀围尺寸四等分：
- » 前臀围的尺寸：
  臀围的$\frac{1}{4}$，加0.6cm（$\frac{1}{4}$英寸）。
- » 后臀围的尺寸：
  臀围的$\frac{1}{4}$，减0.6cm（$\frac{1}{4}$英寸）。

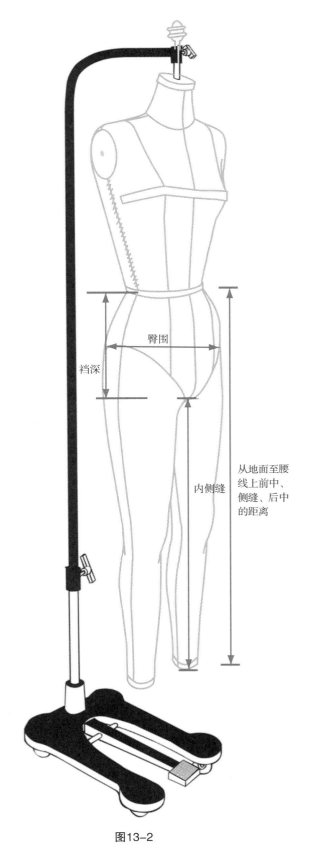

图13-2

腰围

» 腰围尺寸，沿腰线（斜纹布带）围量一周，加2.5cm（1英寸）的松量。

把腰围尺寸四等分：

» 前腰围的尺寸：

腰围的$\frac{1}{4}$，加0.6cm（$\frac{1}{4}$英寸）。

» 后腰围的尺寸：

腰围的$\frac{1}{4}$，减0.6cm（$\frac{1}{4}$英寸）。

裆深

» 在侧缝处测量，从腰线至臀部的水平线，加1.9cm（$\frac{3}{4}$英寸）的松量。

» 坐着测量时，就是在侧缝处从腰线至水平凳面的距离。

裆长

» 从前中沿裆弯弧线至后中的距离，对于前、后裆弯的制板，这个尺寸是非常必要的检验尺寸。

内侧缝

» 在两腿之间，从腿的底部测量至裆底。

» 在传统的测量中，用皮尺在两腿之间，从腿的底部测量至裆底。

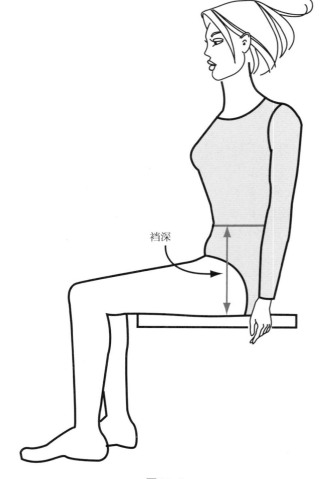

图13-3

设计两省的裤子基础纸样

在现代的服装生产企业，这种基本纸样作为小码或中码使用。其特点是外侧缝和内侧缝完美平衡，使缝合线自然流畅，裤腿顺直。裤子基础纸样的变化设计，可以通过改变裤腿、裤腰、腰头、口袋、活褶和褶裥得到不同造型。

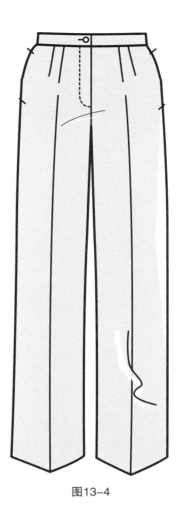

图13-4

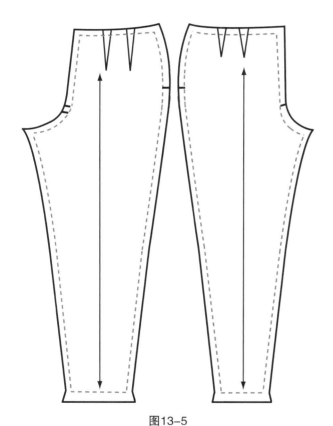

图13-5

① 把网格打板纸剪成长127cm（50英寸）、宽76.2cm（30英寸）。

② 距离右侧边缘12.7cm（5英寸）绘制前中线，长度为从前腰点至地面的距离减2.5cm（1英寸），在顶端和底端做十字标记。

③ 在前中线的最底端，绘制一条水平的脚踝线。

④ 沿前中线，距离前腰点向下测量17.8cm（7英寸），绘制水平的臀围线。

⑤ 在臀围线上，测量从前中到臀部前侧的距离，做侧缝与臀围交点处的标记。

⑥ 从侧缝与臀围交点处的标记处，沿臀围线测量后臀围，在后中做标记。

⑦ 在侧缝与臀围交点处的标记处，绘制竖直的侧缝线。按照侧腰点至地面的距离减2.5cm（1英寸）的长度，从脚踝开始绘制竖直线至腰围处，标记为侧缝线。

⑧ 在后中与臀围的交点处，垂直绘制后中线。按照后腰点至地面的距离减2.5cm（1英寸）的长度，从脚踝开始绘制竖直线至腰围处，标记为后中线。

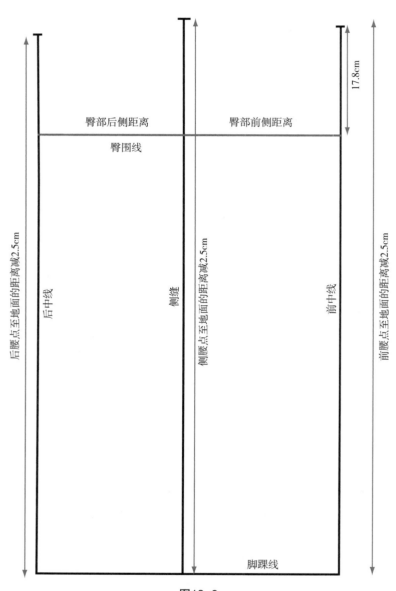

图13-6

9 连接前中线、侧缝线和后中线的顶端，绘制腰线。

10 在前、后侧腰处，向裤片内收1.3cm（$\frac{1}{2}$英寸）并做标记，通过1.3cm（$\frac{1}{2}$英寸）标记处（用大刀尺）绘制新的侧缝线至臀围线位置。

11 在腰线的后中处，向上抬高1.3cm（$\frac{1}{2}$英寸）、向裤片内收1.3cm（$\frac{1}{2}$英寸）并做标记，从臀围线往上至新的腰线标记处，绘制新的后中线，重新调整后腰线。

12 用裆深尺寸绘制横裆线。测量从侧腰至脚踝线的长度，取其四等分绘制水平线，穿过前、后中线并长出几英寸作为横裆线。

13 从脚踝线至横裆线距离的一半处绘制水平线，即在中间绘制水平中裆线。

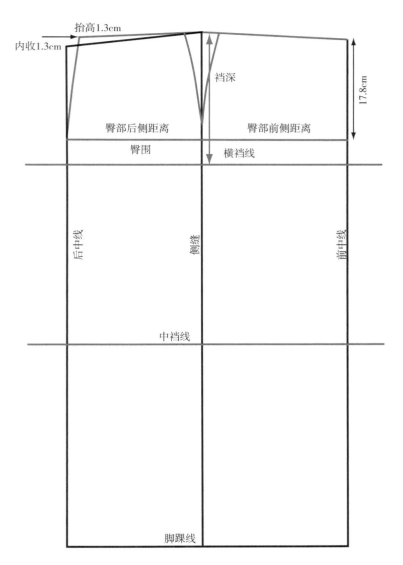

图13-7

⑭ 绘制前裆弯线：

　a 在横裆线上，测量从侧缝线至前中线的距离，并将其四等分，距离前中线取四分之一量，向外延长横裆线。

　b 在前中线和横裆线的交点处，沿45°方向绘制一条3.2cm（$1\frac{1}{4}$英寸）长的线，并做标记。

　c 用法式卷尺，连接前中线、3.2cm（$1\frac{1}{4}$英寸）标记点、横裆线的延长端，绘制前裆弯线（如图所示）。

⑮ 绘制后裆弯线：

　a 在横裆线上，测量从侧缝线至后中线的距离，并将其二等分，距离后中线取二分之一量，向外延长横裆线。

　b 在后中线和横裆线的交点处，沿45°方向绘制一条4.5cm（$1\frac{3}{4}$英寸）长的线，并做标记。

　c 用法式卷尺，连接后中线、4.5cm（$1\frac{3}{4}$英寸）标记点、横裆线的延长端，绘制后裆弯线（如图所示）。

⑯ 检查裆弯线的长度：在基础纸样中，测量前、后裆弯线的长度，相加的长度必须与前面在人台上测量的裆弯长度一致。如果误差超过3.8cm（$1\frac{1}{2}$英寸），检查尺寸和操作中可能存在的错误。

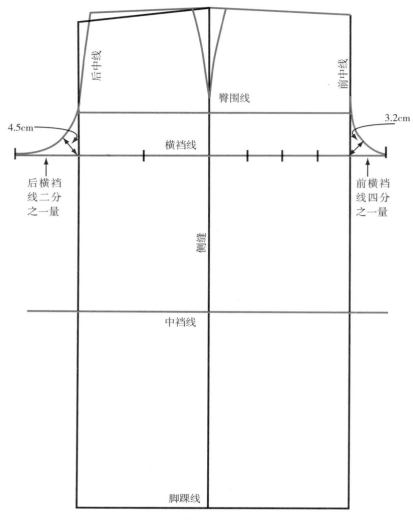

图13-8

17 绘制前片的经向线：将前横裆宽度二等分，在其中点处绘制一条垂直的经向线（从腰围至脚踝处）。

18 绘制后片的经向线：将后横裆宽度二等分，右侧加1.3cm（$\frac{1}{2}$英寸）处，绘制一条垂直的经向线（从腰围至脚踝处）。

19 计算前腰省：

a 从前中线至侧缝线方向，取腰围尺寸的$\frac{1}{4}$长度并做标记。

b 从侧缝至$\frac{1}{4}$腰围的标记处的距离，就是所有的省量（两省的设计平均分配）。

20 绘制前腰省：

a 在前片的经向线上设置第一个腰省，左右均匀取省宽的一半做标记，并绘制腰省。

b 距离第一个腰省3.8cm（1$\frac{1}{2}$英寸）（较小尺码距离为3.2cm（1$\frac{1}{4}$英寸）设置第二个省，左右均匀取省宽的一半做标记，并绘制腰省。

c 绘制每个腰省的中心垂直线，省长10.2cm（4英寸），并标记所有关键点。

> 注 前腰省的长度，可以依据具体设计而定，最长不超过12.7cm（5英寸）。

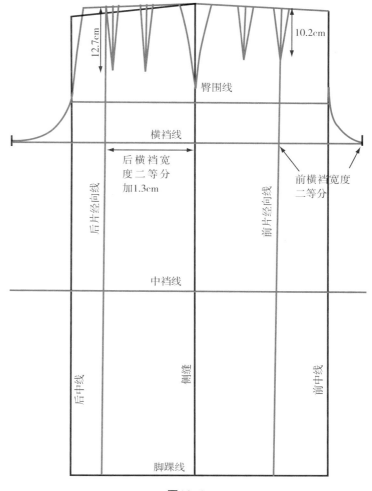

图13-9

21 计算后腰省。从后中线至侧缝线方向，取腰围尺寸的$\frac{1}{4}$长度并做标记。从侧缝至后中线方向取$\frac{1}{4}$腰围做标记处的距离，就是所有的省量（两省的设计平均分配）。

22 绘制后腰省：

a 距离后片的经向线0.6cm（$\frac{1}{4}$英寸）处设置第一个腰省，并标记后腰省宽。

b 距离第一个腰省3.8cm（1$\frac{1}{2}$英寸）［较小尺码距离为3.2cm（1$\frac{1}{4}$英寸）］处设置第二个省，并标记后腰省宽。

c 绘制每个腰省的中心垂直线，省长12.7cm（5英寸），如图所示连接各点。

> 注 后腰省的长度，可以依据具体设计而定，最长不超过15.2cm（6英寸）且比前腰省长2.5cm（1英寸）。

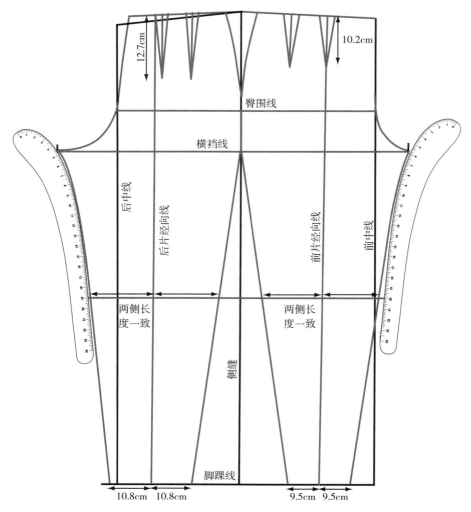

图13-10

23　绘制裤脚口：

a 测量脚踝处的围度，并将其二等分。加1.3cm（$\frac{1}{2}$英寸）为后裤脚口尺寸，减1.3cm（$\frac{1}{2}$英寸）为前裤脚口尺寸［前裤脚口的宽度应该比后裤脚口的宽度小2.5cm（1英寸）］。

b 在前、后片的经向线两侧，分别标记裤脚口宽度的一半。

c 例如：脚踝围度为40.6cm（16英寸）［前裤脚口宽19.1cm（7.5英寸），后裤脚口宽21.6cm（8.5英寸）］。

标记：

» 在前片经向线的每一侧9.5cm（$3\frac{3}{4}$英寸）处做标记。

» 在后片经向线的每一侧10.8cm（$4\frac{1}{4}$英寸）处做标记。

24　绘制前、后外侧缝线：连接脚踝处的标记至侧缝的横裆线位置（这条线是新的侧缝）。

25　绘制前、后内侧缝线：

a 在中裆线上测量从侧缝到经向线的长度，延长另一侧至这个长度并做标记。

b 用一个更长的尺子，连接脚踝处的标记和中裆线处的标记。

c 用大刀尺，从横裆线至中裆线绘制内侧缝线。

26 调节前、后内侧缝：

a 把前、后内侧缝线对齐，别住裤脚口和中裆线（如果把这两个对位点端别在一起时，纸样扭曲变形，那么制板过程中至少有一处错误，或者是线条没完全垂直）。

b 当内侧缝别合恰当时，在前、后内侧缝线与横裆线的交点处做标记。如果这两个位置不匹配，就将误差量均分并绘制新的内侧缝标记。从横裆线至中裆线，绘制新的内侧缝线，且前、后内侧缝线的形状和长度保持一致。

注 如果误差超过1.0cm（$\frac{3}{8}$英寸），那么测量或立体裁剪操作过程中存在问题。

---

27 裁剪样板，加缝份。

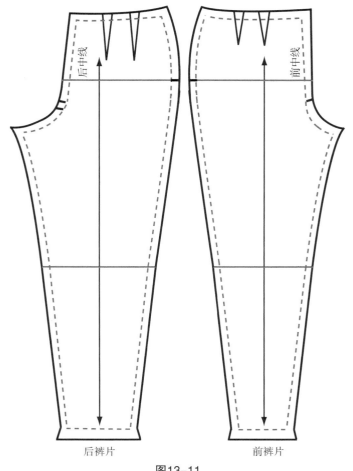

后裤片　　　　　前裤片

图13-11

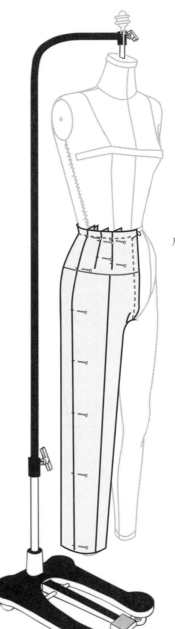

图13-12

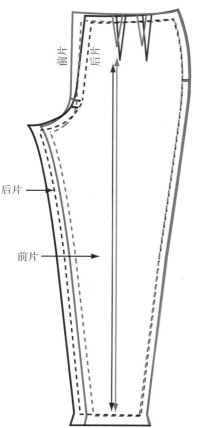

前片 后片

后片

前片

图13-13

28 检查裤子的合体度：

a 一旦制板完成，就要检查内侧缝和外侧缝的形状和长度是否一致。当把前、后外侧缝别在一起时，内侧缝应该平行，与此同时，经向线也应该平行。标记所有缝合处的对位点。

b 把裤子前、后外侧缝和内侧缝处别住，将裤子放回人台并检查精确度。

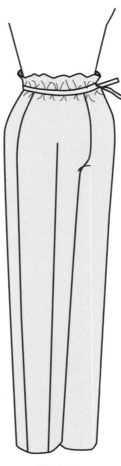

图13-14

人体合体度

　　当在人台或顾客身上进行合体度的检查时，设计者必须缝合完整的裤子。为了达到非常合体，需要在腰头上加2.5cm（1英寸），检查并匹配人台上腰的位置和设计的风格要点（省、活褶、褶裥）。

　　还要检查腰线左、右舒适度，以及腰线的形状、裤子的松紧度、裆深、裆的合适度、裤腿造型，并调节内侧缝和外侧缝。

　　更多人体上的合体度检验操作细节，请参照第20章。

图13-15

裤子的款式变化：腰线的细节设计

两省设计转变为单省设计的腰线

只做一个腰省，同时从臀部位置到腰部重塑侧缝线，多余的省量捋顺至侧缝，调整其形状。

裤子的款式变化

以下立体裁剪原则，是解决用基础纸样进行裤子风格变化设计的方法。学会一系列基础纸样的变化原则，结合色彩与面料的搭配，就会创意无限。裤腿的宽度、饱满度、长度都会随时尚季节变化，但万变不离其宗，裤子的基础轮廓不会变。

搭配不同的布料、腰线细节、腰带、口袋、拉链的处理、边缘的长度、裤腿的宽度，都能进行创新设计，增强裤子的设计感。

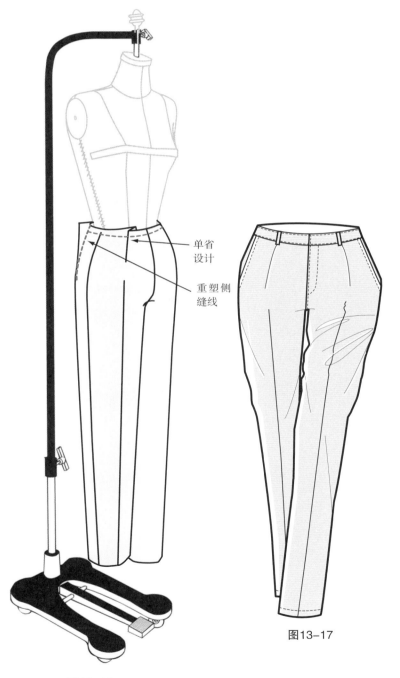

单省设计

重塑侧缝线

图13-17

图13-16

两省设计转变为其他形式的腰线

为了增加腰部的体积感，需要从臀围线处开始添加更多的纬向松量。沿臀部水平线方向，添加更多的布料（省、褶裥、活褶、碎褶等），进行多样的腰线设计。

从横裆向上到前中线捋顺布料，固定褶势。清楚设计的腰线风格，将所有的变化转移至纸样上，加缝份并完成拓板。

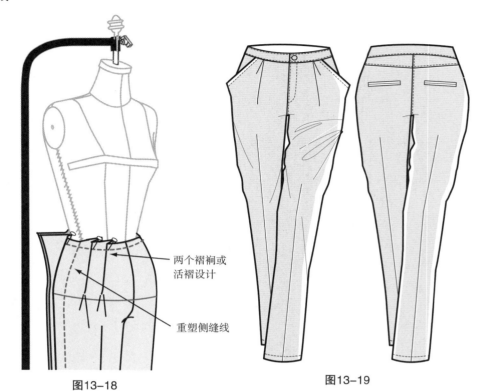

两个褶裥或活褶设计

重塑侧缝线

图13-18

图13-19

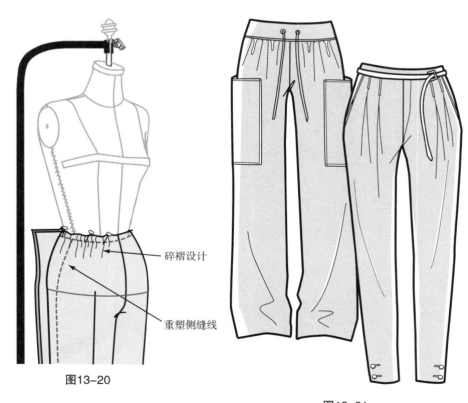

碎褶设计

重塑侧缝线

图13-20

图13-21

裤子的款式变化：裤腿形状

裤腿形状和长度的变化

裤子可以设计为任意长度和宽度。

» 从臀围线上将前、后侧缝别在一起。

» 从臀围线下设计裤腿形态，并别合外侧缝。

» 从横裆线下设计裤腿形态，并别合内侧缝。

» 将这些变化转移到纸样上，加缝份并完成拓板。

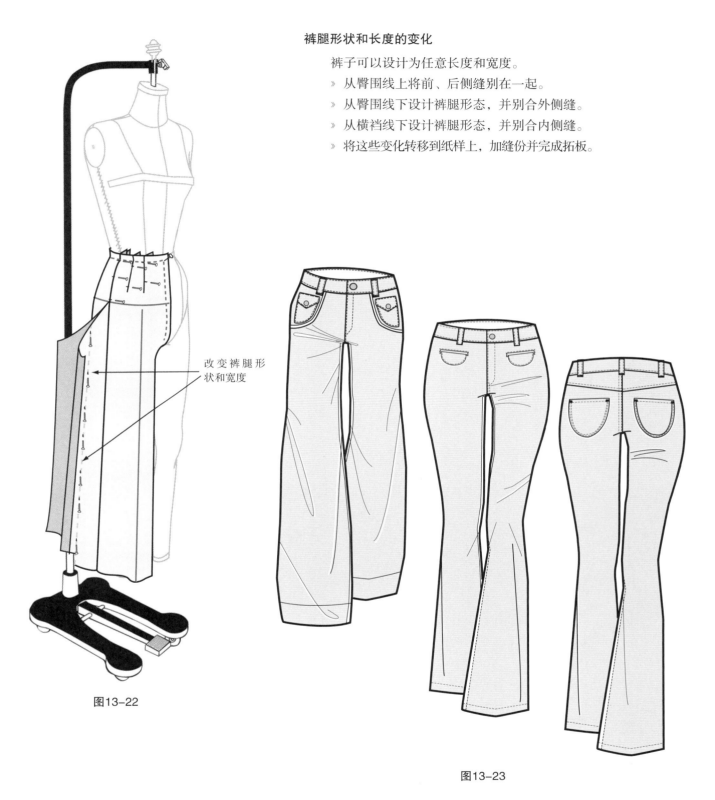

改变裤腿形
状和宽度

图13-22

图13-23

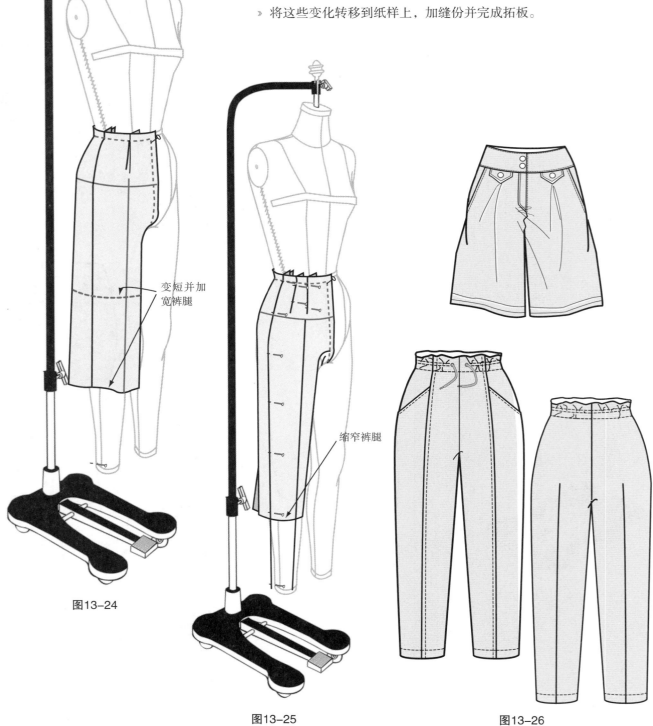

裤子的款式变化：裤长

改变裤子的长度，很容易改变其外形。如下图所示，根据长度分类，以下的操作实例是常规的长度和形状。

» 确定设计的长度。

» 如前描述，改变裤腿的宽度。

» 将这些变化转移到纸样上，加缝份并完成拓板。

变短并加宽裤腿

图13-24

缩窄裤腿

图13-25

图13-26

第14章

针织衫设计

针织衫设计

针织衫给人以轻松的着装感受，兼具运动风范和时尚感。时尚的针织衫设计，可以呈现出完美的女性线条、异想天开的创意、怀旧风格或一种轻快的运动外型。

简单的T恤衫，就是时尚风格的代表之一，设计者应该学会如何去完善其设计。针织衫设计的松量分为：紧身、合体和宽松的造型，可结合不同的轮廓、领线造型和袖口风格。

最新的双面针织面料，可用于制服和裙子的量身定制，也可用于T恤或运动衣的随意设计，或者用于温婉动人的晚装设计。肩上加垫肩的设计，设计者的目的在于让肩部成为设计重点。一件针织衫经过缝制、染色、成型等工艺流程，被赋予了特有的情感，适合不同场合和环境。

针织面料可用于制作任何服装，只要与设计相契合。面料的选择取决于针织衫的流行程度，包括设计的认可度、风格品类和设计细节。具体参见第13～14页，针织面料的分类说明。

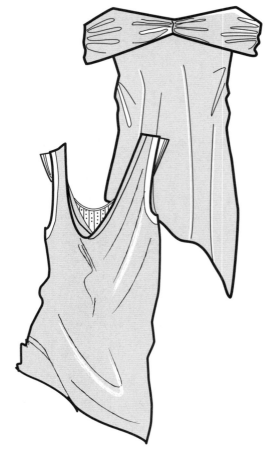

图14-1

学习目标

通过本章的学习，设计者应该学会：
- » 理解布料不同纱向的伸缩性，便于进行无省的针织衫设计。
- » 根据针织面料的伸缩率，完成针织样板合体度和形态的探索。
- » 在人台上熟练操作针织布料。
- » 针织布料易于设计贴体服装，而不需要省或分割线。
- » 不要过度拉扯针织布料，保持其纹理，使其造型自然顺滑。
- » 理解完成后的样板合体度和造型。
- » 进行针织衫的创新设计，如紧身连衣衫、贴身制服、窄腿裤等。
- » 掌握如何使用柔软的布料进行设计，并表达出婀娜多姿的风格。
- » 校准并检查立体裁剪操作步骤，协调合体度、悬垂性、平衡和比例的关系。

伸缩及回弹率

一件品质优良的针织服装，有伸缩及回弹率，或叫作记忆功能，可以保持服装原有的廓型。每一种针织面料都应单独地分析其伸缩及回弹率，以便使用时明确其松量的大小。大部分的针织面料，在不同的纱向有不同的伸缩及回弹率。因此，设计者在设计和进行立体裁剪时，都必须了解其伸缩率。

针织面料在走针方向（我们称为横向或者纬纱）和条干方向（近似于经纱或者线圈纵向排列方向）都有伸缩。根据针织面料的织造过程、尺寸标准（针脚的大小）和极微重量（纱线的重量）的不同，伸缩率的大小和方向都各不相同。伸缩率是指每英寸面料伸展的最大宽度或长度。针织面料伸缩率的范围从18%~100%不等。回弹率是指针织面料在伸缩变形之后，恢复到原来形状的程度。回弹率高的针织面料拉伸后释放时，会恢复到原来的宽度和长度，这就意味着它们用久了还能保持原有的形状。

确定针织面料的伸缩率

确定针织面料的伸缩率，就是指在制板时要考虑的松量（宽度和长度）。特别注意的是，样板宽度方向上的松量要大于长度方向上的松量。沿着布料宽度（纬纱）折叠，在20.3cm（8英寸）两端别大头针，两只手拿着面料分别在一端的大头针处，慢慢地拉伸针织面料到最大位置处，但不能扯破。先测量宽度伸缩量，然后测量长度伸缩量。

确定针织面料的回弹率

回弹率是针织物在拉伸变形后，恢复到原来形状的程度。回弹率高的针织面料拉伸后释放时，会恢复到原来的宽度和长度，这就意味着它们用久了还能保持原有的形状。当放开织物的时候，再次拉伸织物进行测量，这就是宽度方向的回弹性，然后测量长度方向的回弹率。

表14-1　按照伸缩率分类的针织面料

针织面料	原长	拉伸
伸缩率小的针织面料： » 伸缩量很有限（小于或等于18%的伸缩率） » 常用于常服的上衣、裙子和裤子 » 双面针织面料的伸缩率很小		
伸缩率中等的针织面料： » 兼具伸缩率小的针织面料和伸缩率大的针织面料的特性（大约25%的伸缩率） » 穿着舒适，依身塑型，非常合体 » 常用于运动装或外套		
伸缩率大的针织面料： » 像乳胶或氨纶纤维这样的针织面料（50%的伸缩率） » 重量轻 » 常用于束身的设计，如泳衣、贴身衣物、连体衣、连体紧身裤等		
超级弹力的针织面料： » 100%的伸缩率 » 常见的有罗纹针织面料和100%的氨纶织物 » 常用于运动量大的运动装、泳装和舞蹈装		

针织上衣、裙子的基础纸样

　　针织上衣、裙子的基础纸样就是指紧身服装原型，可以展示人体优雅的曲线，没有省或者复杂的分割线结构，穿着舒适。针织紧身衣原型是长至臀部的纸样，可以选择合适的针织面料进行立体裁剪造型。在原型的基础上，可以随意调节领口线、袖长、设计线和下摆长度。与机织面料的上衣原型对比，针织面料原型的领口线、袖窿弧线、袖片等，尺寸都相对小些，因为针织面料有弹性。

　　如前所述，不同伸缩率的针织面料适合做不同品种的服装。因此，设计者在设计和立体裁剪操作前，要了解面料的伸缩量。最新的双面针织面料，可用于制服和裙子的量身定制，也可用于T恤或运动衣的随意设计，或者用于温婉动人的晚装设计。肩部加垫肩的设计，设计者的目的在于让肩部成为设计重点。一件针织衫经过缝制、染色、成型的工艺流程，被赋予了特有的情感，适合不同场合和环境。

图14-2

针织上衣、裙子的基础纸样：准备布料

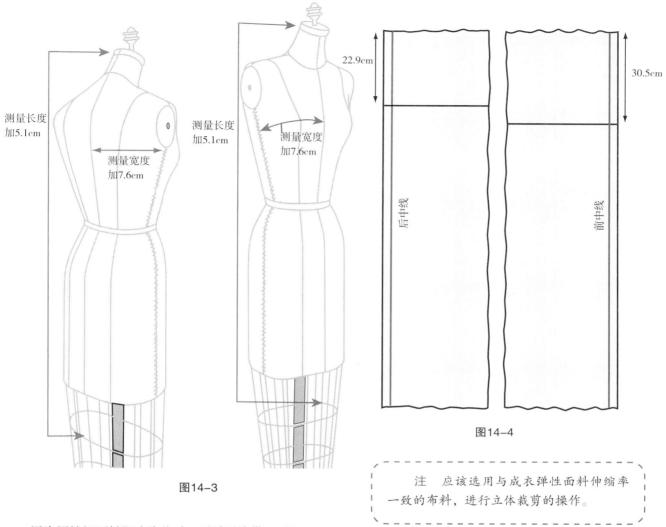

图14-3

图14-4

因为用针织面料塑造胸凸时，不需要胸带，可以从人台上取掉。

1 在人台上，测量从前、后颈口至衣长的距离，加5.1cm（2英寸）就是布料的长度。

2 在人台上，测量从前中、后中至侧缝的距离，加7.6cm（3英寸）就是布料的宽度。

3 距离布边2.5cm（1英寸），绘制前、后中线，保持布料平整。

4 距离布料上端30.5cm（12英寸），绘制前片纬向线。

5 距离布料上端22.9cm（9英寸），绘制后片纬向线。

针织上衣、裙子的基础纸样：立体裁剪步骤

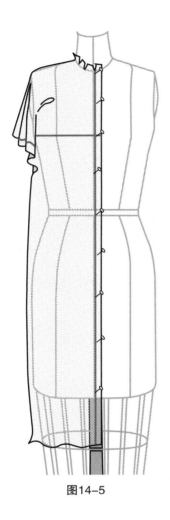

图14-5

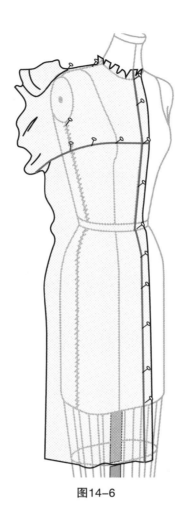

图14-6

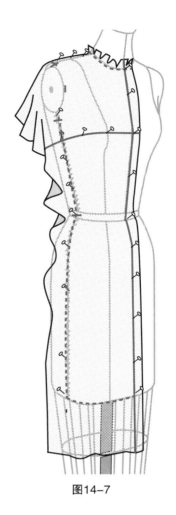

图14-7

1. 对齐布料与人台的前中线，并固定。
2. 对齐胸围线处的纬纱，间距大约5.1cm（2英寸）固定。
3. 前领口线的立体裁剪。修剪前片的领口线，均匀打剪口，将顺布料盖过肩线。

4. 前肩线和袖窿弧线的立体裁剪。
   a 将顺布料盖过肩线。
   b 将顺所有余量，盖过臂板，布面平整。

注 在立体裁剪操作中，确保去掉所有余量。

5. 前侧缝的立体裁剪。沿纬纱在腋下部分将顺布料至侧缝，修剪理想的侧缝形态。
6. 在布料上标记与人台对应的所有关键部位：
   a 前领口线。
   b 臂板：
   » 肩点。
   » 臂板中点。
   » 标记侧缝与下摆的交点。
   c 前侧缝线。
   d 下摆线。

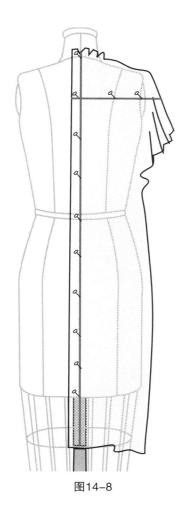

图14-8

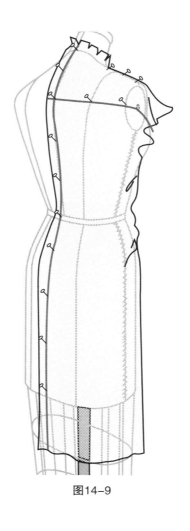

图14-9

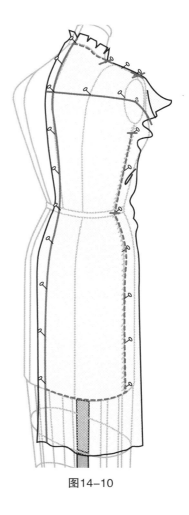

图14-10

⑦ 对齐布料与人台的后中线，并固定。

⑧ 对齐横背宽线处的纬纱，间距大约5.1cm（2英寸）固定。

⑨ 后领口线的立体裁剪。修剪后片的领口线，均匀打剪口，捋顺布料盖过肩线。

⑩ 后肩线和袖窿弧线的立体裁剪。向上捋顺布料盖过肩线，沿纬纱在腋下部分捋顺布料至侧缝。

⑪ 后侧缝的立体裁剪。捋顺侧缝处的布料，调整前、后侧缝的形态一致，并别合固定。

⑫ 在布料上标记与人台对应的所有关键部位：

a 后领口线。

b 臂板：

» 肩点。

» 臂板中点。

» 标记侧缝与下摆的交点。

c 后侧缝线。

d 下摆线。

13 把所有裁片从人台上取下，并
拓板。

a 腋下点下落2.5cm（1英寸），
增加0.6cm（$\frac{1}{4}$英寸）来确定
袖窿。

b 加缝份，并修剪多余的布料。

注 腋下点增加0.6cm（$\frac{1}{4}$英寸），
是确保袖窿弧线的顺畅。

注 前、后袖窿弧线调整平衡
后，测量其长度。后袖窿弧
线应该比前袖窿弧线稍长，
最好是多1.3cm（$\frac{1}{2}$英寸）。

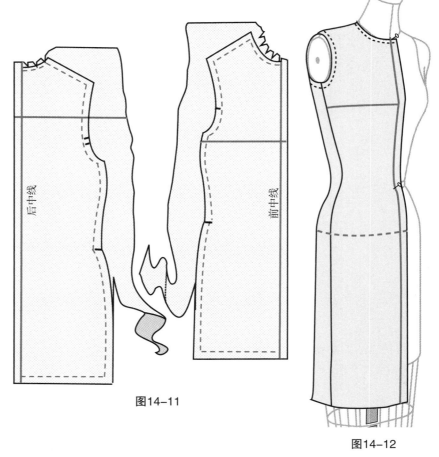

图14-11

图14-12

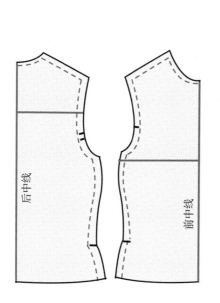

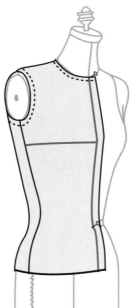

图14-13

14 将前、后肩线缝合在一起，在肩缝处垫
一条斜纹布带，用圆头针缝制。

15 将前、后侧缝线缝合在一起，采用"拉
伸缝合"技术，用圆头针缝制。

16 将缝制好的针织原型放回人台，并检查
其准确性、合体度和平衡感。

注 针织上衣的设计，可以直接裁
剪其长度进行调整。

针织T恤的基础纸样

针织T恤的基础纸样，需要调整腋下点与袖片匹配，详见第189~190页的操作，与机织T恤的方法近似。因为针织面料有弹性，需要减小针织面料原型的领口线、袖窿弧线和侧缝线的尺寸。

图14-14

针织T恤的基础纸样：拓板和校板

1. 参照第199页第10章，把原型板放置在针织布料上进行裁剪，别合肩线和侧缝线。

2. 将别合好的针织T恤放回人台，加大缝份重新匹配领部和肩部［大概在1.9~2.5cm（$\frac{3}{4}$~1英寸）］。这样就减小了领口线和袖山弧线的尺寸，减少的量就是针织面料的伸缩量。

3. 以2.5~3.2cm（1~1$\frac{1}{4}$英寸）的缝份重新缝合侧缝线，这样就减小了整体的尺寸，减少的量就是针织面料的伸缩量。

4. 参照T恤袖子原型，详见第202页第10章，袖片尺寸的减少量就是针织面料的伸缩量。

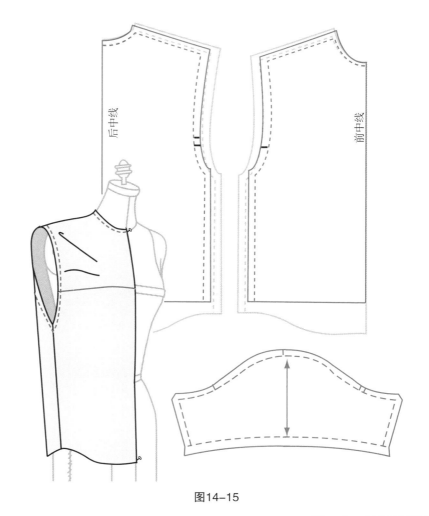

图14-15

针织袖子的基础纸样

针织袖子的基础纸样，是专门用来匹配紧身上衣的袖窿弧线。除了无袖设计，传统的针织运动装都有与之匹配的针织袖子。

无论是双面还是单面针织面料，在确定袖子尺寸时需要了解最大的伸缩量，并且要与针织紧身衣的袖窿弧线匹配。因此，当使用几乎没有伸缩量的布料时，在伸缩量小的方向上要加大尺寸 [增加0.3~0.6cm（$\frac{1}{8}$ ~ $\frac{1}{4}$ 英寸）为宜]。

针织袖子的基础纸样，可以直接变化成其他袖子造型，如臂膀健硕型和强调袖山型的袖子。针织袖子的基础纸样，可以变化袖原型得到，详见第93~95页，步骤①~⑬。用表格里的数据，前、后袖山的形状一样，这是因为袖窿弧线的形状非常近似。同时，针织袖子不需要做肘省。

图14-16

在设计针织袖子之前，需要了解下表中四个关键尺寸。

表14-2 针织袖子基础纸样的尺寸表

1. 全臂长（从肩线至腰围线水平的距离）		
尺码	8	10
全臂长	57.8cm	58.4cm
2. 袖山高（从腋窝至肩点的垂直距离）		
尺码	8	10
袖山高	13.3cm	13.7cm
3. 肘围（沿肘围处测量一周，加5.1cm的长度）		
尺码	8	10
肘围	10.8cm	11.1cm
4. 袖肥（沿上臂最大处测量一周，加5.1cm的长度）		
尺码	8	10
袖肥	13.3cm	13.7cm

注 8码或10码针织袖子的立体裁剪，可以参照表格里的尺寸。

针织袖子的基础纸样可以由机织袖子的基础纸样变化得到，详见第93~95页第5章，步骤①~⑬。同时参照表格里的尺寸。

1. 准备做袖山时，距离袖山底线1.3cm（$\frac{1}{2}$英寸）绘制袖肥线，不需要肘省。

2. 确定袖山曲线的对位点和长度，以袖山曲线的形态为参照旋转匹配袖窿弧线。参照第97~98页，旋转匹配和对位点设置的详细内容。如果袖山曲线短，可以在内侧缝上加尺寸。

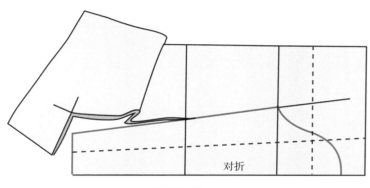

图14-17

3. 缝合袖子的内侧缝，然后与紧身衣缝合在一起。

4. 将衣身和袖子缝合后放回人台上，检查其平整度、顺畅度、合体性和平衡感。臂板部位不要有任何的褶痕和堆积量。

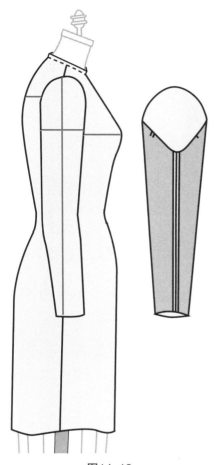

图14-18

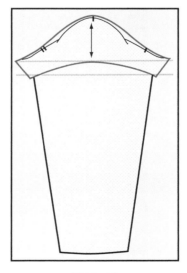

图14-19

袖子款式变化

　　用在针织服装中的普通袖子的袖山就是这样的，或者是臂膀健硕的袖型。如图所示，是完成后的臂膀健硕型袖子。用针织袖子的基础纸样，距离袖山底线1.3cm（$\frac{1}{2}$英寸）绘制袖肥线，形成新的袖山弧线和内侧缝线。更多的袖肥线旋转匹配细节，详见第100~101页。

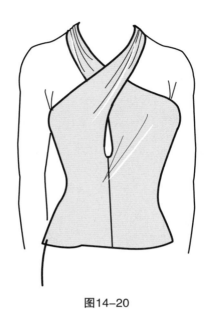

图14-20

袒肩露背式针织衫

袒肩露背式针织衫设计，与第136~137页的斜裁抹胸相似。不同之处在于布料、经纱和尺寸。这个设计实例中，前、后片合为一体，侧缝不分缝。几乎所有的轮廓线都是直丝方向，并用斜布条滚边，所以变形极小。

袒肩露背式针织衫：准备人台

» 因为用针织面料塑造胸凸时不需要胸带，胸带可以从人台上取掉。
» 用大头针或标识带，标记颈部和袖窿处的廓型线。

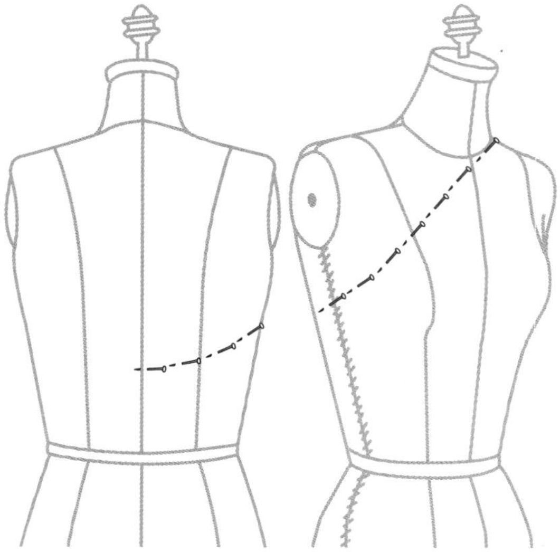

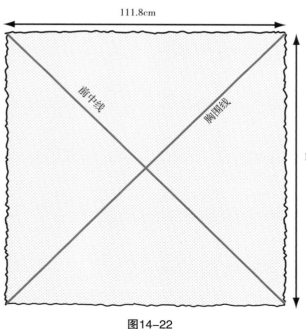

图14-21

袒肩露背式针织衫：准备布料

1　测量并剪一块边长111.8cm（44英寸）的正方形布料，足够整个前、后片的裁剪尺寸。

2　在布料的中间绘制互相垂直的斜向线，分别代表衣服上的前中线和胸围线。

111.8cm

111.8cm

前中线

胸围线

图14-22

袒肩露背式针织衫：立体裁剪步骤

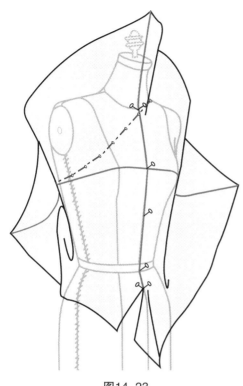

图14-23

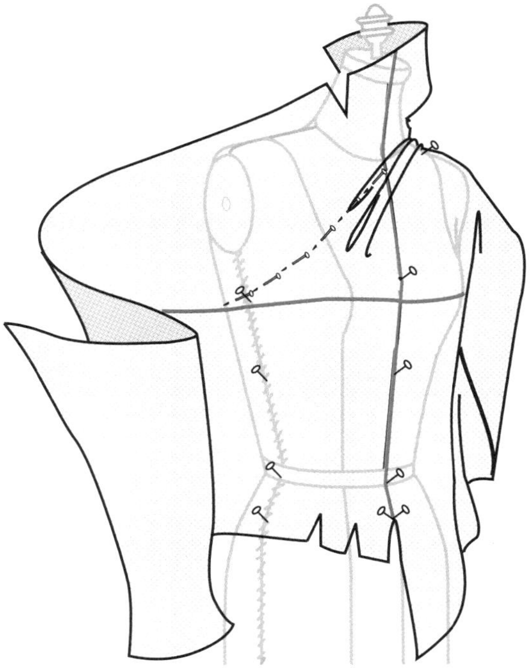

① 把布料上的前中线与人台的前中线对齐并固定，然后把布料和人台的胸围线对齐。

② 修剪、打剪口和立裁腰围线。捋顺两侧的腰线，并固定。

③ 向上捋顺所有余量至侧缝，多余的布料堆积于胸围线上的领部。

④ 沿之前标记的廓型线修剪掉多余的布料，留5.1cm（2英寸）的余量。

⑤ 捋顺并修剪袖窿处的布料。

⑥ 在领口处可以做对折、褶裥、活褶和碎褶，然后完成领后中线。

图14-24

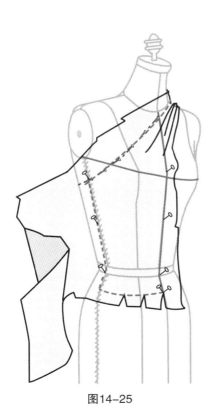

图14-25

⑦ 捋顺布料至侧缝处，然后经过侧缝将多余的布料延伸至后中线处。

⑧ 根据设计风格，修剪并调整后腰线处的布料。一旦达到效果，就不需要再做对位标记。

⑨ 在布料上标记人台对应的所有关键部位：

a 袖窿和领口造型线：根据造型线的风格特征，向上绕着的前、后领口线。

b 人台的侧缝线：用虚线做标记。

c 下摆线或腰围线：用虚线标记整个轮廓线。

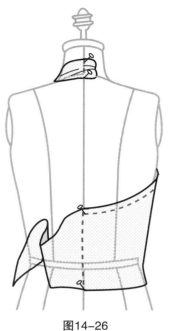

图14-26

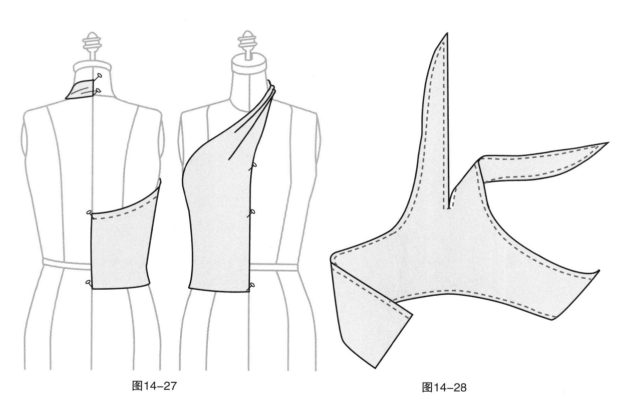

图14-27

图14-28

⑩ 拓板。从人台上取下裁片，校准所有的缝合线，加缝份修剪余量，别合前、后片。

⑪ 把完成的衣片放回人台上，并检查其精确度和合体性。

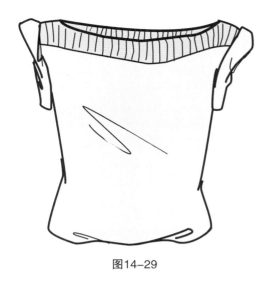

图14-29

一字领T型针织衫

　　一字领T型针织衫，廓型非常简洁。与一般的T型上衣相比，一字领针织衫的领型线设计，对于有没有育克分割线均可。如果设计有分离的育克，就可以选用罗纹针织物做育克部分。袖子的长度与形态，起到强调肩部设计的作用。

一字领T型针织衫：准备人台

» 用大头针或标识带，标记领型线或育克廓型线。

» 因为用针织面料塑造胸凸时，不需要胸带，胸带可以从人台上取掉。

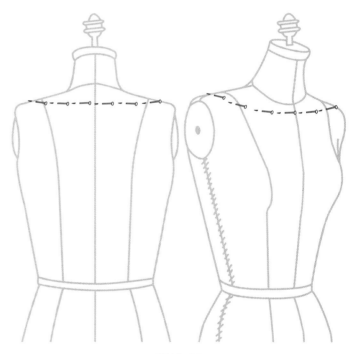

图14-30

一字领T型针织衫：准备布料

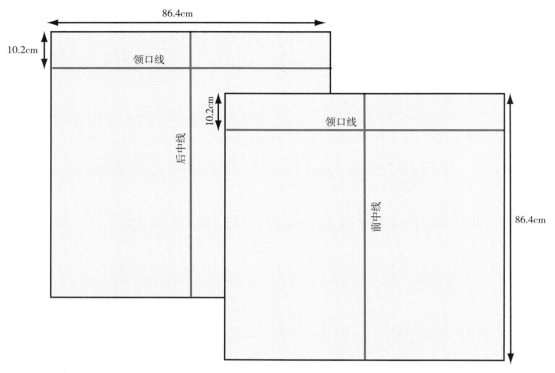

图14-31

① 测量并剪下两块边长86.4cm（34英寸）的正方形布料，足够整个前、后片的裁剪尺寸。

② 在每一块布料的中间绘制经向线，这条线就是T型针织衫的前、后中线。

③ 距离布料的上端10.2cm（4英寸），绘制纬向线，就是领口线的上缘线。

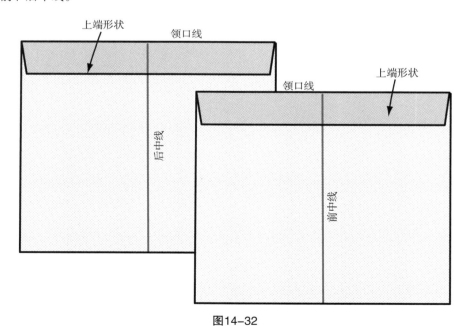

图14-32

④ 沿纬向线折叠，就是T型针织衫的上端形状。

一字领T型针织衫：立体裁剪步骤

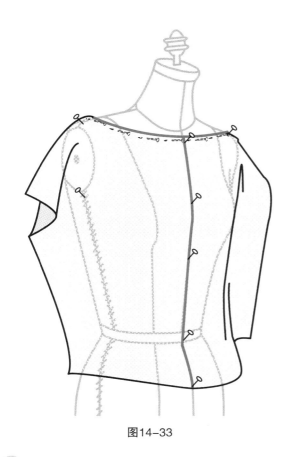

图14-33

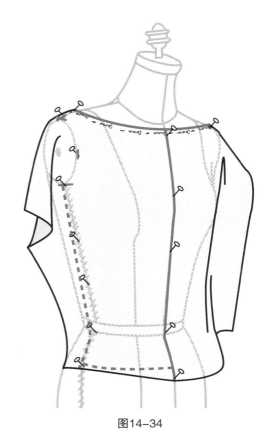

图14-34

① 把布料上的前中线与人台的前中线对齐，并固定。

② 把折叠边与人台的肩部领口线对齐，并固定。

③ 向上捋顺所有余量至肩线，并固定。

④ 人台右侧袖窿弧线的立体裁剪。捋顺侧缝和臂板以下所有多余的布料，并修剪掉。

⑤ 人台右侧侧缝线的立体裁剪。捋顺侧缝和臂板以下所有多余的布料，修剪理想的侧缝形态。

⑥ 在布料上标记与人台对应的所有关键部位：

　a 前肩线。

　b 臂板：

　　» 肩点。

　　» 臂板的中点。

　　» 标记侧缝与下摆的交点。

　c 前侧缝线。

　d 下摆线。

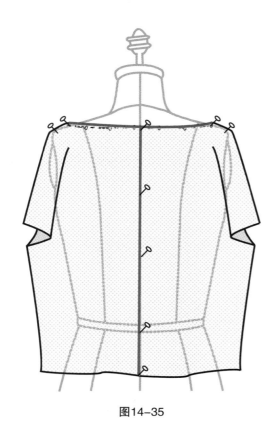

图14-35

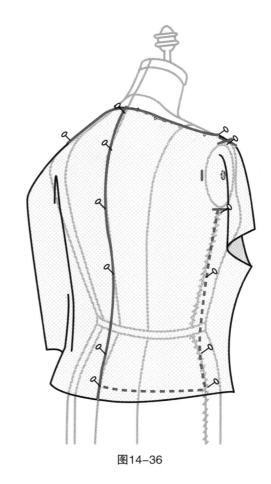

图14-36

⑦ 把布料上的后中线与人台的后中线对齐，并
固定。

⑧ 把折叠边与人台的肩部领口线对齐，并固定。

⑨ 向上捋顺所有余量至肩线，并固定。

⑩ 人台后袖窿弧线的立体裁剪。捋顺侧缝和臂板以
下所有多余的布料，并修剪掉。

⑪ 人台后侧缝线的立体裁剪。捋顺侧缝和臂板以下
所有多余的布料，修剪理想的侧缝形态。

⑫ 在布料上标记与人台对应的所有关键部位：

a 后肩线。

b 臂板：

» 肩点。

» 臂板的中点。

» 标记侧缝与下摆的交点。

c 后侧缝线。

d 下摆线。

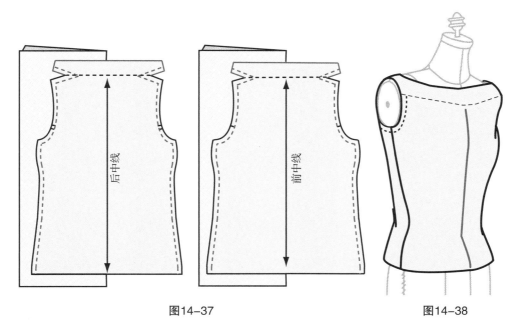

图14-37

图14-38

⑬ 从人台上取下裁片，并校准所有的缝合线。

  a 沿中心经向线折叠，校准所有的缝合线。袖窿弧线可参照第308页步骤⑬，确定针织面料的袖窿弧线，并加缝份。

  b 保持领线在折叠处的形态，确定设计的领线宽度［通常为6.4cm（$2\frac{1}{2}$英寸）］，其边缘最终收于袖窿处（如图所示）。

  c 打开领型线，使之平服。保持紧身衣在折叠处的形态，拓印没有标记的另一侧，并修剪所有多余的布料。

⑭ 将前、后肩线缝合在一起，在肩缝处垫一条斜纹布带，用圆头针缝制。

⑮ 将缝合好的衣片放回人台上，并检查其精确度、合体性和平衡感。

领型线的变化

    如果设计有分离的育克，就可以选用罗纹针织物做育克部分。具体操作时，距离领线折叠线5.1cm（2英寸），绘制一条平行线，裁下育克，并在育克和衣身上分别加缝份。

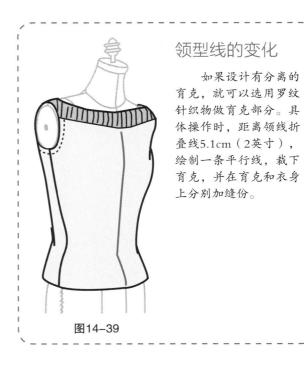

图14-39

不对称包裹式针织裙

当设计变得日渐复杂，不对称包裹式针织裙的学习，是设计优雅裙款的好工具，因为它的左、右侧都很独特别致。这件不对称包裹裙的褶倒向一侧，裙摆平服。裙前中的布料余量越大，其下方的布量就越少。它不需要设计开口，就可以穿脱自如，因为它的领口线很低，且针织面料有弹性。这种设计，廓型线的纱向一般为斜丝。同时，配以简洁的袖头或纤瘦的袖子，穿着舒适、外观平服。

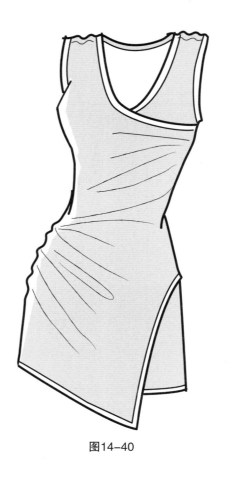

图14-40

不对称包裹式针织裙：准备人台

取下人台上的胸带，用大头针或标识带标记左、右领口线，同时还标记左、右领口轮廓线的延长线及裙身部分不对称的轮廓线造型设计。

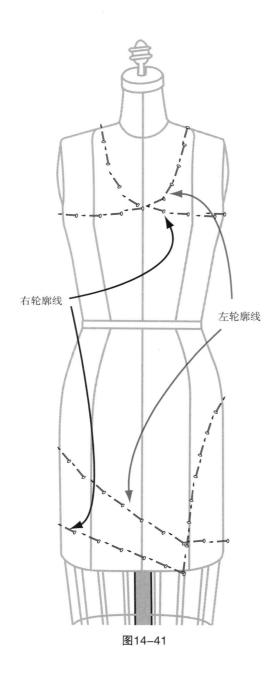

右轮廓线

左轮廓线

图14-41

不对称包裹式针织裙：准备布料

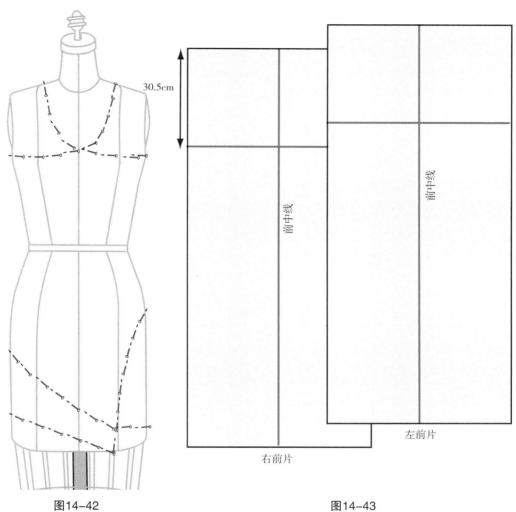

图14-42 · 图14-43

① 准备两块布料，用于左、右前片的立体裁剪。

  a 测量从肩线至裙子长度的距离，再加上7.6cm
    （3英寸）。

  b 在人台上测量前片的宽度。沿纬向线测量左、
    右侧缝间的距离，加15.2cm（6英寸）就是布
    料的宽度。

② 在每一块布料的中间，绘制经向线。

③ 参照本章的第305页，针织裙子基础纸样的立体
  裁剪操作来准备后片。

不对称包裹式针织裙：右前片的立体裁剪步骤

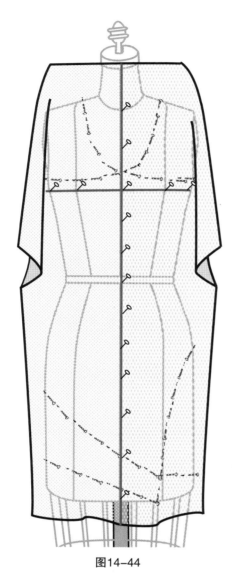

图14-44

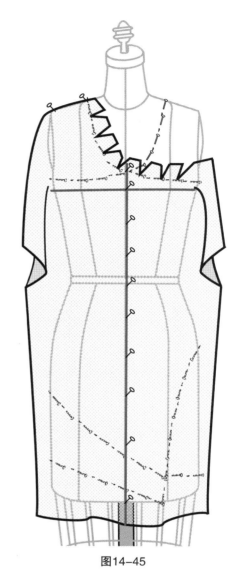

图14-45

① 把布料上的前中线与人台的前中线对齐并固定，然后把布料和人台的胸围线对齐，间隔5.1cm（2英寸）用大头针固定。

② 前片右领口线的修剪与立体裁剪。捋顺颈部的布料盖过肩线，修剪余量。

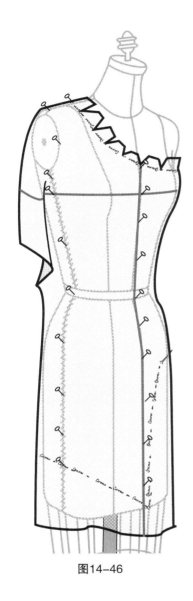

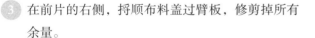

图14-46

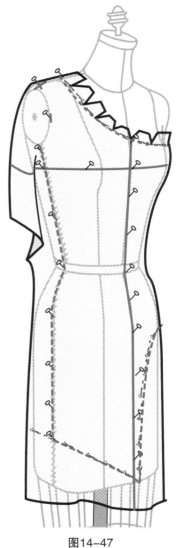

图14-47

3 在前片的右侧，捋顺布料盖过臂板，修剪掉所有余量。

4 前片左、右侧缝的立体裁剪。捋顺侧缝和臂板以下所有多余的布料至侧缝线，修剪理想的侧缝形态。

5 布料自然向下垂悬，依据设计风格在裙身部分进行不对称造型，并固定。

6 在布料上标记与人台对应的所有关键部位：

a 前领线。

b 右肩线。

c 臂板：

» 肩点。

» 臂板的中点。

» 标记侧缝与下摆的交点。

d 左、右侧缝线。

e 下摆线。

不对称包裹式针织裙：左前片的立体裁剪步骤

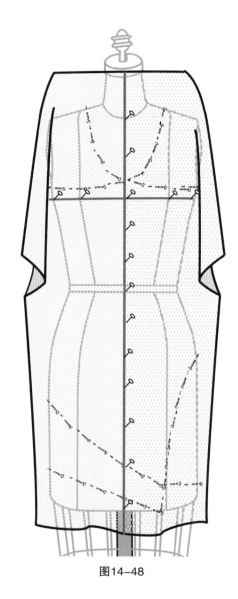

图14-48

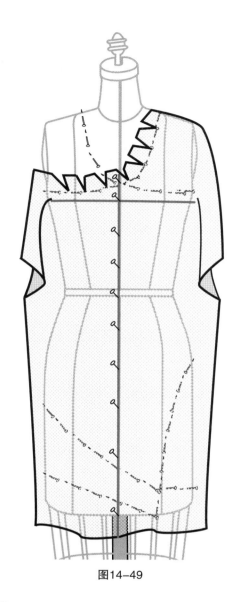

图14-49

① 把布料上的前中线与人台的前中线对齐并固
定，然后把布料和人台的胸围线对齐，间隔
5.1cm（2英寸）用大头针固定。

② 前片左领口线的修剪与立体裁剪。将顺颈部的布
料盖过肩线，修剪余量。

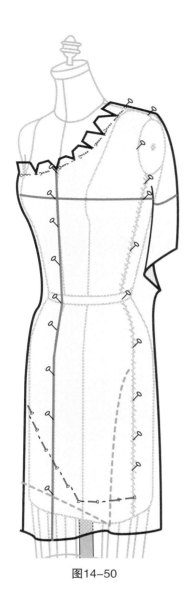

图14-50

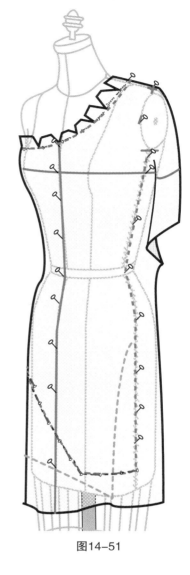

图14-51

③ 在前片的左侧，捋顺布料盖过臂板，修剪掉所有余量。

④ 前片左、右侧缝的立体裁剪。捋顺侧缝和臂板以下所有多余的布料至侧缝线，修剪理想的侧缝形态。

⑤ 布料自然下垂悬，依据设计风格在裙身部分进行不对称造型，并固定。

⑥ 在布料上标记与人台对应的所有关键部位：

a 前领线。

b 左肩线。

c 臂板：

» 肩点。

» 臂板的中点。

» 标记侧缝与下摆的交点。

d 左、右侧缝线。

e 下摆线。

不对称包裹式针织裙：后续立体裁剪步骤和拓板

① 从人台上取下裁片，并校准所有的缝合线。加缝份并修剪多余的布料，别合左、右前片。

② 将缝合好的衣片放回人台上，并检查其精确度、合体性和平衡感。

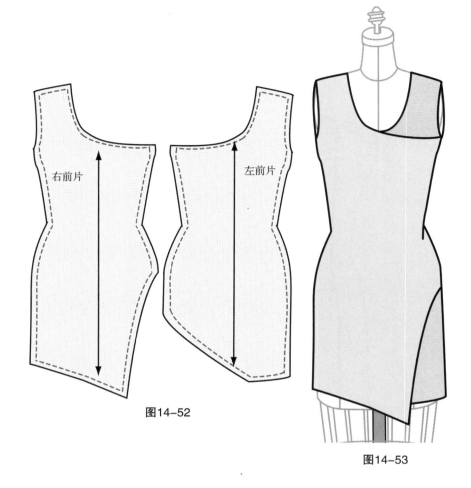

右前片　左前片

图14-52

图14-53

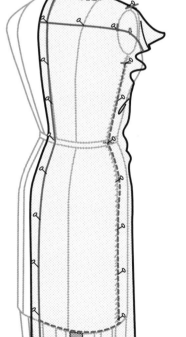

图14-54

③ 后片的立体裁剪。详见第307~308页，针织裙子基础纸样的后片立体裁剪步骤。匹配前、后肩缝线，绘制后领口的大致形状。同时，调整前、后侧缝的形态和尺寸一致。

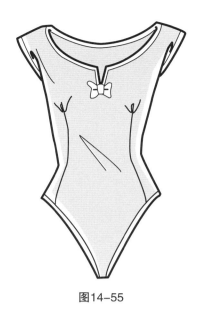

图14-55

紧身连体针织衫

　　紧身连体针织衫或泳装，是没有裤腿的上下一片裁剪的服装，有的会设计袖子。紧身连体针织衫，在运动服和泳装设计中是最常选用的款式。这种款式完全把腿显露出来，让设计者不必考虑腿型问题，自由发挥设计才能。针织面料如氨纶和莱卡，是紧身连体针织衫最好的选择。

紧身连体针织衫：立体裁剪步骤

　　紧身连体针织衫，是先从无省的针织上衣变化得到紧身造型，然后在人台上匹配并调整。这种快速且易操作的方法，是获得紧身连体针织衫精确裁剪的技巧。从紧身连体针织衫的纸样变化，可以设计出丰富的时尚款式。

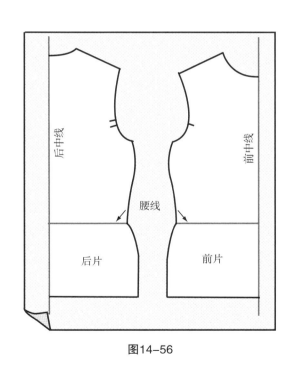

图14-56

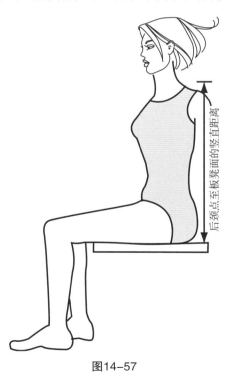

图14-57

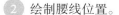 在打板纸上绘制前、后片。把适合的针织上衣基础纸样，拓印在打板纸上。

② 绘制腰线位置。

③ 自然坐下，测量从后颈点至板凳面的竖直距离，大约为68.6cm（27英寸），减去3.8cm（$1\frac{1}{2}$英寸）就是衣长。

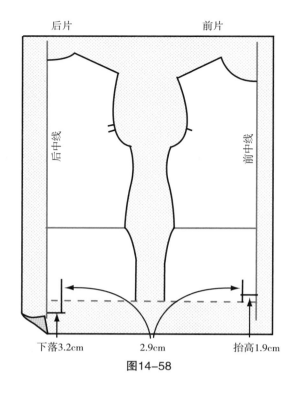

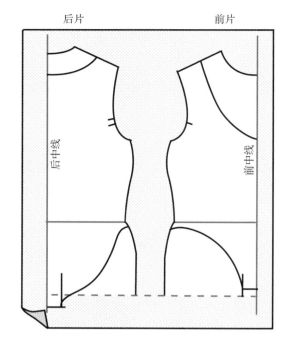

后片　　　　　前片

后中线　　　　前中线

下落3.2cm　　　2.9cm　　　抬高1.9cm

图14-58

后片　　　　　前片

后中线　　　　前中线

图14-59

④ 在打板纸上绘制衣长线。

　a 在打板纸上，从后颈点向下量取衣长，并做标记。

　b 在标记处，绘制横穿前、后片的水平线。

⑤ 绘制前裆弯。前片裆弯处抬高1.9cm（$\frac{3}{4}$英寸），并朝侧缝线量取2.9cm（$1\frac{1}{8}$英寸），做十字标记。

⑥ 绘制后裆弯。后片裆弯处下落3.2cm（$1\frac{1}{4}$英寸），并朝侧缝线量取2.9cm（$1\frac{1}{8}$英寸），做十字标记。

⑦ 绘制大腿根线。用法式弯尺，从裆弯的标记处开始，延伸出一个90°的角，并转动弯尺绘制大腿根线，最后止于侧缝处的腰线下方（如图所示）。

　注　确保遮住半边臀部，后片绘制的线型需要准确考量（如图所示）。

⑧ 用弯尺绘制前、后领口线。

　注　如果前领口线较低，那么后领口线就要高些，反之则低些。这是因为紧身连体针织衫在肩部会形成缝隙，容易滑落。

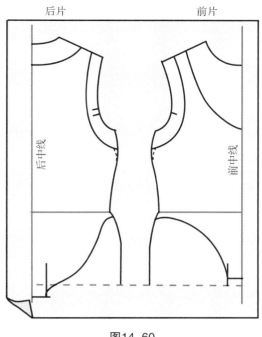

图14-60

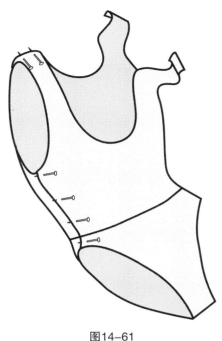

图14-61

9 用弯尺绘制前、后袖窿弧线，同时在原袖窿弧线上裁掉0.6cm（$\frac{1}{4}$英寸）宽，得到新的袖窿弧线，其形态与原袖窿弧线保持一致。

注 这样的操作，可以完全裁掉在袖窿处的布料余量。

10 裁剪完整的样板（从左至右），将前、后肩线，侧缝线和裆弯线别合在一起。

注 紧身连体针织衫样板面料的伸缩率，应该与针织上衣基础样板的伸缩率保持一致。

11 将紧身连体针织衫纸样放在有腿的人台上，轻轻固定中心线。

12 根据款式变化，调整和重新别合前、后肩线，侧缝线和裆弯线，并做标记。

13 再次确定所有的变更。从人台上取下裁片，校准所有的缝合线，加1.0cm（$\frac{3}{8}$英寸）的缝份。因为调整样板进行一系列的变化，需要绘制新的样板。

注 参看第337页的步骤④，关于大腿根部所需弹性的详解。

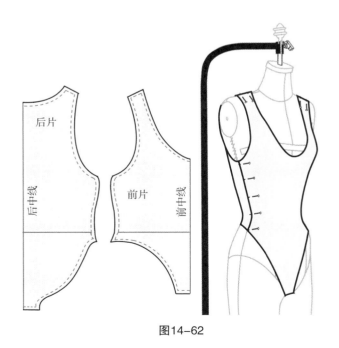

图14-62

针织连衣裤

　　针织连衣裤，是一般合体度的一片裁剪衣裤，有的会设计袖子。按照裤腿长度，可分为短裤、七分裤和长裤。

　　款式、实用性、舒适性，是紧身连衣裤的魅力所在。一片裁剪的紧身连衣裤适合时尚人士、运动爱好者和竞技运动员穿着。面料选择也极为丰富，如马海毛、纬编和经编针织面料都很适合。同时也可做成潜水衣，根据潜水衣的材质较厚重的特点，其样板尺寸需要稍微大一点。

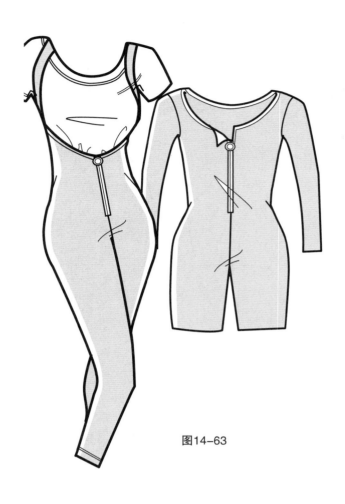

图14-63

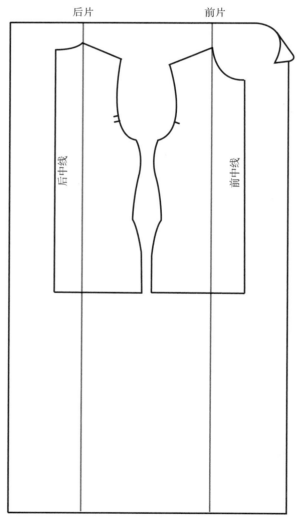

图14-64

针织连衣裤：立体裁剪步骤

　　针织连衣裤是先从无省的针织上衣变化得到合体造型，然后在人台上匹配并调整。这种快速且易操作的方法，是获得合体针织连衣裤精确裁剪的技巧。从针织连衣裤的纸样变化，可以设计出丰富的时尚款式。

1　裁下一块长152.4cm（60英寸）、宽76.2cm（30英寸）的打板纸。

2　在打板纸上，距离纸边27.9cm（11英寸），沿长度方向过侧颈点绘制两条经向线。

3　在打板纸上，绘制前、后片。把适合的针织上衣基础纸样，拓印在打板纸上，打板纸的经向线与纸样的中线平行。

④ 自然坐下，测量从后颈点至板凳面的竖直距
　离，大约为68.6cm（27英寸），减去2.5cm（1
　英寸）。

⑤ 自然站立，测量从后颈点至脚踝处的竖直距
　离，减去3.8cm（$1\frac{1}{2}$英寸）。

　注　由于针织面料伸缩率不同，量取的尺寸有
　　　所变化。

⑥ 将后颈点至板凳面的长度转移到后片上，用
　直尺从样板上的后颈点向下量取，标记长度位
　置，并绘制前、后横裆线。

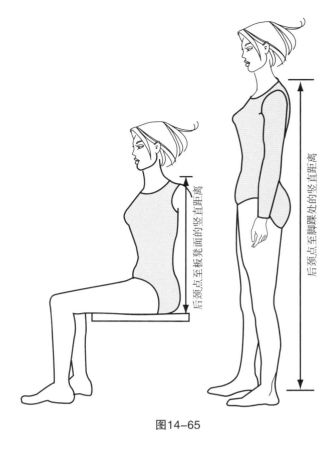

图14-65

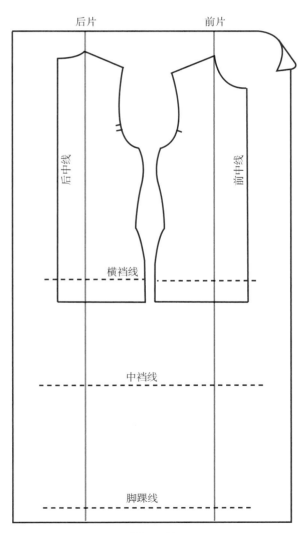

图14-66

⑦ 将后颈点至脚踝处的长度转移到后片
　上，用直尺从样板上的后颈点向下量
　取，标记长度位置，并绘制前、后脚
　踝线。

⑧ 绘制中裆线。

　a 测量从横裆线至脚踝线的距离，减
　　5.1cm（2英寸），将这个长度二等分，
　　加7.6cm（3英寸）。

　b 从脚踝线向上量取步骤a中的尺寸，绘
　　制前、后中裆线。

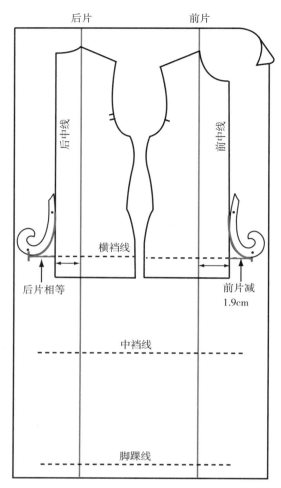

图14-67

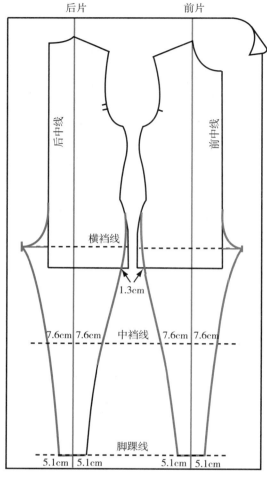

图14-68

9 完成裆弯线。

a 为了完成前裆弯线，测量从前中线处至经向线的距离，减1.9cm（$\frac{3}{4}$英寸）的长度延伸绘制在横裆线上。

b 为了完成后裆弯线，测量从后中线处至经向线的距离，其长度延伸绘制在横裆线上。

c 用法式弯尺，绘制裆弯延伸线至中心线直接的裆弯线。

10 完成裤腿造型。

a 在脚踝线与经向线交点的两侧各量取5.1cm（2英寸），并做标记。

b 标记新的侧缝位置。在横裆线上，外侧缝收进1.3cm（$\frac{1}{2}$英寸）。

c 在中裆线与经向线交点的两侧量各取7.6cm（3英寸），标记在中裆线上。

d 用大刀尺连接横裆线至中裆线的裤侧缝线。

e 绘制新的侧缝线，向上弯曲连接到腰线，向下弯曲连接到中裆线。用直尺连接从中裆线至脚踝线的裤侧缝线，保持上下顺畅的弯曲度。

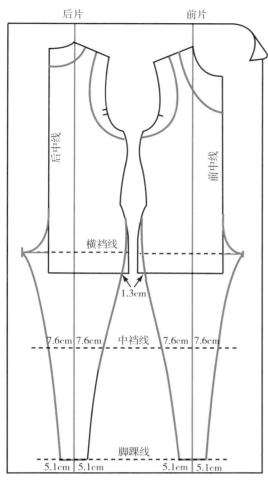

后片　　　前片

后中线　　前中线

横裆线

1.3cm

7.6cm 7.6cm 中裆线 7.6cm 7.6cm

脚踝线

5.1cm 5.1cm 5.1cm 5.1cm

图14-69

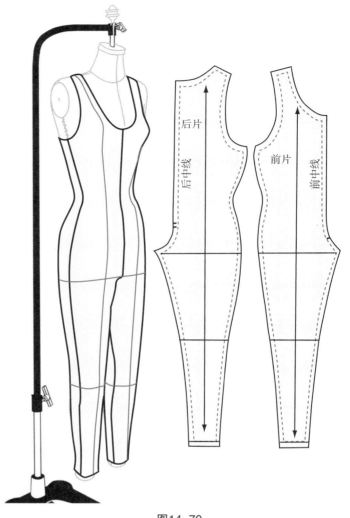

后片

后中线

前片

前中线

图14-70

用弯尺绘制前、后领口线。

⑪

注　如果前领口线较低，那么后领口线就要
　　高些，反之则低些。这是因为针织连衣
　　裤在肩部会形成缝隙，容易滑落。

⑫ 用弯尺绘制前、后袖窿弧线，同时在原袖窿
弧线上裁掉0.6cm（$\frac{1}{4}$英寸）宽，得到新的
袖窿弧线，其形态与原袖窿弧线保持一致。

⑬ 裁剪完整的样板（从左至右），将前、后肩
线，侧缝线和裆弯线别合在一起。

注　针织连衣裤样板面料的伸缩率，应该与
　　针织上衣基础样板的伸缩率保持一致。

⑭ 将针织连衣裤纸样放在有腿的人台上，轻轻
固定中心线。

a 根据款式变化，调整和重新别合前、后肩
线，侧缝线和裆弯线，并做标记。

b 再次确定所有的变更。从人台上取下裁片，
校准所有的缝合线，加1.0cm（$\frac{3}{8}$英寸）的
缝份。因为调整样板进行一系列的变化，
需要绘制新的样板。

针织窄腿裤

　　从合体性和实用性来看，针织窄腿裤是合体的、两腿分开的款式。有时在脚踝处设计有布条，踩在脚下。按照裤腿长度，可分为短裤、七分裤和长裤。窄腿裤已经存在了一个世纪，面料可选用皮革、尼龙和人造毛等。

图14-71

针织窄腿裤：立体裁剪步骤

　　针织窄腿裤，是由针织紧身连衣裤变化得到，做好后在人台上或者人体上十分贴身。

① 采取和紧身连衣裤相同的纱向。

② 使用腰部以下的部分。

③ 根据腰线的弹性，确定腰线上抬量从3.8~5.1cm（$1\frac{1}{2}$~2英寸）不等。

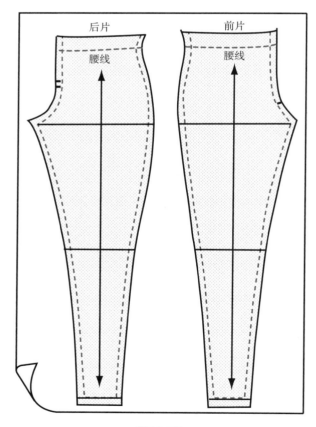

图14-72

针织窄腿裤：缝制步骤

① 松紧带的长度，是设计的腰线长度减去5.1cm（2英寸），在其末端重叠缝合牢固。

② 锁边或者卷边缝腰头的毛边。

③ 把松紧带与腰头的上边缘对位并固定，松紧带的伸缩量均匀分配在前中、后中和侧缝。

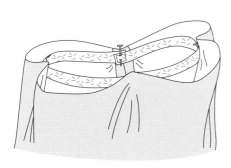

图14-73

④ 拉伸松紧带，用Z字缝型缝在腰头上。

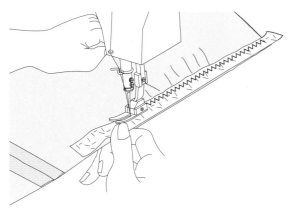

图14-74

⑤ 将腰头的缝份向内包住松紧带（腰头缝份的一半）。

⑥ 拉伸并缝合腰里的边缘。

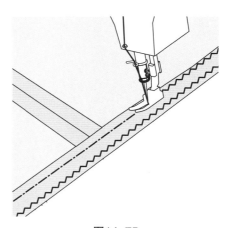

图14-75

⑦ 缝制完成后，将它放回到人台上或者人体上。

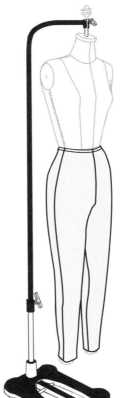
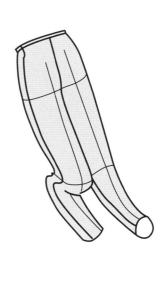

图14-76

针织内裤

由于穿着舒适，针织面料越来越受欢迎，并起着举足轻重的作用。轻薄的针织面料，使用在低腰裤、比基尼或内裤上，弹性也大不相同。如果设计得当、裁剪合体，就会带给着装者愉悦的感受。

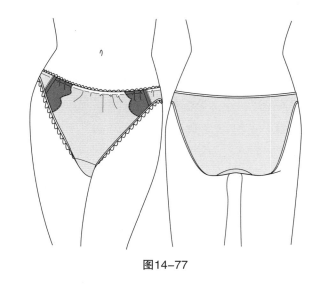

图14-77

针织内裤：立体裁剪步骤

针织内裤是由紧身连衣裤的纸样变化得来，缝合完成后，在人台上或者人体上都十分贴身。

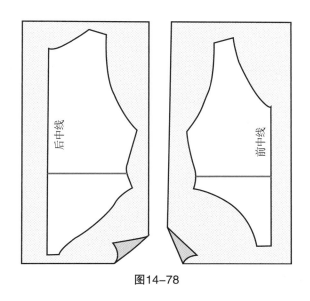

图14-78

① 根据前、后紧身连衣裤的样板，在一块新的打板纸上拓板。

② 在内裤纸样上，绘制前、后腰围线和臀围线。

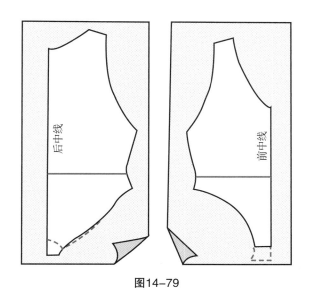

图14-79

③ 调整前、后裆弯线。

a 为了完成前裆弯线，延伸加大裆弯5.1cm（2英寸）（如图所示）。

b 为了完成后裆弯线，裁剪减下裆弯5.1cm（2英寸），并绘制一条新的凹进裆弯缝线（如图所示）。

c 在原来的前裆弯处裁剪裆弯缝合线。

d 在新的后裆弯处裁剪裆弯缝合线。

e 前、后裆弯缝合后，形成一个分割线。

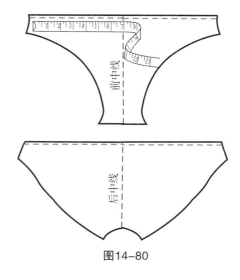

图14-80

④ 测量腰围线和大腿根处的松紧带。

　　a 腰围线和大腿根处的松紧带，应该比设计的长度少5.1cm（2英寸）。

　　b 缝制大腿根处的松紧带时，大约长度为55.9cm（22英寸）。

⑤ 从相同的紧身连衣裤上裁剪，可以做成一条完整的内裤。

⑥ 裆弯线和侧缝线的缝制。用拉伸缝制的方法，单针缝将松紧带缝制在腰头和大腿根处。减少在裆弯底部缝制的松紧量，后片要增加松紧量，这样保型性更好。

⑦ 内裤的最后合体度应该在人台上调整完成，将针织内裤穿在人台上，做必要的调整。

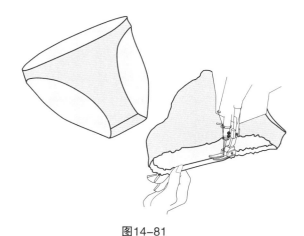

图14-81

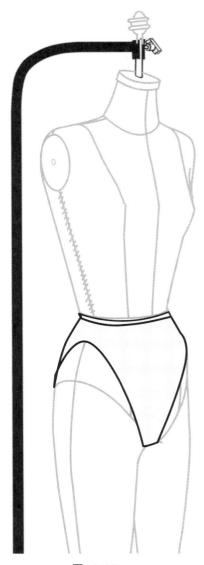

图14-82

第15章

领子和领口设计

领子和领口设计

领部设计是服装的重点。在大多数情况下，人们总是先关注到衣领，然后才是其他设计细节。在领子的设计中，集中精力学习领子的立体裁剪和调整，是非常重要的。

本章介绍各种各样的领子和领口造型。有的领子平躺在肩膀上，有的领子立在脖子的边缘。熟练掌握立体裁剪方法，设计师可以在传统领型的基础上，进行任意变化设计。设计师可以根据自己的想法改变领口的形状，从而设计出更时尚的样式。此外，设计师可以直观地观察到实际的宽度、形状，并进行调整，从而设计出领型的完美形态。

图15-1

学习目的

通过本章的学习，设计师应该能够：
» 设计出各种领型，并进行立体裁剪。
» 在进行领子的立体裁剪时，了解织物的经纬纱向与领子的关系。
» 平面的布料进行领子的立体裁剪后，其纬纱与后领口线一致。
» 立领、翻领、青果领、不对称领以及波浪领等立体裁剪。
» 用斜裁面料制作高领。
» 根据设计，进行外轮廓的造型。
» 拓板和评价成品的形状、宽度和合体度。

领子术语

平翻领、青果领或立领，由两部分构成，翻领和领座。领子外轮廓的形状，可以是圆形或方形的折线。常见有平领和翻领，包括一片翻领、立领、平翻领和水手领。

领子立体裁剪过程中的术语

领子立体裁剪过程要领：

领座 领子部分要高于领口线，其高度介于领口线与翻折线之间。

领翻折线 翻折线位于领座的上口，翻领沿翻折线扣倒在领座上，其位置决定了领子的高度。

领外口线 是指翻领的外轮廓线（相对于领口线而言）。

领口止点 通常与翻领、青果领、西装领有关，是控制驳头翻折线的起始点。

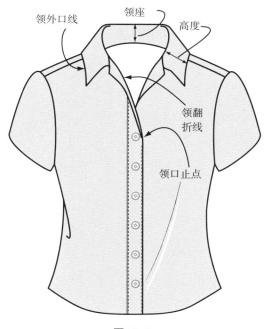

图15-2

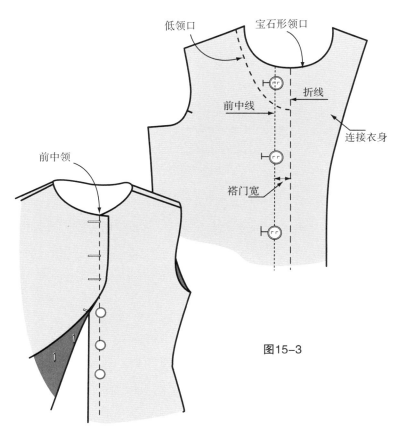

图15-3

领口的细节

宝石形领口的设计。宝石形领口的特点在于前颈点下落0.6cm（$\frac{1}{4}$英寸），后颈点不变。

低领口设计，是指前中线的领深加大后，调整领口形状与侧颈点衔接顺畅。当前领口降低时，后领口通常保持其原来的形状。

设计前开口的关门领型时，必须要考虑对襟口和纽扣的必要尺寸（纽扣的直径），以及扣间距〔通常是6.4cm（$2\frac{1}{2}$英寸）〕。

一片翻折领

　　一片翻折领没有单独的领座，领子的外轮廓可以设计成各种形状，领口可以在前中线打开或关闭。一片翻折领的领口线较直，在后中直接包裹住后颈部。如果领口线有轻微弯曲，与衣片缝制后领子挺括度不够，领口线会呈V形，也可呈宝石形，变化丰富。

图15-4

一片翻折领：准备布料

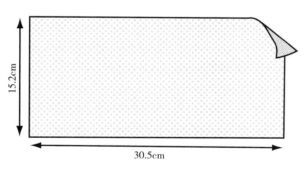

图15-5

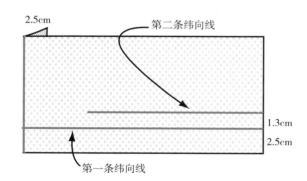

图15-6

①　沿经纱方向量取领子的宽度，加10.2cm（4英寸）就是布料的宽度并裁剪，如图所示大约15.2cm（6英寸）。

②　测量从前中线至后中线的领围，加10.2cm（4英寸）就是布料的长度，沿纬纱方向裁剪，如图所示大约30.5cm（12英寸）。

③　距离布边2.5cm（1英寸），绘制后中线与布料的经纱平行，并扣烫。

④　用L型尺，距离布料下端2.5cm（1英寸），绘制纬向线。

⑤　距离第一条纬向线的上方1.3cm（$\frac{1}{2}$英寸）处，绘制一条较短的纬向线，距离后中折线7.6cm（3英寸）长（如图所示）。

一片翻折领：立体裁剪步骤

① 沿领口线，进行一片翻折领的立体裁剪。

② 将领片布料后中线折痕与人台后中线对齐，在后颈点处用大头针固定。

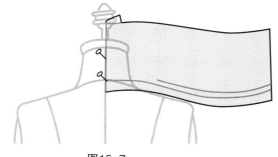

图15-7

③ 顺着纱向，将领片绕人台领口线一周。

④ 后领口线的立体裁剪。捋顺布料、修剪余量、均匀打剪口，并按纱向从人台的后中线至肩部别合后领口线。

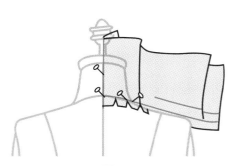

图15-8

⑤ 前领口线的立体裁剪。捋顺布料、修剪余量、均匀打剪口，并按纱向从人台的肩部至前中线别合前领口线。

⑥ 同时，使第二条纬向线与人台的前颈点对齐并固定，如果达到设计效果，就可以直接绘制领口线。

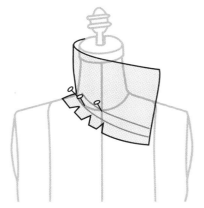

图15-9

⑦ 领座的立体裁剪。在领片布料后中线的折痕处固定，这是为了确保领座不会从后中线滑落，并保持经纱方向。按后中线翻折领片（设计的领宽），翻折线持续延伸至前片，渐渐地消失于前中线处。

图15-10

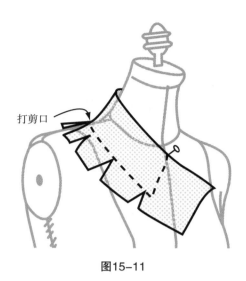

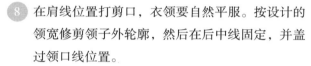

图15-11

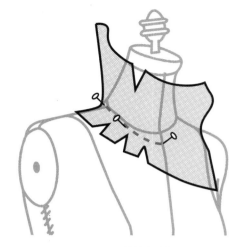

图15-12

⑧ 在肩线位置打剪口，衣领要自然平服。按设计的领宽修剪领子外轮廓，然后在后中线固定，并盖过领口线位置。

⑨ 按设计的翻领宽度和形状修剪并固定，领子在肩膀至前片自然贴服。

⑩ 绘制领子设计的的外轮廓线。从前中线开始，绘制领子设计的宽度，在后中线位置结束。

⑪ 绘制领口线。将衣领向上翻，并从肩到前中线绘制前领口线，在侧颈点位置做十字标记。

⑫ 拓板：

a 从人台上取下领片，并拓板，加0.6cm（$\frac{1}{4}$英寸）缝份。

b 将领子形状转移到另一侧的白坯布上。

c 沿领子边缘加0.6cm（$\frac{1}{4}$英寸）的缝份，修剪多余的布料。

⑬ 检查衣领的合体度和外轮廓。把拓板后的领子放回人台上，检验其精确度、合体度、形态和平衡度。领子应该自然包覆在颈部，无堆积和牵扯。

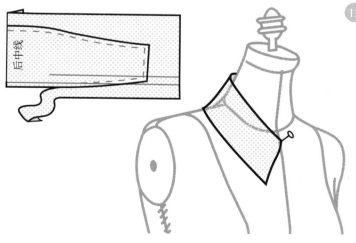

图15-13

立领

立领通常较窄，曲线流畅紧贴颈部。改变领宽和贴体度，设计就会丰富多彩。例如，设计的立领硬挺和紧贴颈部时，令着装者英姿飒爽；也可以设计出柔和、宽松休闲的感觉；或在后中线开口，同时设计一个窄的飘带；领带领，就是在前中添加一条长飘带。

图15-14

立领：准备面料

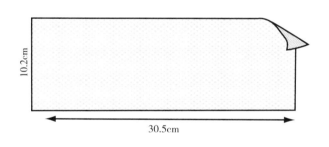

图15-15

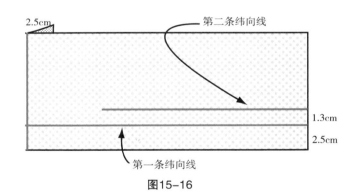

图15-16

1 沿经纱方向量取领子的宽度，加5.1cm（2英寸）就是布料的宽度并裁剪，如图所示大约10.2cm（4英寸）。

2 测量从前中线至后中线的领围，加10.2cm（4英寸）就是布料的长度，沿纬纱方向裁剪，如图所示大约30.5cm（12英寸）。

3 距离布边2.5cm（1英寸），绘制后中线与布料的经纱平行，并扣烫。

4 用L型尺，距离布料下端2.5cm（1英寸），绘制纬向线。

5 距离第一条纬向线的上方1.3cm（$\frac{1}{2}$英寸）处，绘制一条较短的纬向线，距离后中折线7.6cm（3英寸）长（如图所示）。

立领：立体裁剪步骤

① 沿领口线，进行立领的立体裁剪。

② 将领片布料后中线折痕与人台中线对齐，在后颈点处用大头针固定。

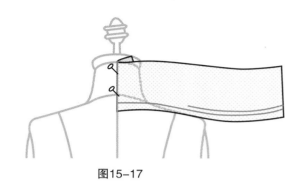

图15-17

③ 顺着纱向，将领片绕人台领口线一周。

④ 后领口线的立体裁剪。将顺布料、修剪余量、均匀打剪口，并按纱向从人台的后中线至肩部别合后领口线。

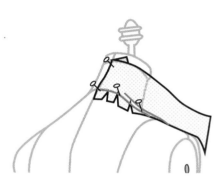

图15-18

⑤ 将顺布料、修剪余量、均匀打剪口，并按纱向从人台的肩部至前中线别合前领口线。同时，使第二条纬向线与人台的前颈点对齐并固定。

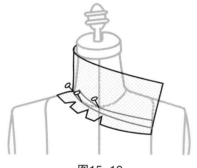

图15-19

⑥ 从肩线至前中线，绘制新的前领口线。

⑦ 在肩线处做十字标记。

⑧ 从前领口至后领宽，绘制领子设计的外轮廓线，且与领口线平行。

图15-20

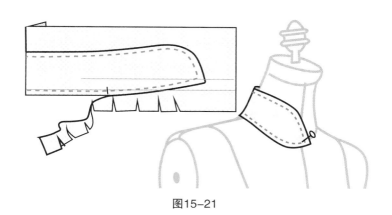

图15-21

9　拓板。

　a　从人台上取下领片，并拓板。

　b　沿领子边缘加0.6cm（$\frac{1}{4}$英寸）的缝份，修剪多余的布料，领片后中折线就是后领中线。

10　检查衣领的合体度和外轮廓。把拓板后的领子放回人台上，检验其精确度、合体度、形态和平衡度。领子应该自然包覆在颈部，无堆积和牵扯。

蝴蝶结领设计

　做蝴蝶结领时，布料的准备与立领大致相同，但在前领口处延长添加一条同领宽的带子，其长度取决于领带或蝴蝶结的形状。通常用斜丝裁剪带子，在造型时就显得更加灵活。

　从前中线至后中线，蝴蝶结领的立体裁剪操作和立领近似，拓板并完成纸样。

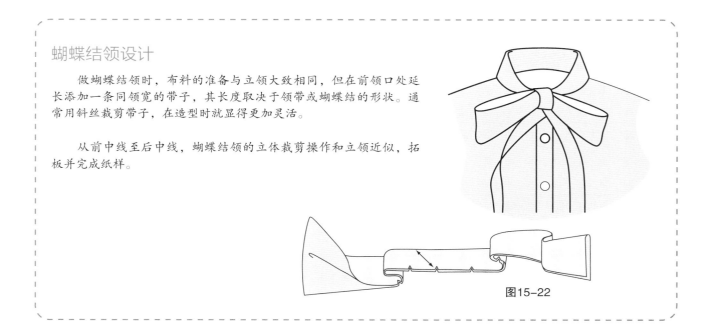

图15-22

平翻领

平翻领平铺在衣片上，领口线有较小的弧度。平翻领的外廓型通常呈圆形，可以设计成一片或者两片，在前、后均可开口。平翻领可以设计不同的形状和宽度，风格各异。

传统的小圆领，是一种领口线微弯的平翻领，其外轮廓线与衣片的领口线近似。传统的平翻领，最显著的特点就是圆形的轮廓和平服的造型。同时，领型的设计可以是领宽的宽、窄变化，也可以是外轮廓线的变化。

平翻领的面料，可以选用品质优良的棉、蕾丝、镂空织物或丝绸。

图15-23

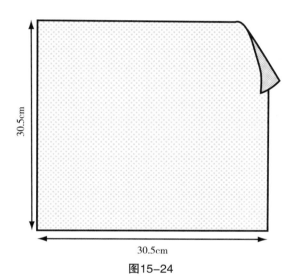

图15-24

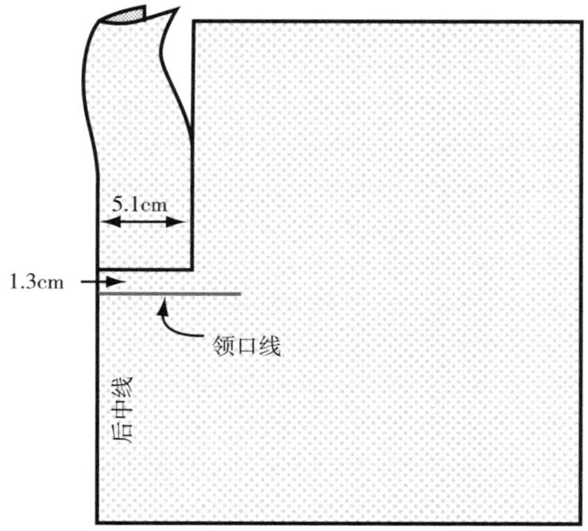

平翻领：准备布料

① 量取平翻领设计的长度和宽度，各加22.9cm（9英寸）裁剪一块方形的布料。

注 约30.5cm（12英寸）的边长。

② 距离布边2.5cm（1英寸），绘制后中线，平行于布料的经向线，并扣烫。

③ 准备后领口。

    a 沿后中心线，在布料的中间位置，绘制一条长5.1cm（2英寸）的纬向线。

    b 距离后中线5.1cm（2英寸），绘制第二条经向线，并平行于后中线。

    c 沿5.1cm（2英寸）的纬向线和第二条经向线，剪掉这个矩形的多余布料。

④ 距离5.1cm（2英寸）的纬向线1.3cm（$\frac{1}{2}$英寸），绘制一条短的纬向线，标记为后颈点的位置。

图15-25

平翻领：立体裁剪步骤

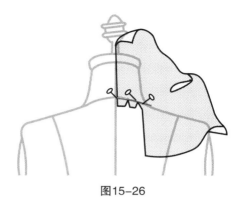

① 沿领口线，进行平翻领的立体裁剪。

② 将领片后中线折痕与人台后中线对齐。

③ 将领片的后颈点［1.3cm（$\frac{1}{2}$英寸）短纬向线标记处］与人台的后颈点对齐，并用大头针固定。

④ 均匀打剪口、捋顺布料将领片绕人台，从后中线至肩部固定后领口线。

图15-26

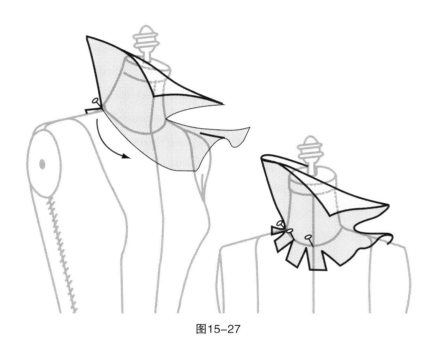

图15-27

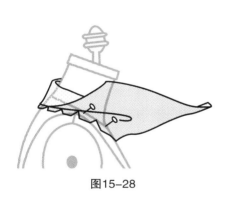

图15-28

⑤ 前领口线的立体裁剪。

　a 以领片下口线为参照，沿人台的前领口线别合至肩线，保持布料向上的形态。

　b 捋顺布料、修剪余量、均匀打剪口，并沿前领口线至前颈点固定。

⑥ 翻转超出领口线的布料，使之平服在人台肩部。

⑦ 在领片的外轮廓线上打剪口，使衣领自然平服。

⑧ 从前中线位置开始，绘制领子设计的外轮廓线。

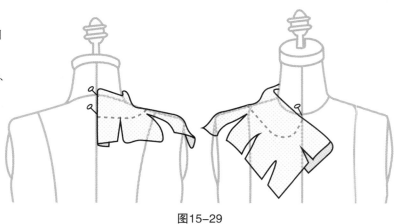

图15-29

> 注　领片后中线应保持在服装的后中线上。

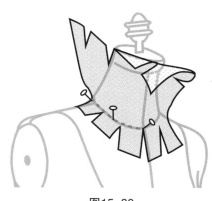

图15-30

⑨ 从后中线至前中线，绘制领口线。

⑩ 在侧颈点位置做十字标记。

⑪ 拓板。

　a 从人台上取下领片，并拓板。

　b 沿领子边缘加0.6cm（$\frac{1}{4}$英寸）的缝份，修剪多余的布料。

　c 将领片后中折线与后领中线对齐，完成领子纸样。

⑫ 把拓板后的领子放回人台上，检验其精确度、合体度、形态和平衡度。领子应该自然包覆在颈部，无堆积和牵扯。

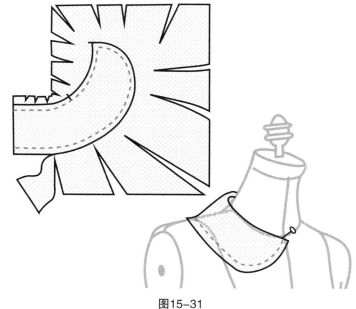

图15-31

高领

这一款高领设计，是利用了斜纹布料翻转的效果。斜裁更易造型，使领子更贴近颈部，并且可以降低颈围线高度。高领设计的两个主要功能是：使着装者感到更温暖和修饰颈部。

图15-32

高领：准备人台

在人台上用大头针别出所设计高领的领口形状。请牢记，领口越低越宽，则高领造型越夸张。

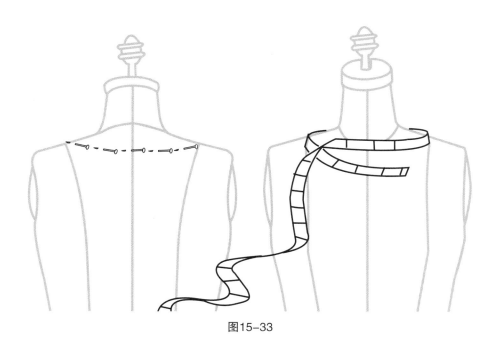

图15-33

高领：准备布料

1 沿对角线折叠布料［76.2cm（30英寸）~101.6cm（40英寸）的方形布料］。

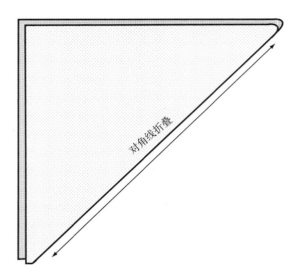

图15-34

2 在折叠后的布料上，量取得到两倍高领设计宽度加1.3cm（$\frac{1}{2}$英寸）的位置，应该尽可能靠近布料的左端边缘。

3 绘制一条平行于折叠线的斜向线，始于一端。

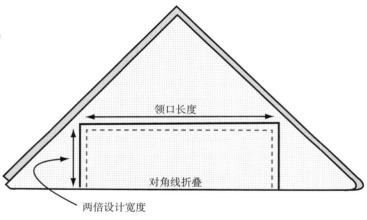

图15-35

4 另一端的垂直线，以领口长度结束。

5 加缝份。在所有的外轮廓线上添加缝份，并裁剪掉多余的布料。

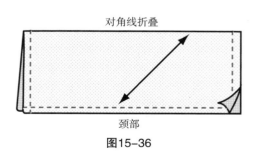

图15-36

高领：立体裁剪步骤

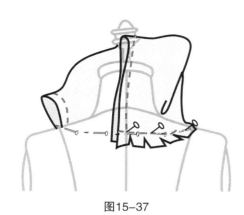

图15-37

① 沿领口线用大头针固定领片，两层布料都要打剪口，从后中线至前颈点保持布料折叠均匀向上。
② 根据设计风格，调整领的形状。

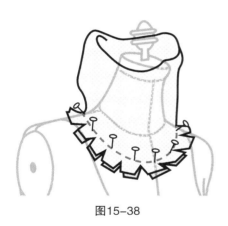

图15-38

③ 用大头针固定整个领口，沿领口线给两层布料打剪口。

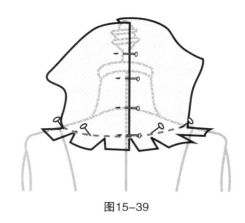

图15-39

④ 捋顺对齐后中线位置左、右片的布料，并用大头针固定。

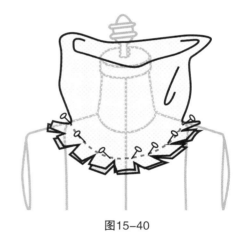

图15-40

⑤ 绘制整条领口线。
⑥ 在侧颈点位置做十字标记。
⑦ 布料斜向线的边缘要两层对齐，盖过领口。

> 注　这种立体裁剪操作，使设计者便于检查宽度和领型量的比例。领口越低越宽，则高领造型越夸张。同时，增加或缩短领的宽度，也会影响高领的立度。

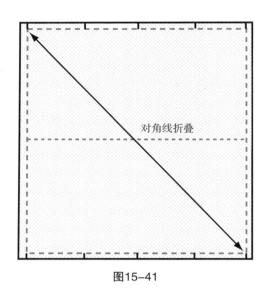

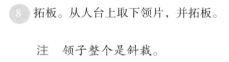

图15-41

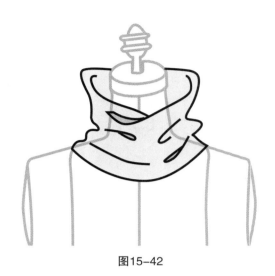

图15-42

⑧ 拓板。从人台上取下领片，并拓板。

注　领子整个是斜裁。

⑨ 把拓板后的领子放回人台，检验其精确度、合体度和平衡度。领子应该自然包覆在颈部，无堆积和牵扯。

高领的款式变化

高领的过量堆积，会产生斗篷的设计效果。在面料的斜向折叠边加宽，与领口线长度形成梯形，其完成后如图所示。

图15-43

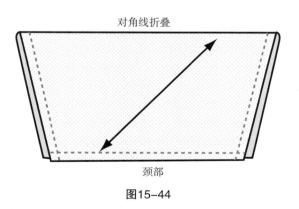

图15-44

不对称领

　　不对称领的种类很多，其领口形状也丰富多彩。不对称领型的特点，就是领口线横跨前中线。根据设计要求，领子可能稍微弯曲在颈部，也可能立在颈部。因为前中线处的交叠，在立体裁剪时更容易得到最好的设计效果。不对称领可以结合简洁领型进行设计，也许会更显时尚。

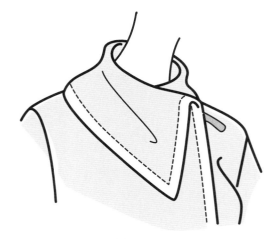

图15-45

不对称领：准备布料

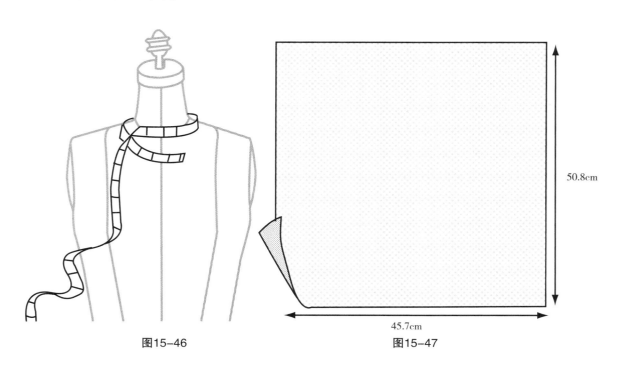

图15-46　　　　　　　　　图15-47

① 在人台上，测量设计的左、右领口线（沿纬向）长度，裁剪面料。

　　注　大约50.8cm（20英寸）。

② 测量设计领宽（沿经向）的2倍尺寸。

　　注　大约45.7cm（18英寸）。

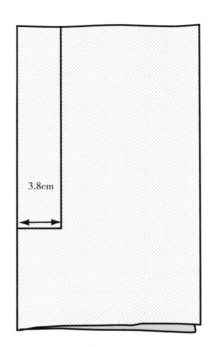

图15-48

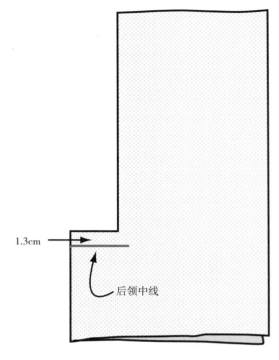

图15-49

③ 准备后领口。

a 对折布料，折线与经向线平行。

b 沿折线，距离布料下端量取三分之一。

c 绘制完美的纬向线，长3.8cm（$1\frac{1}{2}$英寸）。

d 距离折线3.8cm（$1\frac{1}{2}$英寸），绘制其平行线。

④ 沿3.8cm（$1\frac{1}{2}$英寸）的纬向线和平行线，剪掉这个矩形的多余布料。

⑤ 距离3.8cm（$1\frac{1}{2}$英寸）的纬向线1.3cm（$\frac{1}{2}$英寸），绘制一条短的纬向线，标记为后颈点的位置。

不对称领：立体裁剪步骤

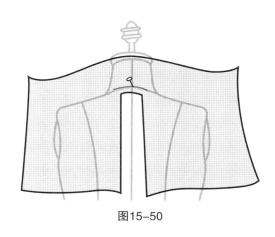

图15-50

① 将领片的后中经向线与人台的后中线对齐并固定，打开左、右领片，自然下垂。

② 将领片上的后颈点标记与人台的后颈点对齐。

图15-51

③ 捋顺布料、均匀打剪口，在左、右肩线间固定整个后领口线，保持布料自然下垂。

图15-52

④ 翻转领片放在背部，布料要整洁流畅并平服在人台上。

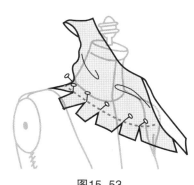

图15-53

⑤ 右前领口线的立体裁剪。从肩线开始，沿前领口线均匀打剪口，捋顺布料。根据右前领口的设计，横穿前中线位置，在左侧完成其非对称设计的造型。

⑥ 将衣领向上翻，绘制右前领口线至后中线位置。

⑦ 在侧颈点和前颈点位置做十字标记。

> 注　前领口线越顺直，则领型会更立体。同时，要设计平坦的领型，可以减小前领口线的曲度。

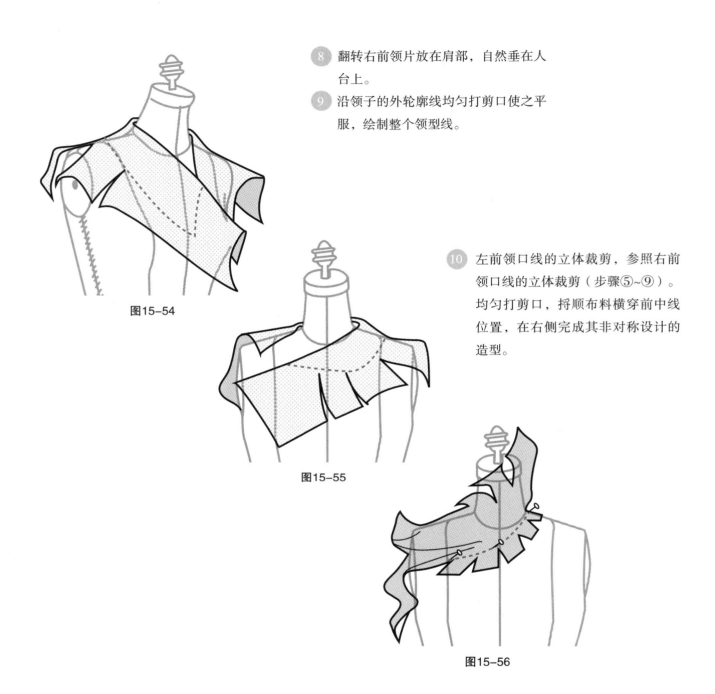

⑧ 翻转右前领片放在肩部，自然垂在人台上。

⑨ 沿领子的外轮廓线均匀打剪口使之平服，绘制整个领型线。

图15-54

⑩ 左前领口线的立体裁剪，参照右前领口线的立体裁剪（步骤⑤~⑨）。均匀打剪口，捋顺布料横穿前中线位置，在右侧完成其非对称设计的造型。

图15-55

图15-56

⑪ 绘制整个左领口线。将衣领向上翻，绘制整个左领口线。

⑫ 在侧颈点和前颈点位置做十字标记。

⑬ 翻转左前领片放在肩部，自然垂在人台上。

⑭ 沿领子的外轮廓线均匀打剪口，使之平服。

⑮ 绘制整个领型线。

注　后领宽就是左、右肩线间的距离。

图15-57

⑯ 拓板。从人台上取下领片并拓板，沿领子边缘加0.6cm（$\frac{1}{4}$英寸）的缝份，修剪多余的布料。将领片后中折线与后领中线对齐，完成领子纸样。

⑰ 把拓板后的领子放回人台上，检验其精确度、合体度、形态和平衡度。领子应该自然包覆在颈部，无堆积和牵扯。

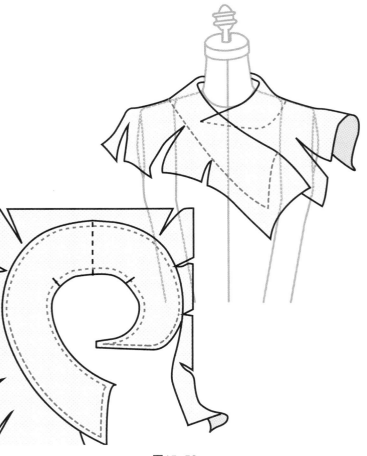

图15-58

波浪领

波浪领的特点，就是从肩颈处开始有波浪造型，非常具有女性化特质。波浪领设计，一般用于礼服、马甲背心、上衣和简洁的夹克。

柔和的波浪领设计，主要讲解如何操作层叠的领口造型。特殊的领口设计，还要保证其布料的纱向。同时，可以改变长度和形状，设计出不同风格的波浪领，柔软的面料和针织面料都是很好的选择。

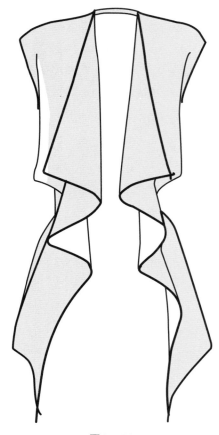

图15-59

波浪领：准备布料

① 把上衣基础纸样拓印在白坯布上。

② 距离纸样的前中线25.4cm（10英寸），绘制平行于前中线的经向线，这条经向线要一直从下摆下端至肩线上端。

③ 绘制肩线的延长线。

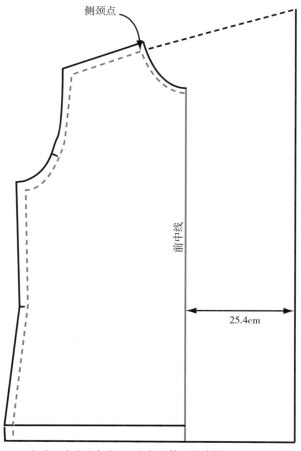

长度、宽度和角度可以根据具体的设计做出改变

图15-60

注 所有的尺寸根据具体的设计进行更改，同时，立体裁剪操作的过程和修剪布料的水平，直接影响最终的造型效果。

波浪领：立体裁剪步骤

1 把准备好的裁片放在人台上，用大头针固定肩
线、侧缝线和前中线。

2 在肩部以下，捋顺布料自然下垂。

3 把层叠在前身的布料进行修剪，达到设计形状和
长度。

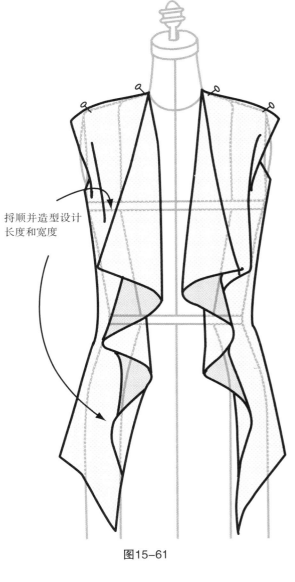

捋顺并造型设计
长度和宽度

图15-61

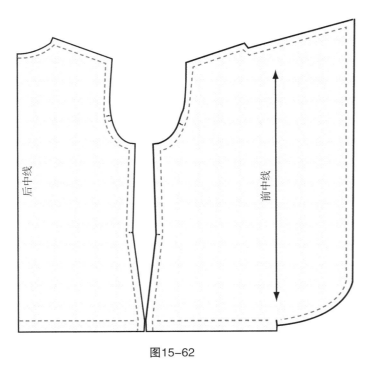

图15-62

4 将完成的裁片从人台上取下，校准并在波浪领的
外轮廓线上加0.6cm（$\frac{1}{4}$英寸）的缝份。

5 裁剪左、右前片和上衣基础纸样的后片，放回人
台并检验波浪领的合体度和流畅度。

原身出领

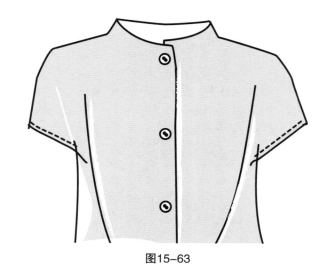

图15-63

在普通宝石形领口的基础上抬高领口线，就会产生美妙的转变、别具特色。这种领型，可以设计在任何紧身上衣、衬衫或夹克上。原身出领的领型也可以进行更多的变化，其变化范围很小，只比标准的宝石形领口稍微高一些和宽一些。

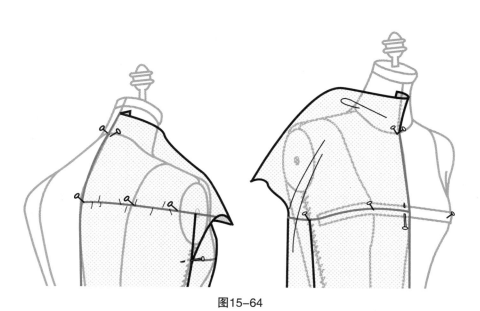

图15-64

原身出领：准备布料

前、后片的布料准备，都和紧身上衣、衬衫和夹克的步骤一样。

在进行立体裁剪时，领口是不能按照宝石形领口或者低领的方式来操作。请按照下面的立体裁剪步骤，来完成原身出领的造型。

原身出领：立体裁剪步骤

原身出领的立体裁剪，与紧身上衣、衬衫和夹克近似，只是不在原领口线上打剪口。按照下面的步骤进行操作：

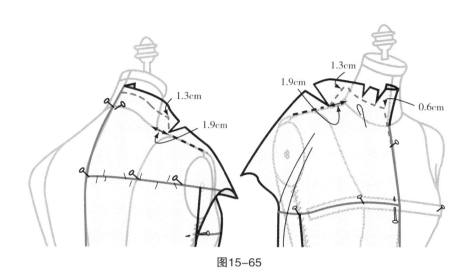

图15-65

1. 在前、后领口线上，距离侧颈点1.9cm（$\frac{3}{4}$英寸）处固定，并做十字标记。

2. 从1.9cm（$\frac{3}{4}$英寸）的十字标记处，距离原肩线1.3cm（$\frac{1}{2}$英寸）绘制新的肩线。

3. 在前颈点，向上延长2.5cm（1英寸）后收进0.6cm（$\frac{1}{4}$英寸）。

4. 距离原领口线2.5cm（1英寸），绘制新的领口线与原领口线几乎平行，连接修改后的前中线和肩线，并均匀打剪口。

5. 在后中线上，距离原领口线2.5cm（1英寸），绘制新的领口线与原领口线几乎平行，连接修改后的后中线和肩线。

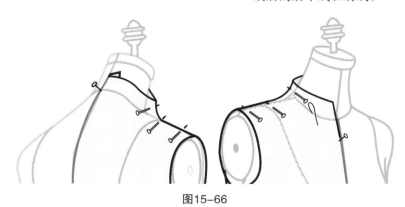

图15-66

6. 从人台上取下所有裁片，修剪多余的布料。拓板后，在肩线处添加1.3cm（$\frac{1}{2}$英寸）的缝份，并绘制新的前中线。

7. 用大头针固定新肩线的形状，检查原身出领的合体度。

第16章

平领、翻领外套设计

平领、翻领外套设计

外套是一种穿在其他衣服外面的服装，设计重点是其长度和围度的变化，并配以舒适的廓型线和领型。外套的开口设计，有单排扣和双排扣之分，也有套头式的，还有用拉链或暗扣的。

外套和大衣的设计是基于人体结构原理，根据臀围至下摆的形态调节腰线形状，设计省和分割线。

因为外套要穿在其他衣服外面，所以其轮廓和领口线都需要稍微加大处理。额外的松量可以放置在分割线、内部结构线和肩部造型上。在外套和大衣的设计中，加大的袖窿弧线需要匹配合适的垫肩和下落的腋下点。一些公司通常选用大一码的人台制作外套，这样与中码的其他服装就能轻易匹配，操作简单。

图16-1

学习目标

通过本章的学习，设计者应具备：

» 进行外套的系列设计。
» 了解如何绘制外套轮廓线，并设计不同的领型线、翻领和细节变化。
» 了解外套的专业术语，各种领型和袖型细节。
» 了解纱向在胸围线、横背宽线和缝合线上的匹配关系。
» 了解在立体裁剪过程中，翻领和领口线的纱向。
» 外套每个裁片的形态。
» 在外套设计中，领子外轮廓的造型。
» 清楚前、后衣片与衣领的相关数据。
» 拓板并添加准确的缝份，调整袖窿尺寸并平衡前、后片的设计。
» 校准并检查立体裁剪的最终形状、宽度和合体度。

短上衣设计

传统的男、女短上衣，是长至腰线、无领的经典设计。这种上衣风格流行于19世纪早期，归功于斯宾塞王，他把上衣的尾部剪掉穿着。如图所示，短上衣可配一片袖或两片袖的设计。

图16-2

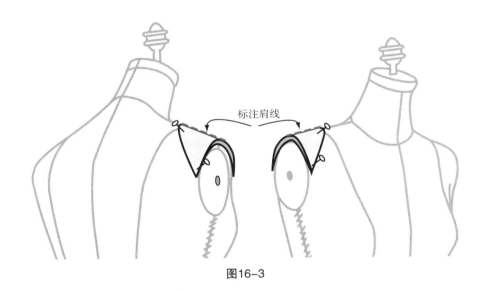

标注肩线

图16-3

短上衣设计：准备人台

选择适合垫肩（垫肩厚度随季节而变，也取决于当时的潮流）。

把垫肩放置在人台肩部，肩端点处伸出1.3cm（$\frac{1}{2}$英寸），用大头针固定。

在垫肩上标记肩线。

短上衣设计：准备布料

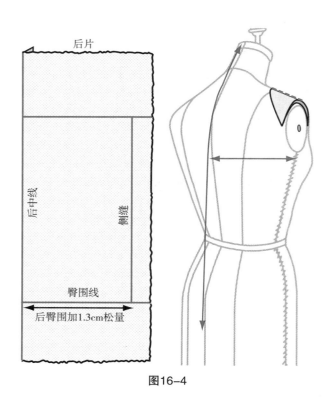

图16-4

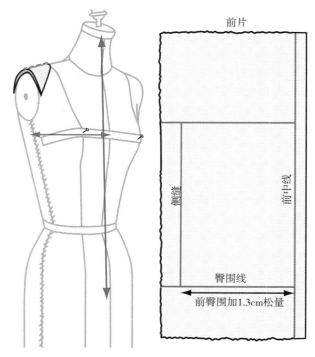

图16-5

1. 在人台上，从颈口至臀围线测量前、后身的长度（沿经向），加12.7cm（5英寸）就是布料的长度。

2. 在人台上，从中线至侧缝测量前、后身的宽度（沿纬向），加10.2cm（4英寸）就是布料的宽度。

3. 距离布边2.5cm（1英寸），绘制前、后中经向线，并扣烫平服。

4. 绘制前、后纬向线（臀围线、胸围线、横背宽线）。

5. 绘制前、后片的侧缝线（更多细节请参照第106～107页，上衣原型的立体裁剪）。

短上衣设计：立体裁剪步骤

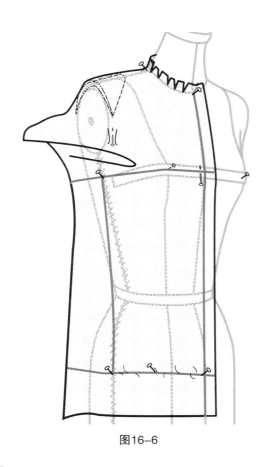

图16-6

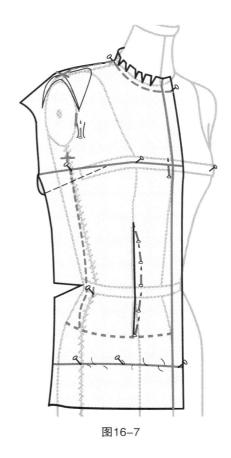

图16-7

1. 把布料上的前中经向线与人台的前中线对齐，纬向线与胸围线和臀围线对齐并固定。

2. 在侧腰处打剪口，侧缝线在腰线位置向里收进1.3cm（$\frac{1}{2}$英寸）并固定。

3. 在领口修剪缝份，均匀打剪口，同时捋顺前领口处的布料，别大头针固定。

4. 捋顺肩部的布料过臂根板，在臂根板中心旋转成水平线位置（袖窿中间）做一个1.3cm（$\frac{1}{2}$英寸）余量，别大头针固定，所有的布料余量放在胸围线上。

5. 侧胸省的立体裁剪。所有的布料余量放在胸围线上形成侧胸省，捏省并固定在纬向线上。

6. 在布料上标记与人台对应的所有关键部位：

   a 领口线：用虚线标记领口线，前颈点处下落1.3cm（$\frac{1}{2}$英寸）、侧颈点处加大0.3cm（$\frac{1}{8}$英寸）。

   b 肩线。

   c 侧缝与腰线的交点。

   d 腋下点。

   e 菱形省。

   f 下摆线（设计长度位置）。

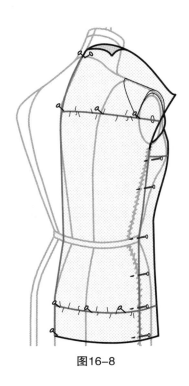

图16-8

⑦ 后片的立体裁剪，前压后别合前、后侧缝并固定，前片的缝份压在后片上。

⑧ 在侧缝处，匹配前、后臀围纬向线。

⑨ 将布料的后中折线与人台的后中线对齐并固定，确保臀围线纬向线前、后片匹配，布料没有扭转牵扯，前、后片自然下垂。

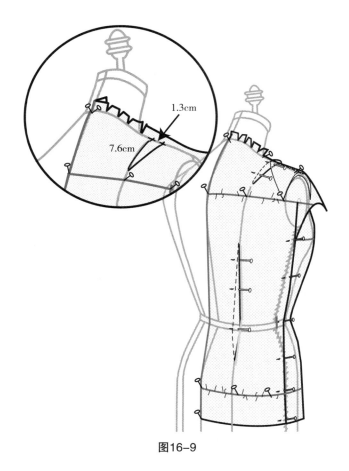

图16-9

⑩ 后肩省的省长7.6cm（3英寸）、省宽1.3cm（$\frac{1}{2}$英寸），立体裁剪操作如下：

a 将顺肩部在领口线至公主线间的布料，做十字标记。

b 从公主线朝袖窿方向量取1.3cm（$\frac{1}{2}$英寸），做十字标记。

c 沿公主线从肩线向下，量取7.6cm（3英寸）。

d 捏后肩省。在肩线上的两个标记间捏省量，省长7.6cm（3英寸）逐渐消失。

⑪ 在腰线与公主线的交点处，捏菱形省。在腰部捏1.3cm（$\frac{1}{2}$英寸）的布料余量［省宽2.5cm（1英寸）］。沿公主线收省，腰线之上省长17.8cm（7英寸）、腰线之下省长10.2cm（4英寸）。

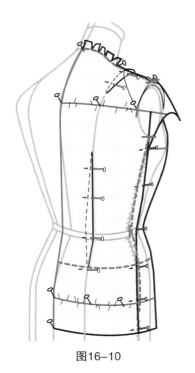

图16-10

12 在布料上标记与人台对应的所有关键部位：

　　a 领口线：用虚线标记领口线，后颈点处下落1.3cm（$\frac{1}{2}$英寸）、侧颈点处加大0.3cm（$\frac{1}{8}$英寸）。

　　b 肩线和肩省：用虚线标记肩线；在肩点和肩省两端做十字标记。

　　c 菱形省。

　　d 臂根板：

　　　» 肩点。

　　　» 袖窿中点。

　　　» 腋下点。

　　e 侧缝线：用虚线标记。

　　f 下摆线（设计的长度）。

13 从人台上取下布料，并拓印领口线、肩线、肩省、前后袖窿弧线。

14 添加所有缝合线的缝份，裁剪多余的布料。

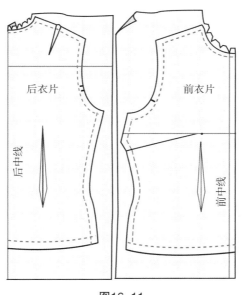

图16-11

15 完成短上衣纸样后，所有裁片别合在一起。

　　a 别合省线、侧缝线和肩线。别合前、后片，匹配肩线和侧缝线，所有的大头针垂直于缝合线。

　　b 将别好的衣片放回人台上，检查其准确性、合体度和平衡度。立体剪裁只操作一半，通常是人台的右半身。

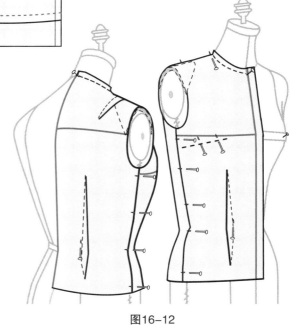

图16-12

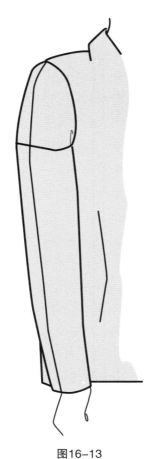

一片袖设计

　　一片袖最重要的特点是上臂和袖山的尺寸偏大，所以袖窿上有垫肩设计比较合理，穿着更舒适。一片袖经过变化，可以得到两片袖和袖里。

图16-13

准备袖片

　　调节原型袖的袖山高（无肘省）。

 为了匹配加长的袖窿弧线和加肥的侧缝线，抬高袖山顶点1.3cm（$\frac{1}{2}$英寸），同时下落和加大腋下点1.9cm（$\frac{3}{4}$英寸）。袖口尺寸增大至27.9cm（11英寸），用曲线尺重新绘制袖山曲线和腋下缝合线。

② 绘制袖中线经向线。

③ 绘制新的袖肥线。

④ 裁剪袖片加缝份，袖口的缝份是3.8cm（$1\frac{1}{2}$英寸）。

⑤ 将袖片与袖窿弧线缝合，详见第97页装袖部分。

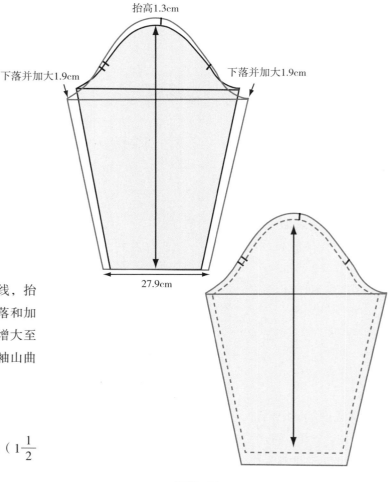

抬高1.3cm

下落并加大1.9cm　　　　下落并加大1.9cm

27.9cm

图16-14

　　注　这些调整改变了袖山高，因此只有在装袖完成后，才能确定袖山高的改变是否大小合适、松量适度。参照第102页，调节袖山松量部分的详细说明。

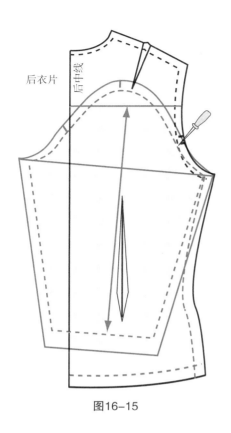

图16-15

后衣片

后中线

⑥ 沿袖窿弧线旋转袖片，用铅笔或锥子去匹配袖山曲线和袖窿弧线。从腋下点开始，旋转直到袖山顶点与肩点对位。在旋转袖片前，用铅笔标记前、后袖窿弧线上的对位点（前片一个、后片两个）。同时，标记袖山顶点和前、后肩点（袖窿弧线上的对位点已经标记在衣片上）。

⑦ 注意袖山曲线上的总松量。绱衣袖片需要3.8cm（$1\frac{1}{2}$英寸）至5.1cm（2英寸）的松量，取决于面料的组织结构和上衣的造型。

⑧ 如果袖山曲线上的松量过大或不足，可以通过下列步骤进行调整。

进行切展加量来增加松量。在每一剪开处可增加0.3~1.0cm（$\frac{1}{8}$ ~ $\frac{3}{8}$英寸）。

进行切展减量来减少松量。在每一剪开处可减少0.3~1.0cm（$\frac{1}{8}$ ~ $\frac{3}{8}$英寸）。

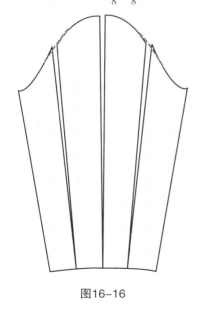

图16-16

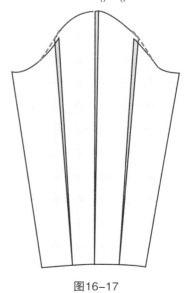

图16-17

松量过少：从袖山顶点到腕围线，将袖子剪为四份，打开袖山并添加所需的松量，连顺所有线条。

松量过多：从袖山顶点到腕围线，将袖子剪为四份，重叠并减少所需的松量，连顺所有线条。

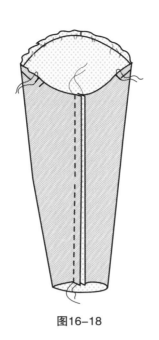

图16-18

⑨ 调节袖子合体度。裁剪袖片，将腋下缝线缝合在一起，在前、后对位点间抽缩袖山。

⑩ 在人台上固定手臂，同时将缝合好的上衣穿在人台上。

举起手臂露出腋下缝合线，并将袖子的腋下缝合线固定在上衣袖窿的腋下缝合线上，同时在前、后对位点间固定袖山曲线和袖窿弧线。

⑪ 固定袖山曲线至袖窿弧线的剩余部分，匹配所有的对位点。

⑫ 检查袖子的舒适性和悬挂性。参照第99页（检验原型袖的合体度部分）检查袖子的合体度，并做必要的调整。

> 注　一片袖可以变化得到两片袖（下一页）。若一片袖用于夹克衫设计，就要做肘省。参照第96页袖原型，加肘省的具体内容。

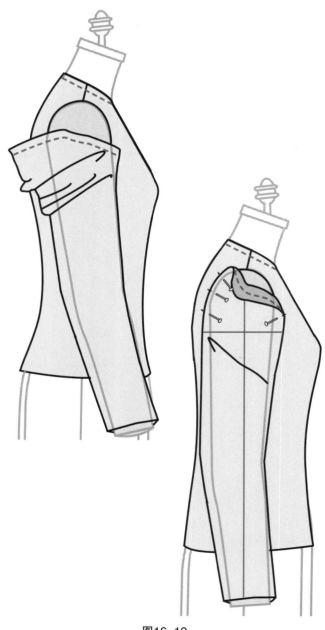

图16-19

两片袖设计

两片袖结构更合理、造型更完美，通常给人以做工精良的感觉。袖子被剪裁成两片：一片在腋下区域，一片在手臂外侧。分开的两部分在肘部造型更合理，符合人体结构便于活动。两片袖比一片袖容易造型，具体操作步骤如下。

图16-20

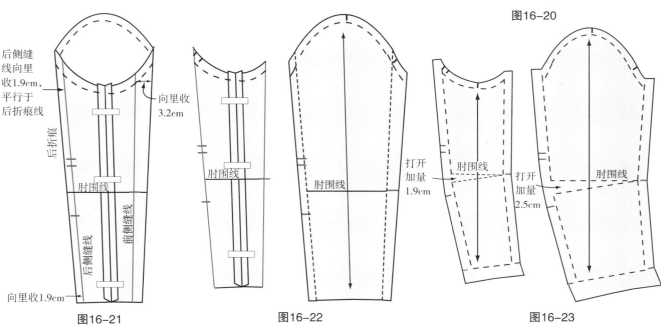

图16-21　　　　　　图16-22　　　　　　图16-23

① 用一片袖对折。腋下缝合线与袖中心线对齐，将腋下缝合线粘在一起。

② 绘制肘围线（腋下缝合线的中心位置）。

③ 绘制袖片轮廓线。

　a 后侧缝线向里收1.9cm（$\frac{3}{4}$英寸），并平行于后折痕。

　b 前侧缝线在袖口处向里收1.9cm（$\frac{3}{4}$英寸），在袖山处向里收3.2cm（$1\frac{1}{4}$英寸）。

④ 标记对位点，袖山顶点、后侧缝线对位点（距离肘围线上下5.1cm（2英寸）位置，两个对位点）、前侧缝线上的肘围线位置（一个对位点）。

⑤ 裁剪袖片。这样就把袖片分成大、小袖片，平直地展开袖山。

⑥ 在小袖片上，沿肘围线从后侧缝线剪开至前侧缝线，打开加量1.9cm（$\frac{3}{4}$英寸）。

⑦ 在大袖片上，沿肘围线从后侧缝线剪开至前侧缝线，打开加量2.5cm（1英寸）［大袖片在后侧缝线对位点间有0.6cm（$\frac{1}{4}$英寸）活动量］。

⑧ 绘制新的经向线，沿袖片肘围线以上原来的经向线延伸至袖口线。

⑨ 添加所有缝合线的缝份，袖口处的缝份是3.8cm（$1\frac{1}{2}$英寸）。

平驳领西服

平驳领西服的前开口处，可以设计成单排扣或双排扣。平驳领西服给人以做工精良、穿着优雅、永不过时的感觉，又不失严谨的风格。

平驳领设计有一个驳点，在串口线上，是翻领与驳领连接的地方。翻领和驳领的形状、长度和宽度，可以任意变化。驳领外轮廓线的造型可以是尖锐的，也可以是圆润的。翻领的形态，翻折线平直的话，后领座较高；翻折线弯曲的话，后领座较低。平驳领常用于套装、外套，大衣、礼服和女式衬衫，都有很好的效果。

图16-24

平驳领西服：准备布料

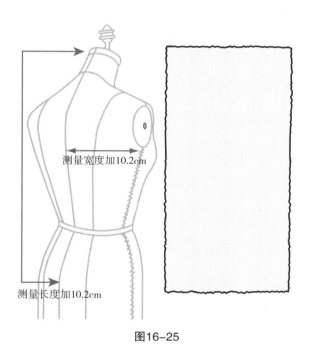

测量宽度加10.2cm

测量长度加10.2cm

图16-25

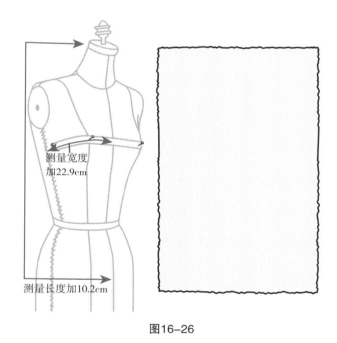

测量宽度加22.9cm

测量长度加10.2cm

图16-26

1 在人台上，从颈口至臀围线测量前、后身的长度（沿经向），加10.2cm（4英寸）就是布料的长度。

2 在人台上，从前中线至侧缝测量前身的宽度（沿纬向），加22.9cm（9英寸）就是前片的宽度。

3 在人台上，从后中线至侧缝测量后身的宽度（沿纬向），加10.2cm（4英寸）就是后片的宽度。

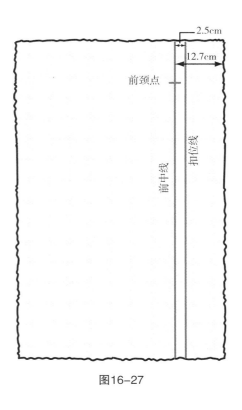

图16-27

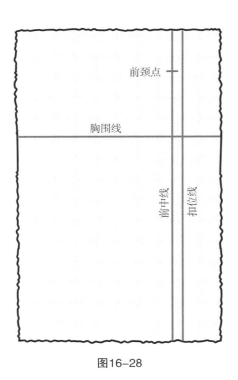

图16-28

④ 距离布边12.7cm（5英寸），绘制前中经向线，不用扣烫。

⑤ 距离前中经向线2.5cm（1英寸），在右侧绘制其平行扣位线［双排扣设计，距离为57.2cm（$22\frac{1}{2}$英寸）］。

⑥ 标记前颈点。距离前片上端0.2cm（4英寸），在前中线上标记前颈点。

⑦ 确定前片纬向线的位置，在人台上，测量从前颈点至胸围线的距离。

　a 在布料前中线上量取测量的距离，做十字标记。

　b 在胸围水平线十字标记处，用直角尺绘制横向线。

⑧ 在胸围线上标记胸高点、侧缝位置、公主线中心
平衡线。可参照第38页，衣片原型。

⑨ 如果是长款，需要绘制臀围线。前中线至侧缝
间加1.3cm（$\frac{1}{2}$英寸）的松量，绘制新的侧缝
线。可参照第107页上衣原型。

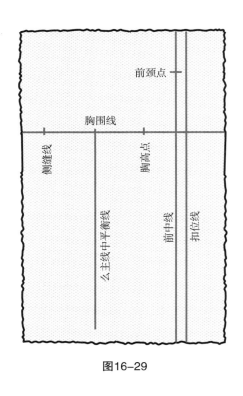

图16-29

平驳领西装：准备领片

① 测量领长，大概是30.5cm（12英寸）（纬纱方
向）。

② 测量领宽，加10.2cm（4英寸）大概是20.3cm（8
英寸）（经纱方向）。

③ 距离布边2.5cm（1英寸），绘制经向线，并扣烫。

④ 距离下端5.1cm（2英寸），绘制纬向线（如图
所示）。

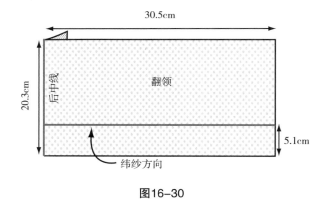

图16-30

平驳领西服：后片的立体裁剪步骤

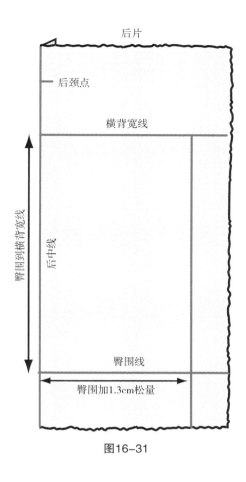

图16-31

① 绘制后中经向线，标记后颈点、横背宽线、侧缝线
和臀围线。

参照上衣原型的操作细节说明（第110~111页）。

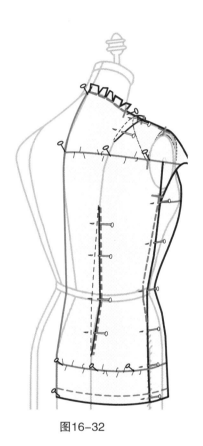

图16-32

② 参考设计稿，剪裁后片与前片的设计相匹配。参
照上衣原型的操作细节说明（第110~111页）。

> 注　按照原型后领口线裁剪，完成翻领
> 部分。同时，若有垫肩设计，在裁剪之前需
> 要在人台上固定垫肩。

③ 在后片上标记所有关键部位：

a 领口线。

b 肩线。

c 肩省。

d 袖窿弧线。

e 臂根板的水平线。

f 侧缝线。

g 腋下点。

h 下摆线。

④ 校准后片并添加缝份，将衣片放回人台上检查其
合体度。

平驳领西服：前片的立体裁剪步骤

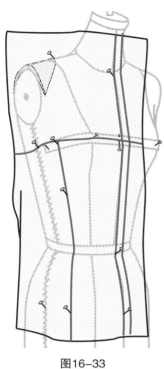

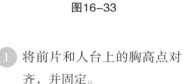

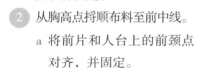

图16-33

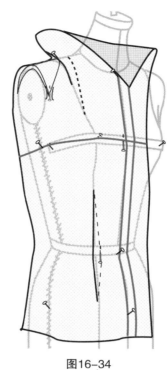

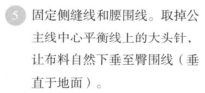

图16-34

修剪

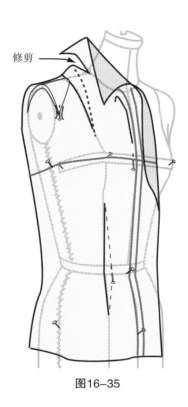

图16-35

① 将前片和人台上的胸高点对齐，并固定。

② 从胸高点抚顺布料至前中线。

　a 将前片和人台上的前颈点对齐，并固定。

　b 从上至下，固定前中线。

③ 将侧缝线和公主线中心平衡线固定在人台上，臀围线上也用大头针固定。

④ 固定纬向胸围线和臀围线，确保布料没有扭曲或牵扯。

⑤ 固定侧缝线和腰围线。取掉公主线中心平衡线上的大头针，让布料自然下垂至臀围线（垂直于地面）。

⑥ 向上抚顺臂根板处的布料至肩部，在袖窿弧线上别（中点）1.3cm（$\frac{1}{2}$ 英寸）松量并固定。

⑦ 抚顺侧缝处的布料，余量在肩部捏省。让所有多余的布料落在肩部的公主线位置，捏肩省，省量倒向前中线方向。同时，在腰部公主线位置做菱形省（可选）。

⑧ 从后肩至侧颈部修剪，并固定侧颈点。

⑨ 取掉前颈点处的大头针，固定在胸围线上。

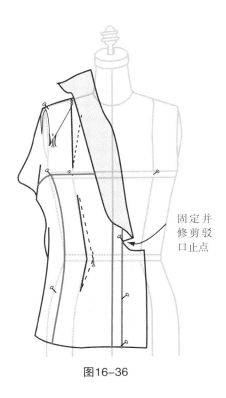

图16-36

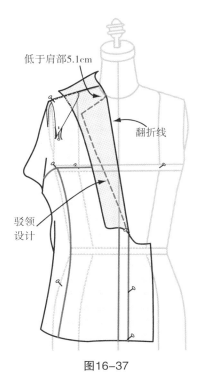

低于肩部5.1cm

翻折线

驳领
设计

图16-37

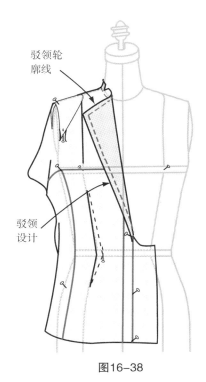

驳领轮
廓线

驳领
设计

图16-38

⑩ 在驳口止点处固定大头针
（颈口线最低点），别在
扣位线上。

⑪ 在人台上固定扣位线，别
在驳口止点以下位置。

⑫ 取掉中心经向线上的大
头针。

⑬ 沿驳领的外轮廓线，修剪
布料至驳口止点。

⑭ 在前片上，沿翻折线翻转布
料，从驳口止点至侧颈点。

⑮ 绘制驳领形状。从低于肩部
5.1cm（2英寸）的领口线开
始（参照设计稿），至驳口
止点。

注 驳领上的翻折线，就是
前片新的领口线。

⑯ 在前领口线和整个驳领部
分，修剪多余布料，留2.5cm
（1英寸）的调节量。在翻领
和驳领的连接处，均匀打剪
口。同时修剪驳领至驳口止
点，留2.5cm（1英寸）的调
节量。

⑰ 在前片上标记所有关键部位：

a 领口线以下驳领轮廓线。

b 肩线。

c 省线。

d 袖窿弧线。

e 侧缝线。

f 下摆线。

平驳领西装：翻领的立体裁剪步骤

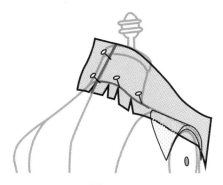

图16-39

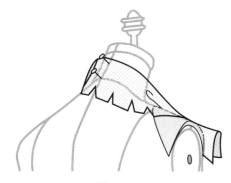

图16-40

① 将领片后中经向线与人台中线对齐，用大头针固定。

② 顺着纱向，将领片绕人台领口线一周。

③ 捋顺布料、修剪余量、均匀打剪口，并按纱向从人台的后中线至肩部别合后领口线，侧颈点处打剪口。

④ 翻折布料形成领座，在后中线的折痕处固定（确保领座不会从后中线滑落，并保持经纱方向）。沿后中线最上面的大头针，翻折布料贴服在后颈部。

⑤ 根据设计的宽度和形状裁剪后领边缘，领子就会更加平服。

⑥ 沿翻折线裁剪前翻领。

　a 驳领翻转盖过前中线，在串口线处别合并修剪。

　b 让前翻领沿翻折线翻转，与驳领成同一角度平服在前颈部，调整领型直到领座达到设计的造型要求。

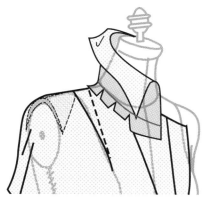

翻折线

图16-41

图16-42

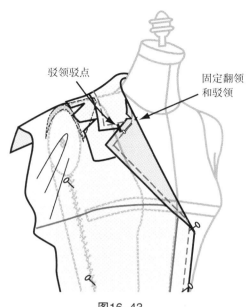

驳领驳点

固定翻领
和驳领

图16-43

⑦ 捋平在领上部的翻领。从领口线开始打剪口，让翻领在驳领的顶部上。

翻折线翻转，领片布料贴在衣片上，裁剪翻领前部。

⑧ 绘制领型线。从后中线开始绘制翻领外轮廓线，直到前领角处。在距离驳领边缘大约3.8cm（$1\frac{1}{2}$英寸）处标记驳点，连接翻领角。

⑨ 在翻领和驳领重叠处，用大头针固定在一起。

检查设计的翻领型状，进行必要的调整。

领口线

图16-44

⑩ 绘制领口线。

a 将驳领和翻领立起来。

b 沿人台的前中线至肩线，绘制前领口线，在侧颈点处固定。

c 依据衣片领口线型，绘制前领口线至领角处。

d 在翻领和驳领重叠处，做十字标记。

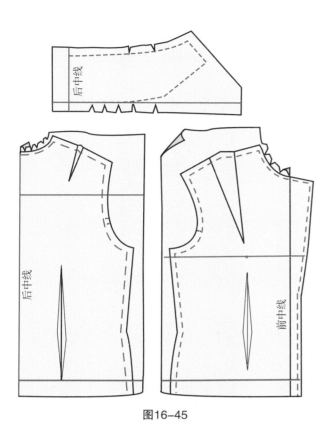

图16-45

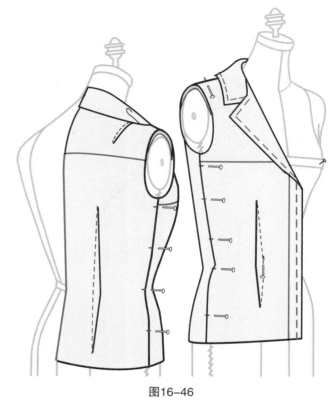

图16-46

⑪ 校准所有领子缝合线。将领片从人台取下，并校准所有领子缝合线。在领子外轮廓线上添加 $0.6cm$（$\frac{1}{4}$英寸）的缝份，并裁剪多余的布料。

> **注** 通常，完成的驳领叠放在翻领上。对翻领而言，后中缝非常重要，所以用斜裁更易于翻转造型。

⑫ 校准所有的上衣缝合线。将衣片从人台上取下，校准所有缝合线，添加缝份并裁剪多余的布料。

⑬ 检查西服的合体度和领型。将西服放回人台上，检查其准确度、合体度和平衡性。布料在颈部应光顺贴合，没有空隙和堆积量。

图16-47

青果领上衣

青果领的主要特点在于翻领、驳领和衣身裁成一片。青果领设计，是从后颈部领高处至前颈点低领口处没有断缝的设计范例。

青果领后中线处分缝，是为了保证衣片的经向布纹。领的长度和宽度，可以任意变化，其外轮廓线的造型可以是尖锐的，也可以是圆润的。后颈部造型依据设计意图，可以是高领座直线型，也可以是低领座曲线型。

在进行青果领的立体裁剪和造型时，要特别注意其优雅风格和一片裁剪形式。

青果领上衣：准备布料

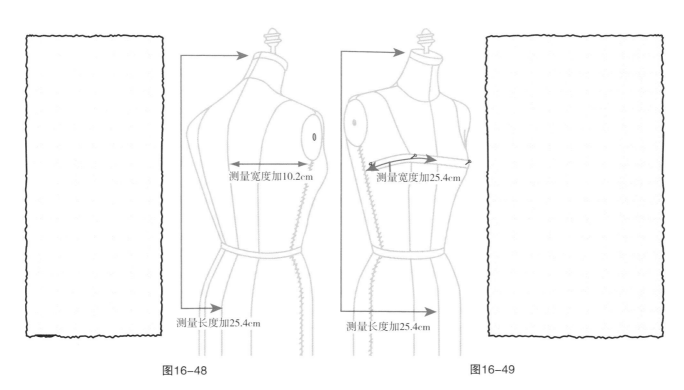

图16-48

图16-49

① 在人台上，从颈口至衣长处测量前、后身的长度（沿经向），加25.4cm（10英寸）就是布料的长度。

② 在人台上，从中线至侧缝测量前、后身的宽度（沿纬向），加25.4cm（10英寸）就是前片的宽度，加10.2cm（4英寸）就是后片的宽度。

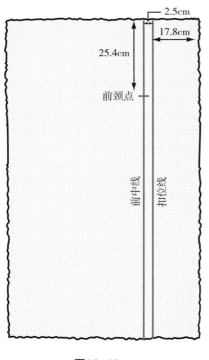

图16-50

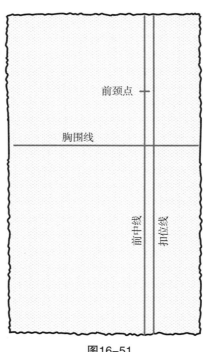

图16-51

图16-52

③ 距离布边17.8cm（7英寸），绘制前中经向线，不用扣烫。

④ 距离前中经向线2.5cm（1英寸），在右侧绘制其平行扣位线。

⑤ 标记前颈点。距离前片上端25.4cm（10英寸），在前中线上标记前颈点。

⑥ 确定前片胸围线（纬向线）的位置，在人台上，测量从前颈点至胸围线的距离。

　a 在前中线上量取测量的距离，做十字标记。

　b 在胸围水平线十字标记处，用直角尺绘制横向线。

⑦ 在胸围线上标记胸高点、侧缝位置、公主线中心平衡线。可参照第38页，衣片原型。

⑧ 如果是长款，距离胸围线35.6cm（14英寸）绘制臀围线。前中线至侧缝间加1.3cm（$\frac{1}{2}$英寸）的松量，可参照第107页上衣原型。

青果领上衣：后片的立体裁剪步骤

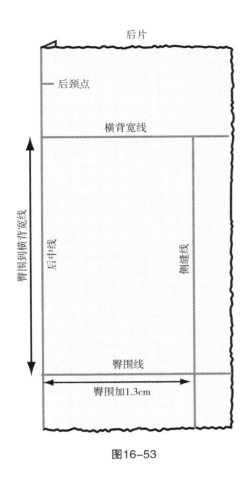

后片

后颈点

横背宽线

臀围到横背宽线

后中线

侧缝线

臀围线

臀围加1.3cm

图16-53

① 绘制后中经向线，如图所示标记后颈点、横背宽
　线、侧缝线和臀围线。

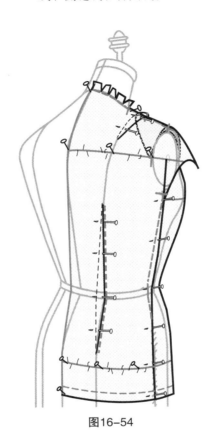

图16-54

② 在人台上固定设计所需厚度的垫肩。

③ 参考设计稿，剪裁后片与前片的设计相匹配。参
　照上衣原型的操作细节说明（第110～111页）。

注　按照原型后领口线裁剪，完成翻领
部分。同时，若有垫肩设计，在裁剪之前需
要在人台上固定垫肩。

④ 在后片上标记所有关键部位：

　a 领口线。

　b 肩线。

　c 肩省。

　d 可选的菱形省。

　e 袖窿弧线。

　f 臂根板的水平线。

　g 腋下点。

　h 侧缝线。

　i 下摆线。

⑤ 校准后片并添加缝份，将衣片放回人台上检查其
　合体度。

青果领上衣：前片的立体剪裁步骤

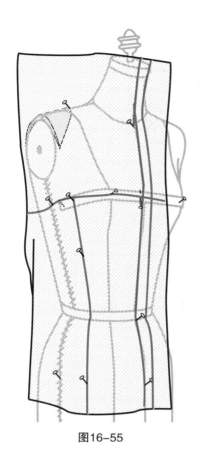

图16-55

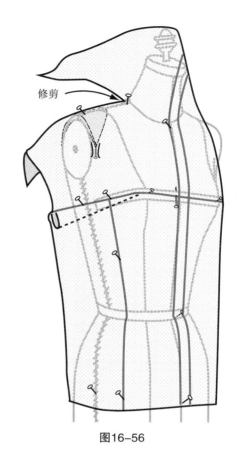

修剪

图16-56

① 将前片胸围线上的胸高点和人台上的胸高点对齐，并固定。

② 从胸高点捋顺布料至前中线。

　a 将前片和人台上的前颈点对齐，并固定。

　b 从上至下，固定前中线。

③ 将侧缝线和公主线中心平衡线固定在人台上。

④ 固定纬向胸围线和臀围线，确保布料没有扭曲或牵扯。

⑤ 从肩部至侧颈部修剪，并固定侧颈点。

⑥ 捋顺肩部的布料，把所有余量放在臂根板处，袖窿弧线上别（中点）1.3cm（$\frac{1}{2}$英寸）松量并固定。

⑦ 捋顺所有的布料余量放在胸围线上形成侧胸省，捏省并固定在纬向线上。侧胸省以下部位的面料要平服，自然下垂至臀围线（垂直于地面）。

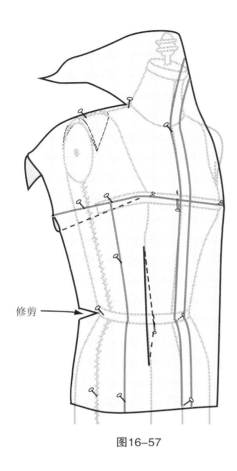

修剪

图16-57

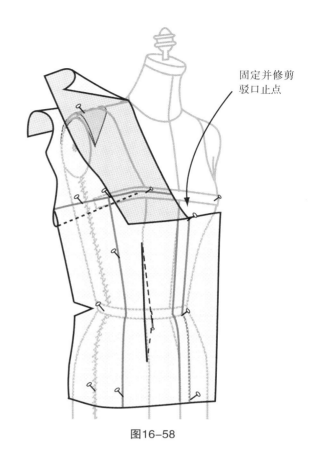

固定并修剪
驳口止点

图16-58

8 固定侧缝线和腰围线，在侧腰点用大头针固定。

9 在腰围线与公主线的交点处，捏菱形省。在腰部捏1.3cm（$\frac{1}{2}$英寸）的布料余量［省宽2.5cm（1英寸）］。沿公主线收省，腰围线之上省尖距离胸高点5.1cm（2英寸）、腰围线之下省长10.2cm（4英寸）。

10 固定驳口止点、经向线和扣位线。

a 在驳口止点处固定大头针（领口线最低点），别在扣位线上。

b 在人台上固定扣位线，别在驳口止点以下位置。

c 取掉中心经向线上的大头针。

11 沿驳领的外轮廓线，修剪布料至驳口止点。

12 在前片上，沿翻折线翻转布料，从驳口止点至侧颈点。

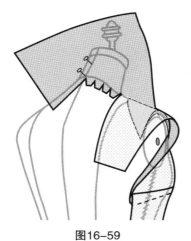

图16-59

⑬ 沿后领口线捋顺布料、修剪余量、均匀打剪口并固定。

a 拉起翻领部分，从侧颈点开始固定。

b 沿人台后领口线，将顺翻领布料、修剪余量、均匀打剪口并固定。

c 标记完成后的领口线。

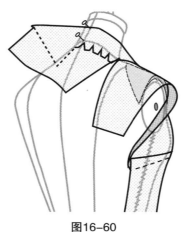

图16-60

⑭ 在后中线的折痕处固定，确保领座不会从后中线滑落。沿后中线最上面的大头针，翻折布料形成领座并固定。

⑮ 修剪外轮廓线，进行设计领宽的造型。

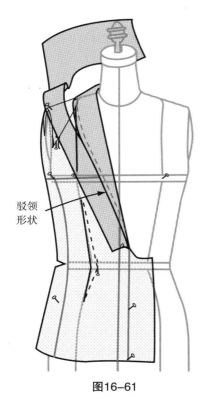

驳领形状

图16-61

⑯ 绘制设计领子外轮廓线，从驳口止点至后中线。

⑰ 裁剪多余布料，留足缝份。

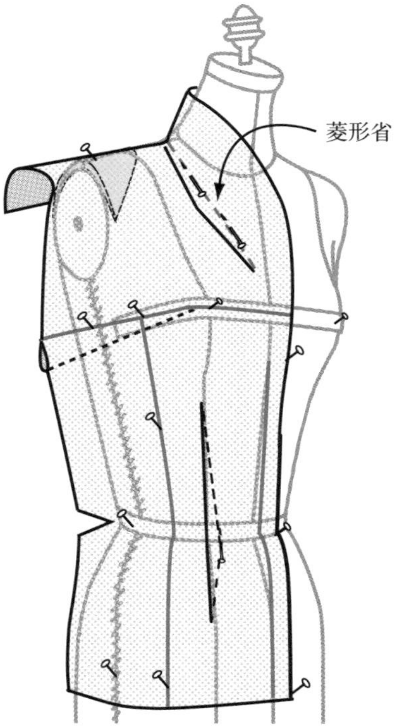

菱形省

图16-62

⑱ 领部菱形省的立体剪裁。拉起翻领部分，沿翻折线捏菱形省，从侧颈点至前中线，同时得到一条顺直的翻折线。

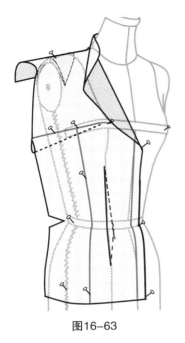

19 在前、后片上标记与人台对应的所有关键部位：

a 肩线。

b 菱形省。

c 臂根板：

» 肩点。

» 臂根板的水平线。

» 腋下点。

d 侧缝线和省线。

e 设计的下摆线或腰围线。

> 注 在侧腰处打剪口，使侧缝线贴紧人台，可以得到更合体的侧缝线。

图16-63

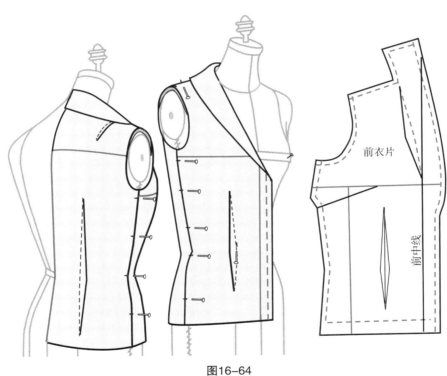

图16-64

20 校准所有缝合线。从人台上取下前、后片，并校准所有缝合线。在后领口线和领子轮廓线上加0.6cm（$\frac{1}{4}$英寸）的缝份，其他缝合线上加1.3cm（$\frac{1}{2}$英寸）。

21 检验。别合前、后片，将衣片和领子放回人台上，检查其精确度、合体度和平衡性。布料在颈部应光顺贴合，没有空隙和堆积量。同时，整个衣身与人台贴合，裁剪完整准确。

半领、侧式公主线上衣

半领、侧式公主线上衣是一种经典设计，其特点是将衣身分为前、后两片的直线剪裁，腋下片正好在前、后腋点之间，公主线分割位置非常靠近侧缝。因为公主线没有经过胸高点，需要捏一个小的侧胸省收在公主线上。

半领、侧式公主线上衣，在经典造型的基础上更显活泼、修长，时装和休闲装常常借鉴其设计长度和形态。

图16-65

半领、侧式公主线上衣：准备人台和布料

准备人台

① 在人台上，用大头针或标识带别出半侧式公主线的位置。

② 选择合适垫肩（垫肩厚度随季节变化，也取决于流行形式）。把垫肩放置在人台肩部，其外缘超出肩点1.3cm（$\frac{1}{2}$英寸）。

量取布料

① 在人台上，从颈口至下摆处测量前、后、侧片的长度（沿经向），加10.2cm（4英寸）就是布料的长度。

② 沿纬纱方向，将布料分成三等份，分别为前片、侧片（腋下片）和后片。

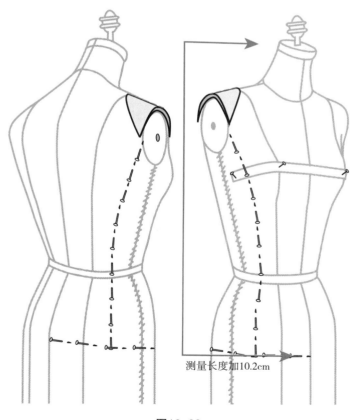

测量长度加10.2cm

图16-66

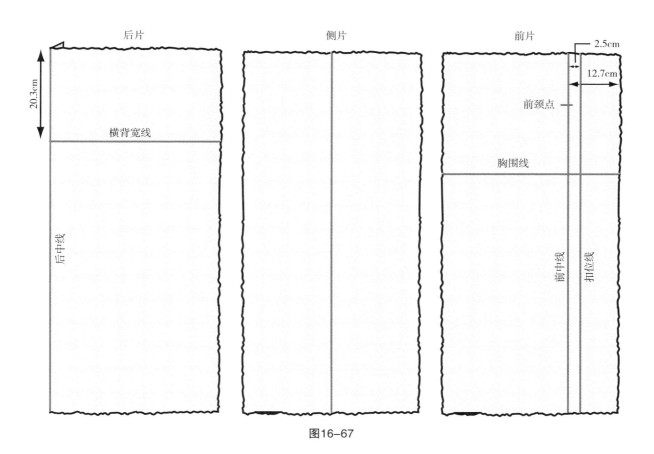

图16-67

③ 用其中一片作为前片，绘制经向线：

a 距离布边12.7cm（5英寸），绘制前中经向线，不用扣烫。

b 距离前中经向线2.5cm（1英寸），在右侧绘制其平行扣位线。

c 距离前片上端10.2cm（4英寸），在前中线上标记前颈点。

d 在人台上，测量从前颈点至胸围线的距离，然用直角尺在布料上绘制横向线。

④ 用中间一片作为侧片，在其中间位置绘制经向线。

⑤ 用剩下一片作为后片：

a 距离布边2.5cm（1英寸），绘制后中经向线，扣烫平服。

b 距离布料上端20.3cm（8英寸）绘制横向线，这条线就是横背宽线。

半领、侧式公主线上衣：前片的立体裁剪步骤

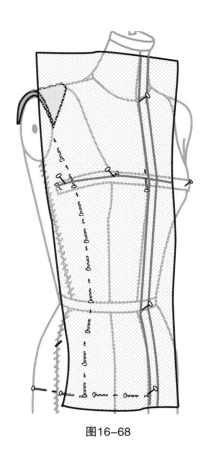

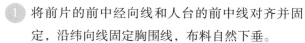

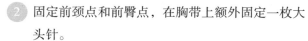

图16-68

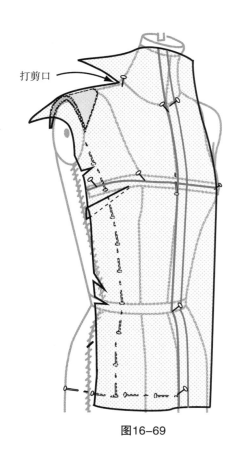

打剪口

图16-69

1 将前片的前中经向线和人台的前中线对齐并固定，沿纬向线固定胸围线，布料自然下垂。

2 固定前颈点和前臀点，在胸带上额外固定一枚大头针。

3 捋顺肩部的布料。

4 从公主线位置向侧颈点，打剪口并在侧颈点处固定。

5 捋平肩线，修剪余量并固定。

6 继续捋顺布料至臂根板，在袖窿中部别1.3cm（$\frac{1}{2}$英寸）的余量（正好在侧式公主线上）。

7 从胸高点至侧式公主线的胸围线不要固定，裁剪盖过侧式公主线处，让多余的布料保留纬纱方向并固定。

8 捏住侧式公主线处的余量，做侧胸省，固定在胸围线下，其余布料自然下落至腰围线。

9 在腰线和公主线交叉处，打剪口（腰线处的布料要平服但不贴紧）。

半领、侧式公主线上衣：半领和前片的立体裁剪步骤

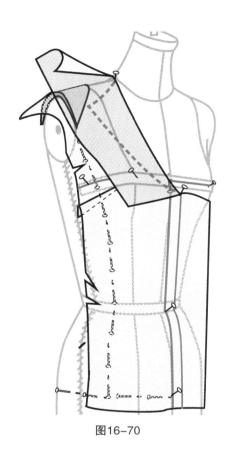

图16-70

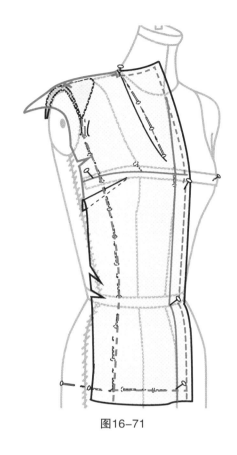

图16-71

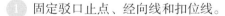

1. 固定驳口止点、经向线和扣位线。

   a. 在驳口止点处固定大头针（领口线最低点），别在扣位线上。

   b. 在人台上固定扣位线，别在驳口止点以下位置。

   c. 取掉中心经向线上的大头针。

2. 沿半领的外轮廓线，撕布料至驳口止点。

3. 从驳口止点至侧颈点翻折布料，形成半领。

4. 从侧颈点开始至扣位线上的驳口止点，绘制半领的轮廓线，修剪多余布料。

5. 领部菱形省的立体剪裁。拉起半领部分，沿翻折线捏菱形省，从侧颈点至前中线（菱形省有助于形成一条顺直的翻折线）。

6. 在前片上标记与人台对应的所有关键部位。

7. 从人台上取下前片，并校准所有缝合线。加缝份并标记前袖窿对位点。再将衣片和领子放回人台上，进行检查。

半领、侧式公主线上衣：后片的立体裁剪步骤

1 将后片的后中折线和人台的后中线对齐并固定。

2 沿纬向线固定横背宽线。

3 捋顺和修剪后颈部的布料，均匀打剪口。

4 捋顺肩部的布料并固定。

5 从后中线捋顺布料盖过侧式公主线并固定，在腰线和公主线的交叉处打剪口（腰线处的布料要平服但不贴紧）。

6 在后片上标记与人台对应的所有关键部分：

   a 领口线。

   b 肩线。

   c 公主线。

   d 对位点：后片是两个。

   e 下摆线。

7 校准所有缝合线。从人台上取下后片并校准所有缝合线，添加缝份，裁剪多余布料，再将其放回人台上检验。

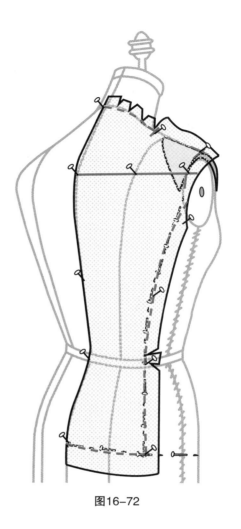

图16-72

半领、侧式公主线上衣：侧片（腋下片）的立体裁剪步骤

① 将腋下片的经向线与人台的侧缝线对齐，固定侧腰点和侧臀点。

② 从上至下，在经向加0.6cm（$\frac{1}{4}$英寸）的松量（这个松量，是腋下点、腰围线和臀围线的活动量）。

③ 捋顺和固定公主线。从经向线开始，捋顺布料至前、后侧式公主线并固定。在腰线和公主线的交叉处打剪口，腰线处的布料要平服但不贴紧。

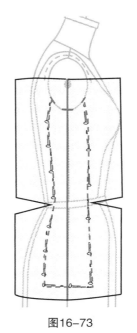

图16-73

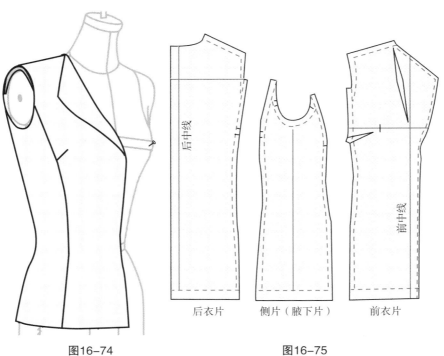

图16-74   图16-75

后衣片   侧片（腋下片）   前衣片

④ 在腋下片上标记与人台对应的所有关键部位：

　a 设计线对位点：与前片的对位点相匹配。

　b 臂根板：标记腋下点和对位点。

　c 下摆线。

⑤ 将腋下片从人台上取下并校准所有缝合线，添加缝份，裁剪多余布料。

⑥ 将前、后片与腋下片别合在一起，放回人台上并检查缝合线、标记合体度和悬垂性。

图16-76

宽松外套

这种风格的外套与无省上衣相似，有落肩和宽松的侧缝线，袖子的活动空间大。可选用牛仔、皮革或者绗缝面料进行制作，款式变化丰富、创意无限。

宽松外套：准备人台和布料

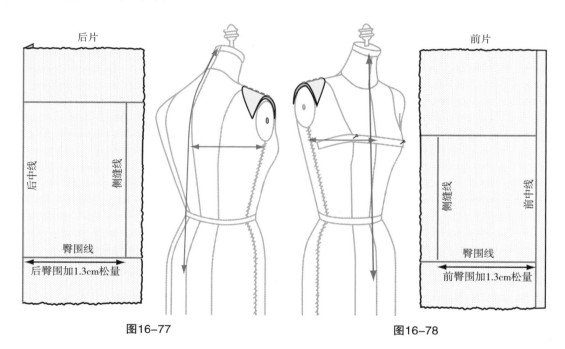

图16-77　　　　　　　　　　　图16-78

准备人台

选择合适的垫肩（垫肩厚度随季节变化，也取决于流行形式）。把垫肩放置在人台肩部上，其外缘超出肩点1.3cm（$\frac{1}{2}$英寸）。

量取布料

① 在人台上，从颈口至下摆处测量前、后身的长度（沿经向），加10.2cm（4英寸）就是布料的长度。

② 在人台上，从中线至侧缝测量前、后身的宽度（沿纬向），加10.2cm（4英寸）就是布料的宽度。

③ 如图所示，绘制前中、后中经向线、纬向线、领口标记、臀围线和侧缝线。请参照第192～193页第10章，无省上衣设计的布料准备部分。

宽松外套：前、后片的立体裁剪步骤

① 宽松外套前、后片的立体裁剪，与无省上衣一样，详见第194~196页第10章。

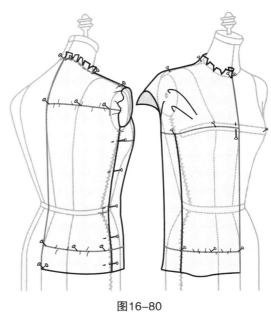

图16-80

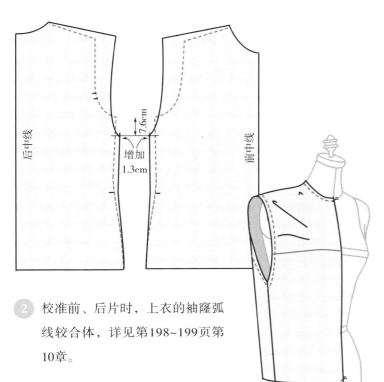

7.6cm

增加
1.3cm

后中线

前中线

② 校准前、后片时，上衣的袖窿弧线较合体，详见第198~199页第10章。

图16-79

③ 如图所示，外套的袖窿弧线与无省上衣相同，详见第199~202页第10章。

④ 根据风格特征，可以匹配设计领子和口袋。

图16-81

第17章

悬垂褶设计

» 基本悬垂褶领口
» 宽松悬垂褶上衣设计
» 腋下侧缝处悬垂褶设计

悬垂褶设计

图17-1

在领口或腋下做悬垂褶，使服装有垂坠感、自然流畅、飘逸动人。通常需要斜裁料，选用轻薄、精致的面料来增强其柔软性，使整体看起来更协调。一件宽松的悬垂褶上衣或连衣裙，可以巧妙地利用褶型和丰富的创造力，使原本低调的服装变得灵动。进行悬垂褶的立裁裁剪时，最好使用和成衣面料相同质感的布料。

学习目标

通过本章的学习，设计师可以：

》使用柔软的面料，斜裁设计一件合身的悬垂褶上衣。
》调整斜纹面料符合人体胸部和臀部的结构，并确定腰围线的形态。
》调整前、后悬垂褶领口的造型关系。
》检验和分析立体裁剪过程中，合体度、悬垂感、比例和服用性能的最终效果。

基本悬垂褶领口

基本的悬垂褶领口设计，领深较浅、褶量较少。悬垂褶领口的设计，可以增加服装的动感。通常需要斜裁，选用轻薄、精致的面料来增强其柔软性，看起来更协调。基本的悬垂褶领口，包括不同褶型的设计方法，将在下面的章节中讲解。在日常生活中或者是在周末，穿着这种设计款式的服装，会使人有一种简洁而时尚的气质。

图17-2

基本悬垂褶领口：准备面料

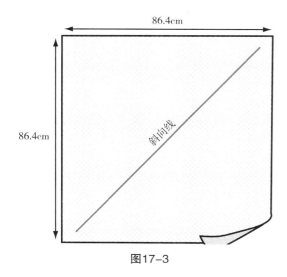

86.4cm

86.4cm

斜向线

图17-3

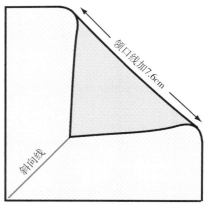

领口线加7.6cm

斜向线

图17-4

1　测量和裁剪一块正方形的柔软面料，宽度为能完全覆盖前片或后片［边长约为86.4cm（34英寸）］。

2　沿着面料的对角线方向，绘制一条斜向线。

3　确定领口的边缘和贴边。把面料的一角翻折，翻折线的长度是左、右肩线固定点间的领口线，再加7.6cm（3英寸）松量的长度，不用熨烫。

基本悬垂褶领口：立体裁剪步骤

1　准备人台
在人台上设计的领深位置固定一枚大头针，同时在左、右肩线上，根据设计的领宽各固定一枚大头针。

2　在人台上，修剪前中线处的斜向翻折线，将翻折线的中点固定在前中领深的位置。

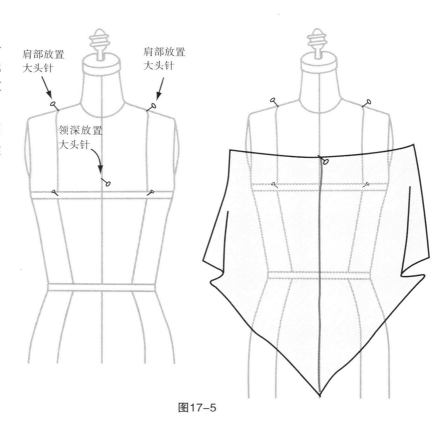

肩部放置大头针　　肩部放置大头针

领深放置大头针

图17-5

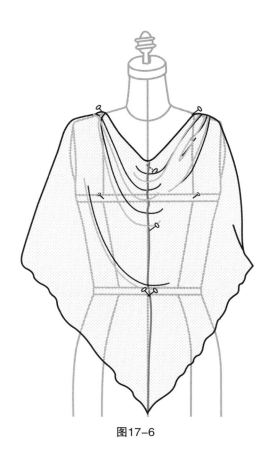

图17-6

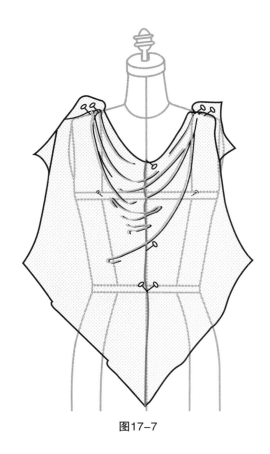

图17-7

③ 将翻折线拉起固定在肩线上，调整前领口线，形成自然的悬垂褶。保留人台上前中线领深处固定的大头针，同时为了防止褶皱变形，在人台的前中斜向线上固定大头针。

④ 选做步骤：当需要更多的悬垂褶量时，拉起布料在肩线抽褶来形成更多的悬垂褶（参考成衣设计部分，确定具体的悬垂褶量）。

⑤ 修剪腰节处的面料，均匀打剪口。捋顺腰围线、侧缝线和袖窿弧线，并用大头针固定。

⑥ 在面料的一侧，标记与人台对应的所有关键部位：

　a 肩线。

　b 侧缝线。

　c 腰围线。

　d 袖窿大小和形状。

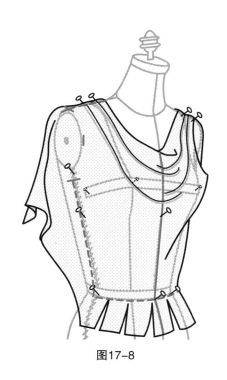

图17-8

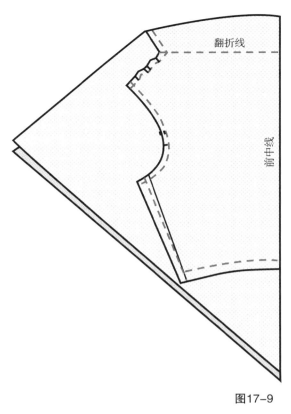

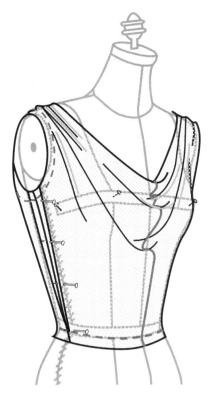

图17-9

7 拓印前片的悬垂褶。

a 沿前中斜纹对折裁片。

b 检查所有的缝合线，并添加缝份。

c 在领口翻折线上，确定领口贴边的宽度。保持裁片的对折，拓印所有的标记线至另一侧，修剪多余的面料。

9 后片的立体裁剪，参照第3章中原型后片部分的具体操作。

> 注　后片领口不能太低，因为褶皱容易在肩部滑落，同时还要匹配肩线处的前、后领口线型。

8 把裁片放回人台上，检查其准确性并做调整。详见第46~50页，基本原型中修正肩线、侧缝线、腰围线的部分。

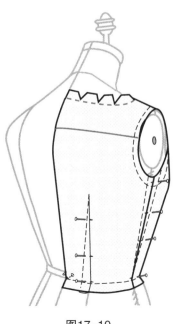

图17-10

宽松悬垂褶上衣设计

大多数的悬垂褶服装制作简单，便于穿脱。悬垂褶设计，宜选用流畅轻薄的机织或针织面料。

和基本的悬垂褶领口一样，使用相同的操作方法。在很多T恤、上衣和裙子的设计中，可以加入悬垂褶使之变得更有女人味和时尚感。每一个成功的设计，取决于悬垂褶和侧缝的造型与人体曲线的完美结合。悬垂褶的变化设计，可以是非常有创意的领子、袖子或无袖设计。因为悬垂褶是通过斜裁打褶，大多数设计不需要再捏胸省。

悬垂褶设计的上衣搭配牛仔裤，是非常时尚和休闲的着装风格，也可以尝试在重要的日子穿着或作为晚礼服。

图17-11

宽松的悬垂褶上衣设计：准备面料

悬垂褶上衣准备的面料和基本的悬垂褶领口一致，只是正方形的斜纹裁片尺寸不同，取决于领口设计的深度和宽度，详见第403页的内容。

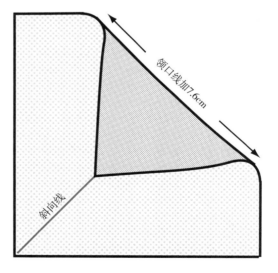

图17-12

宽松悬垂褶上衣设计：立体裁剪步骤

领口的变化设计

① 同基本的悬垂褶领口设计，准备人台和立体裁剪步骤一致（可能只是前后变化）。

② 根据悬垂褶设计的深度，固定肩部。

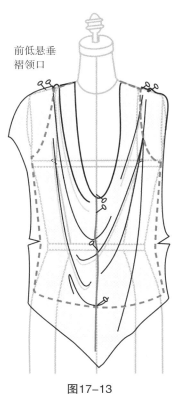

前低悬垂
褶领口

图17-13

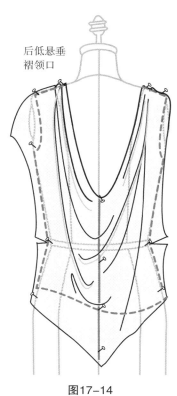

后低悬垂
褶领口

图17-14

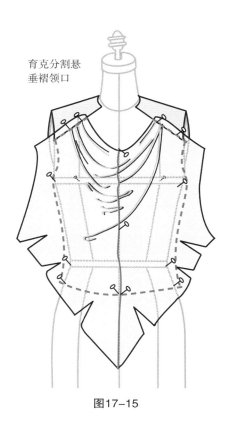

育克分割悬
垂褶领口

图17-15

前低悬垂褶领口：

» 根据设计的悬垂褶前领深和肩线宽，用大头针固定。

» 按照基本悬垂褶领口的操作步骤进行前低悬垂褶立体裁剪。

» 肩线宽处抽褶或保持原有形态。

后低悬垂褶领口：

» 根据设计的悬垂褶后领深和肩线宽，用大头针固定。

» 按照基本悬垂褶领口的操作步骤进行后低悬垂褶立体裁剪。

» 肩线宽处抽褶或保持原有形态。

育克分割悬垂褶领口：

» 绘制育克分割线、裁剪、拓板并添加缝份。

» 按照基本悬垂褶领口的操作步骤进行育克分割悬垂褶领立体裁剪；然后，育克分割线替代肩线，完成悬垂褶与育克连接。

» 添加缝份并修剪多余的面料。

侧缝的形状和长度的变化设计

　　有侧缝的上衣通常很宽松舒适，对于裙子而言，侧缝的设计是为了更好地造型。一旦完成领口的悬垂褶，设计所需的侧缝也会被确定（详见示例）。

腋下侧缝处悬垂褶设计

腋下侧缝处悬垂褶设计，是指在腋下产生柔软弯曲的斜纹褶皱。采用正斜纹和无侧缝线时，裁片的前中线和后中线则需要有缝合线。腋下侧缝悬垂褶，选用柔软和华丽的面料制作，设计感强也不显夸张，是一种简单而优雅的风格体现。

图17-16

腋下侧缝处悬垂褶设计：准备面料

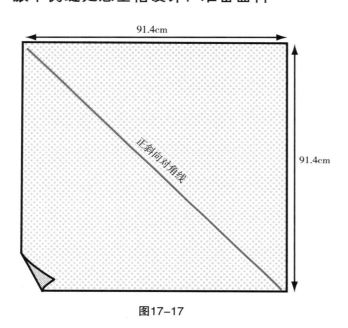

图17-17

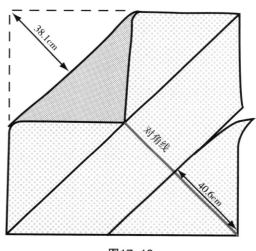

图17-18

1️⃣ 测量并裁剪一块边长为91.4cm（36英寸）的正方形柔软面料，进行前、后侧缝悬垂褶设计。

注 立体裁剪应该选用相同质感的面料完成。

2️⃣ 在这块边长为91.4cm（36英寸）的正方形面料上，绘制一条正斜向对角线，在对角线上距离顶端量取38.1cm（15英寸）。

3️⃣ 距离顶端38.1cm（15英寸）的位置，绘制一条完全垂直于对角线的直线，然后沿着这条直线翻折。

4️⃣ 在对角线上距离另一顶端量取40.6cm（16英寸）。

5️⃣ 距离另一顶端40.6cm（16英寸）的位置，绘制一条完全垂直于对角线的直线，然后沿着这条直线裁掉。

腋下侧缝处悬垂褶：立体裁剪步骤

图17-19

准备人台

确定腋下悬垂褶的深度位置，用大头针固定。同样，在肩点位置固定一枚大头针。

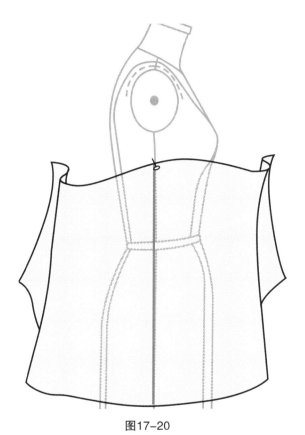

图17-20

1 在腋下侧缝固定大头针的位置，将面料的对角斜向线对准侧缝线，用大头针固定。

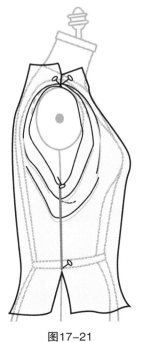

图17-21

2 裁剪肩线，整理腋下悬垂褶。

  a 在人台上保持面料两端在面料边缘的折线。

  b 将面料弯曲固定在肩部。

  c 沿肩线固定，悬垂褶会自然形成至腋下。为了防止褶皱变形，保持面料的对角线与人台的侧缝线对齐。

注 更深的侧缝悬垂褶设计，则需要在肩线上抽更多的褶皱。

3 从对角线底部至腰线打剪口，修剪侧缝悬垂褶的余量，用大头针固定在侧腰点。

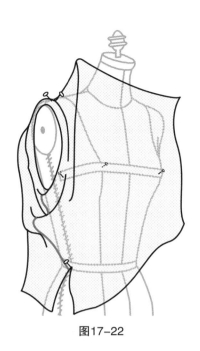

图17-22

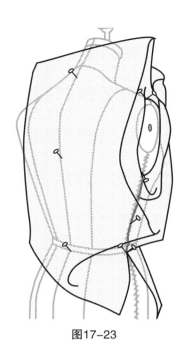

图17-23

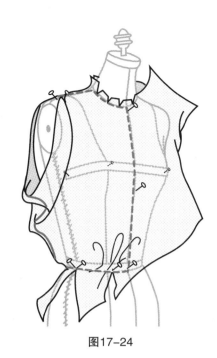

图17-24

④ 捋顺面料至前中线，使面料的经向线与人台的前中线平行。

⑤ 捋顺面料至后中线，使面料的纬向线与人台的后中线平行。

⑥ 修剪并用大头针固定前、后腰围线。

⑦ 在前、后领口线上均匀打剪口，修剪肩线。

> 注 在腰线的立体裁剪中，设计者必定会保留一定的褶、省或碎褶，如下所示。

⑧ 标记关键部位：
　a 前、后片。
　b 前中线。
　c 后中线。
　d 前、后腰线。
　e 肩点和褶。

⑨ 检查所有的缝合线。参照第3章原型部分，检验肩线、领口线、侧缝线和腰围线。添加缝份并修剪多余的面料。在腋下悬垂褶折线处，根据所需贴边的大小确定其宽度和形状。

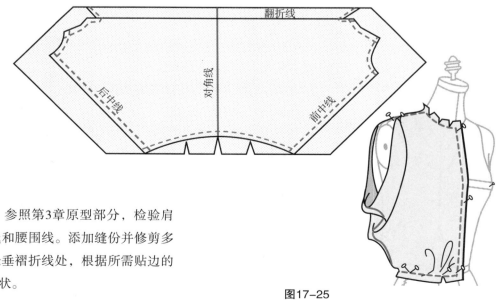

图17-25

第18章

连衣裙设计

连衣裙设计

　　连衣裙的变化设计，可以是不同的廓型和长度，也可以是分割线、领口线、袖型和领子的细节设计，不同的设计适合于不同场合、时间和季节穿着。

　　连衣裙的立体裁剪是很重要的。因此，本章着重介绍各种各样的连衣裙，帮助设计者了解连衣裙廓型变化的原则和方法。

图18-1

学习目标

通过本章的学习，设计者能够：
» 通过一些较复杂的连衣裙立体裁剪操作，巩固前面章节中所学的技法。
» 在人台上对面料进行折叠、省、褶裥和凸起的造型。
» 探索和定义裙子的风格和廓型，基于胸部、臀部和腰部的形态。
» 保持平衡和简洁的风格，不在一块面料上过度设计。
» 开拓创造力和激发创作灵感。
» 增强裁剪技术在处理柔软面料方面的应用，提高塑造特定形态的能力。

帝国式高腰连衣裙

　　裙子的分割线可以在裙身的任意位置，这种帝国式高腰设计，特别适合于宽松的腰线和半紧身设计。这种设计的高腰线，以紧靠下胸围线、逐渐向后倾斜为主要特征。连衣裙的裙身部分可以做褶，使得侧缝与经向线平行，或者做褶裥使设计更有特色。"帝国式高腰线"这一术语，流行于法国的皇后约瑟芬，其主要设计特点是小泡泡袖、及踝长的裙身、在胸部下系一根腰带。

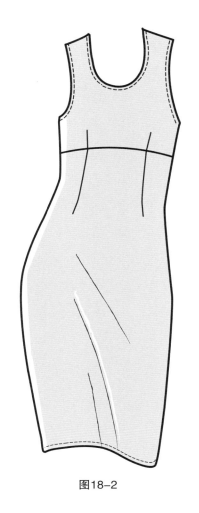

图18-2

帝国式高腰连衣裙：准备人台

　　根据设计效果，用大头针或标识带在人台的前、后身别出领口线和高腰设计线，同时做好臀围线的标记。

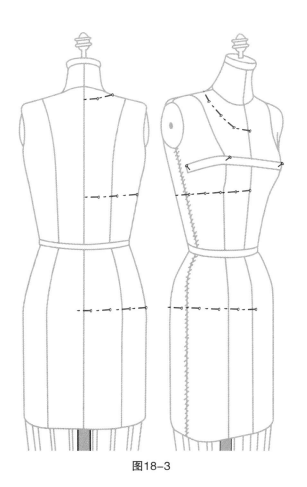

图18-3

帝国式高腰连衣裙：准备衣身的面料

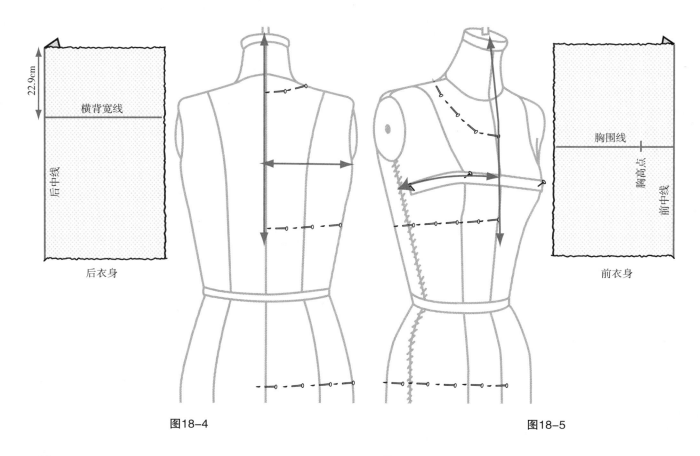

图18-4

图18-5

1 在人台上测量衣身设计的长度和宽度，加10.2cm（4英寸）就是面料的长度和宽度。

2 距离布边2.5cm（1英寸），绘制前中、后中经向线，扣烫平服。

3 绘制前片胸围纬向线（大约在面料的中间位置）。

　a 测量人台上两个胸高点间的距离。

　b 在布料对应的位置，在胸高点位置做十字标记。

4 距离面料的顶端22.9cm（9英寸），绘制纬向的横背宽线。

帝国式高腰连衣裙：准备裙身的面料

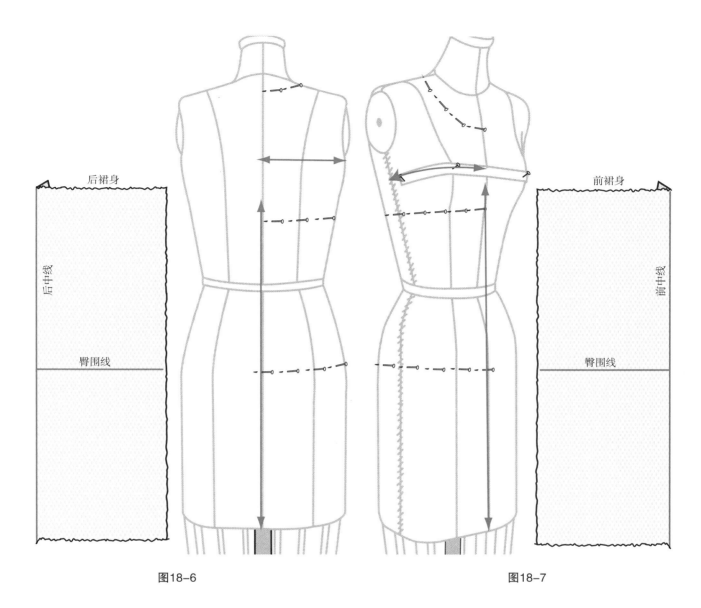

图18-6

图18-7

① 测量前、后裙身需要的围度。

② 在人台上测量，从高腰线至裙摆的长度（沿经向），加12.7cm（5英寸）就是面料的长度。

③ 面料分成两半。将面料对折，沿经向线撕成两片，一片用于前片的裙身，而另一片则用于后片的裙身。

④ 距离布边2.5cm（1英寸），绘制前中、后中经向线，扣烫平服。

⑤ 在人台上测量，从高腰线至臀围线的距离加上10.2cm（4英寸）的长度，在面料上绘制前、后纬向线。

帝国式高腰连衣裙：衣身的立体裁剪步骤

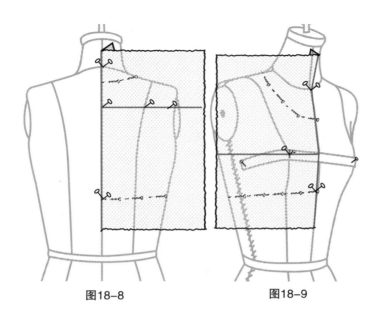

图18-8   图18-9

① 前片经、纬向的立体裁剪。将面料的前中经向线
与人台的前中线对齐并固定，纬向线与胸围线对
齐并固定。同时，在前颈点、前中线与高腰线的
交叉点用大头针固定。

② 后片经、纬向的立体裁剪。将面料的后中经向线
与人台的后中线对齐并固定，纬向线与横背宽线
对齐并固定。同时，在后颈点、后中线与高腰线
的交叉点用大头针固定。

③ 捋顺前领口的面料、修剪、打剪口并
固定。逆时针方向捋顺面料盖过肩部
和臂根板，把多余的面料放置在高腰
线下（纬向线将会向下，并从胸高点
处形成一个向下的夹角）。

④ 捋顺后领口的面料、修剪、打剪口并
固定。顺时针方向捋顺面料盖过肩部
和臂根板，把多余的面料放置在高腰
线下。

⑤ 别合前、后肩线。

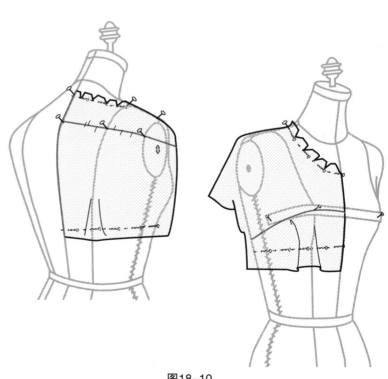

图18-10

6 捋顺前袖窿处的面料，所有多余的面料留在侧
   缝处和胸围下的高腰线处，并固定侧缝线。

   » 有袖设计：在袖窿上别一个1.3cm（$\frac{1}{2}$英寸）
     造型量。同时，不要修剪袖窿周围的余量，避
     免袖窿操作时过紧，这些余量留待调整用。

   » 无袖设计：捋顺袖窿弧线处的面料，修剪、
     打剪口并固定。无袖设计的袖窿弧线不需要
     松量，避免拉大袖窿弧线。

7 前片高腰线的立体裁剪。多余的面料已经堆积
   在胸部下，可以形成省、褶裥或碎褶，从而设
   计满意的高腰线。如果前片袖窿省或侧胸省需
   要设计在高腰线上，这时就需要调整面料余量
   的位置做省。处理剩下的高腰线。

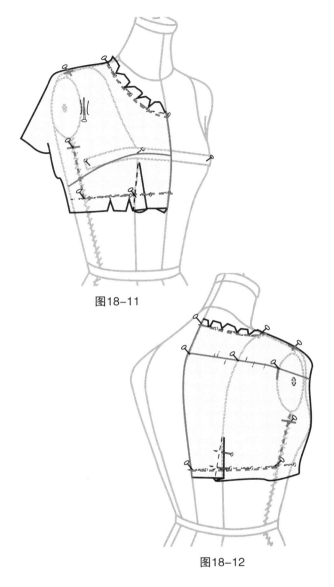

图18-11

图18-12

8 捋顺后袖窿处的面料，所有多余的面料留在侧缝
   处和高腰线处，这些余量可以做成省和碎褶。

   » 有袖设计：从肩部至横背宽线间的袖窿弧线，
     需要0.6cm（$\frac{1}{4}$英寸）的松量。

   » 无袖设计：捋顺袖窿弧线处的面料，修剪、
     打剪口并固定。无袖设计的袖窿弧线不需要
     松量，所有余量要处理在肩线和侧缝线。

9 捋顺从后中线至公主线的布料，在公主线上捏一
   个1.9cm（$\frac{3}{4}$英寸）的省，继续捋顺和调整面料
   至侧缝线，裁剪后片高腰线，并固定侧缝线。

10 在面料上标记与人台对应的关键部位。

   a 领围线：在前颈点和侧颈点做十字标记。

   b 肩线：用虚线标记肩线，在肩点做十字标记。

   c 臂根板：

   » 肩点。

   » 袖窿中点。

   » 侧缝与下摆的交叉点做十字标记。

   d 侧缝线：用虚线标记。

   e 设计线以及其他设计细节。

帝国式高腰连衣裙：裙身的立体裁剪步骤

1. 将前、后片的经向线与人台的前、后中线对齐，并固定。裙身的宽度比高腰线长度多5.1cm（2英寸），在前中、后中和高腰线的交叉点用大头针固定，布料自然下垂至下摆。

2. 在臀围纬向线上，捋顺面料并固定［均匀分布0.6cm（$\frac{1}{4}$英寸）松量］，在侧缝处结束。

3. 在人台上固定侧缝线（臀围线以下部分）。腰围线与侧缝的交点处打剪口，将顺布料至高腰线。

> 注　腰部的造型和松量，是由款式决定的。因此，腰围可以很宽松，使裙身远离身体；也可以是合体的，并与身体亲密接触。紧身型的腰围线，需要加省或褶的设计。

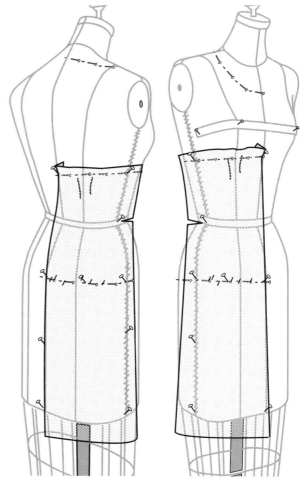

图18-13

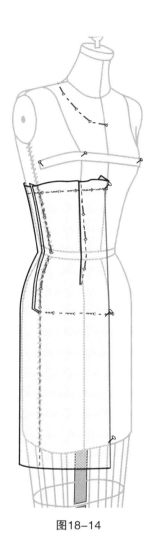

图18-14

④ 别合前、后侧缝线。取掉臀围线上的大头针，修剪并固定侧缝线，增加裙身的宽松度。检查裙身的造型，不能有任何的拉伸和扭曲。如果需要调整，就在人台上检查并重新塑造侧缝的形态。

⑤ 省道的立体裁剪。第一个省设计在传统的位置公主线上，从高腰线处开始。将省收在腰围线上呈菱形，腰围线省长10.2cm（4英寸）。如果需要设计第二个省，则设置在距离公主线3.2cm（$1\frac{1}{4}$英寸）的位置。腰围线下前片最大的省长是10.2cm（4英寸），后片是14.0cm（$5\frac{1}{2}$英寸）。

⑥ 在面料上标记与人台对应的所有关键部位。

a 侧缝线：用虚线标记。

b 省线：在省端点和省尖点做十字标记。

c 标记高腰设计线以及其他设计细节。

⑦ 检查衣身和裙身部分。拓板后，在高腰线处将前、后裙身部分与前、后衣身部分别合在一起，再次检查是否有任何的扭曲和拉伸，进行必要的调整。

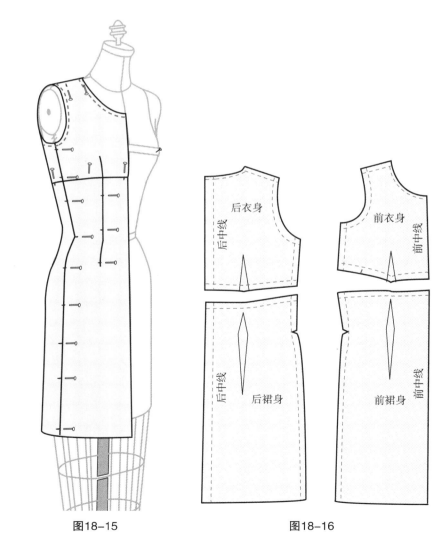

图18-15   图18-16

图18-17

吊带公主裙

　　吊带公主裙是无袖设计，领口线在胸部上方，用很细的肩带固定。吊带裙设计，一般有竖直缝合线将裙身分为前、后片。吊带公主裙没有合体的腰围分割线，只有修长的竖直分割线。额外的"波浪"造型，以裙的形式设计在礼服中，通常选用柔软的面料，使得裙子更有轻盈、飘逸的感觉。

吊带公主裙：准备人台

　　根据设计效果，用大头针或标识带在人台上标记领口线。

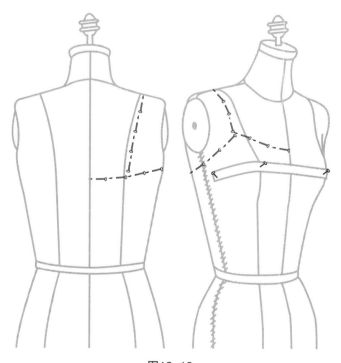

图18-18

吊带公主裙：准备面料

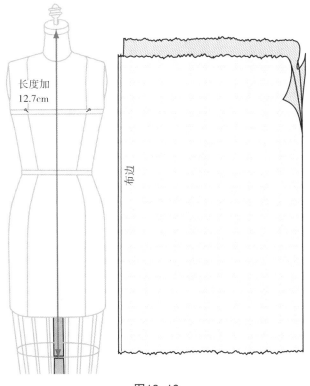

图18-19

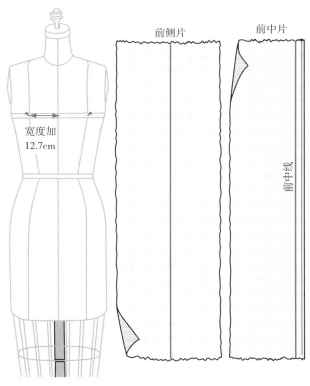

图18-20

1. 在人台上，从颈口至裙摆测量（沿经向）前、后片的长度，加12.7cm（5英寸）就是面料的长度。

2. 面料分成两半。将面料对折，沿经向线撕成两片，一片用于前片的裙身，而另一片则用于后片的裙身。

3. 使用步骤①和②准备面料中的一片，测量从人台的前中线至前公主线（沿纬向）的距离，加12.7cm（5英寸）就是前中片的宽度。用剩下的前片面料作为前侧片。

4. 距离布边2.5cm（1英寸），绘制前中经向线，扣烫平服。

5. 在前侧片的中间位置，绘制经向线。

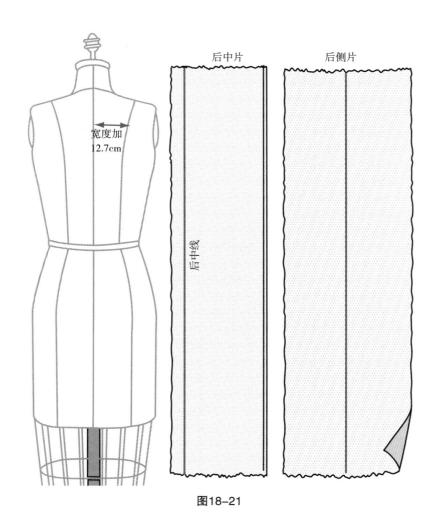

后中片　　　　后侧片

后中线

宽度加
12.7cm

图18-21

⑥ 使用步骤①和②准备面料中的另一片，测量从
人台的后中线至后公主线（沿纬向）的距离，加
12.7cm（5英寸）就是后中片的宽度。用剩下的
后片面料作为后侧片。

⑦ 距离布边2.5cm（1英寸），绘制后中经向
线，扣烫平服。

⑧ 在后侧片的中间位置，绘制经向线。

吊带公主裙：前中片的立体裁剪步骤

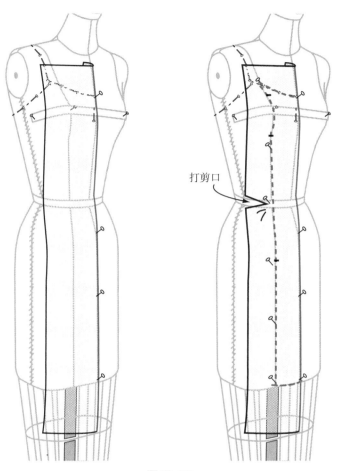

打剪口

图18-22

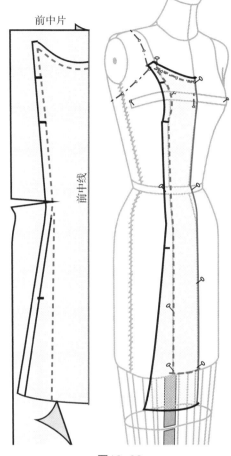

前中片

前中线

图18-23

① 将前中片的中线折线与人台的前中线对齐，并固定。前中片在前领口的上端，需要高出 7.6cm（3英寸）。

② 在公主线与腰线的交叉处，打剪口。从前中线将顺面料盖过公主线，并固定（腰围处的面料要平顺，而不能卷曲）。

③ 在前中片上标记与人台对应的所有关键部位：

ａ 抹胸式领口线。

ｂ 公主线。

ｃ 设计线对位点：距胸高点上、下5.1cm（2英寸）处做十字标记。

ｄ 下摆线：依据人台的底部或者是中裆线。

ｅ 拓板前中片。

④ 增加的波浪造型量，放置在公主线的下摆处，加量逐渐融合在腰围处。

⑤ 添加缝份，修剪掉多余的面料，把前中片放回人台并检验其合体度。

吊带公主裙：前侧片的立体裁剪步骤

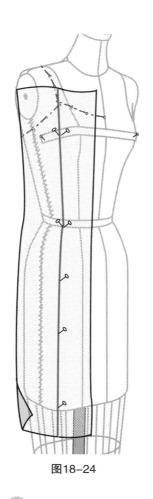

图18-24

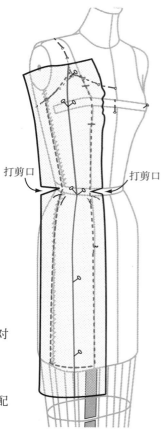

图18-25

① 将前侧片的经向折线与人台的公主线中心平衡线对齐，并固定。前侧片在领口的上端，需要高出7.6cm（3英寸）。沿经向线，分别在领口线、腰围线和臀围线用大头针固定。

② 在公主线与腰线的交叉处，打剪口。从经向线将顺面料盖过公主线，并固定（公主线上的松量会顺延至胸部，均匀处理在两个对位点间）。

③ 在侧缝线与腰线的交叉处，打剪口。从经向线将顺面料盖过侧缝线，并固定。

④ 在前侧片上标记与人台对应的所有关键部位：
　a 公主线。
　b 设计线对位点：匹配前中片的对位点。
　c 抹胸式领口线。
　d 侧缝线。
　e 下摆线。

⑤ 检查所有的缝合线。从人台上将前侧片取下来，并检查所有的缝合线。增加的波浪造型量，放置在公主线和侧缝线的下摆处，加量逐渐融合在腰围处。

⑥ 添加缝份并修剪掉多余的面料，别合前中片和前侧片并放回人台上，检查其缝合线、对位点和平衡性。

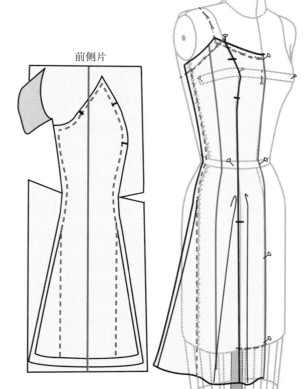

前侧片

图18-26

吊带公主裙：后中片的立体裁剪步骤

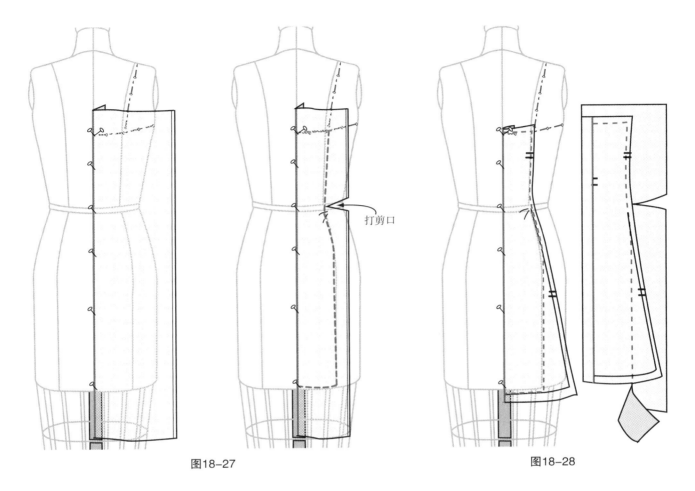

打剪口

图18-27

图18-28

① 将后中片的中线折线与人台的后中线对齐，并固定。后中片在后领口的上端，需要高出7.6cm（3英寸）。

② 在公主线与腰线的交叉处，打剪口。从后中线将顺面料盖过公主线，并固定（腰围处的面料要平顺，而不能卷曲）。

③ 在后中片上标记与人台对应的所有关键部位：
　a 抹胸式领口线。
　b 公主线。
　c 设计线对位点：后片两个对位点。
　d 下摆线：依据人台的底部或者是中档线。

④ 检查所有的缝合线。从人台上将后中片取下来，并检查所有的缝合线。增加的波浪造型量，放置在公主线的下摆处，加量逐渐融合在腰围处。

⑤ 添加缝份并修剪掉多余的面料，放回人台上并检查其合体度。

吊带公主裙：后侧片的立体裁剪步骤

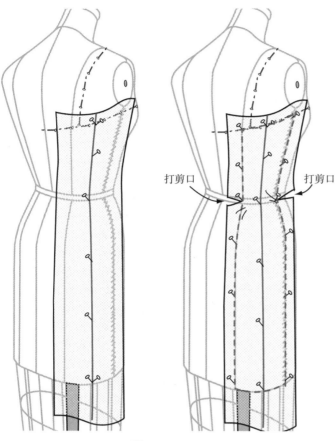

图18-29

① 将后侧片的经向折线与人台的公主线中心平衡线对齐，并固定。后侧片在领口的上端，需要高出7.6cm（3英寸）。沿经向线，分别在领口线、腰围线和臀围线用大头针固定。

后侧片

图18-30

② 在公主线与腰线的交叉处，打剪口。从经向线将顺面料盖过公主线，并固定（公主线上的松量会顺延至胸部，均匀处理在两个对位点间）。

③ 在侧缝线与腰线的交叉处，打剪口。从经向线将顺面料盖过侧缝线，并固定。

④ 在后侧片上标记与人台对应的所有关键部位：

    a 公主线。

    b 设计线对位点：匹配后中片的对位点。

    c 抹胸式领口线。

    d 侧缝线。

    e 下摆线。

⑤ 检查所有的缝合线。从人台上将后侧片取下来，并检查所有的缝合线。增加的波浪造型量，放置在公主线和侧缝线的下摆处，加量逐渐融合在腰围处。

⑥ 添加缝份并修剪掉多余的面料，别合所有裁片放回人台上，检查其准确性、合体度和平衡性。

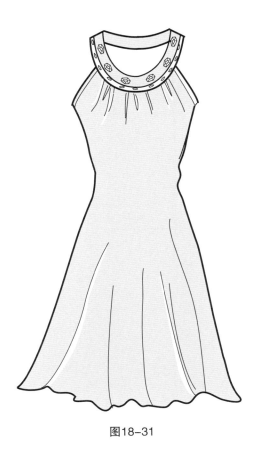

图18-31

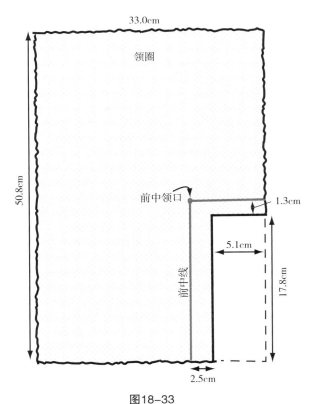

图18-33

露肩连衣裙

露肩连衣裙是一种非常时尚的连衣裙，以炫目的领圈设计为主要特色。通过转移省量，在领圈处抽碎摺进行造型，整体更加美观和舒适。通常选用传统、柔软的面料制作，微微弯曲的领圈，让露肩连衣裙看起来更美观、更浪漫。

露肩连衣裙：准备人台

根据设计效果，用大头针或标识带在人台上标记领圈和袖窿的形状。

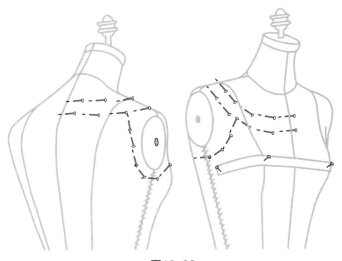

图18-32

露肩连衣裙：准备领圈面料

1 裁剪一块长50.8cm（20英寸），宽33.0cm（13英寸）的面料。

2 在这块长方形面料的右下角，裁掉一块长17.8cm（7英寸）、宽5.1cm（2英寸）的面料（如图所示）。

3 距离裁掉长17.8cm（7英寸）的边缘2.5cm（1英寸）处，绘制前中经向线，在裁掉5.1cm（2英寸）的上方1.3cm（$\frac{1}{2}$英寸）处，绘制纬向线。前中经向线与纬向线相交的点，就是前中领口的位置。

露肩连衣裙：准备裙身面料

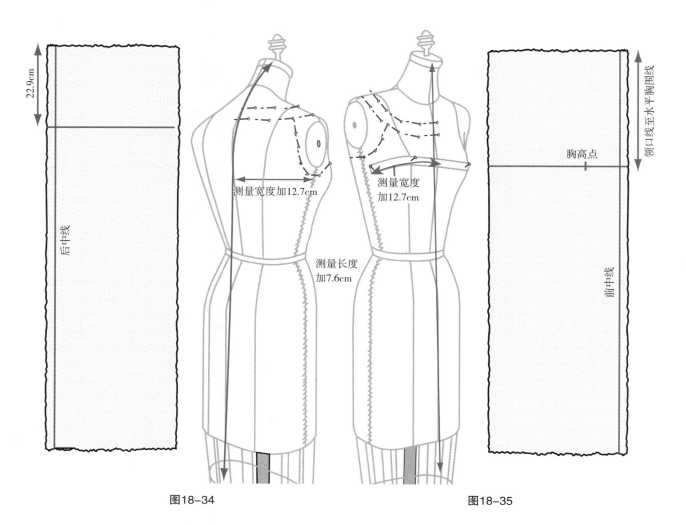

图18-34

图18-35

① 在人台上，从颈口至裙摆测量（沿经向）前、后裙身的长度，加7.6cm（3英寸）就是面料的长度。沿经向线，根据这个长度撕一块面料。

② 在人台上，从前中线至侧缝线测量（沿纬向）前、后裙身的宽度，加12.7cm（5英寸）就是面料的宽度。沿纬向线，根据这个宽度在步骤①准备的面料上撕一块面料。

③ 距离布边2.5cm（1英寸），绘制前中、后中经向线，扣烫平服。

④ 在胸围线位置绘制前片的纬向线（距离是从领口线至水平胸围线）。

　a 测量人台上的胸高点，就是从前中至胸高点的距离。

　b 在前片的水平胸围线上对应的位置，标记胸高点。

⑤ 距离面料的顶端22.9cm（9英寸），绘制后片的纬向线，这条线就是横背宽线。

露肩连衣裙：领圈的立体裁剪步骤

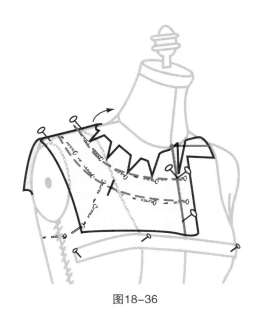

图18-36

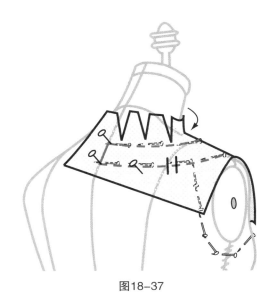

图18-37

① 将领圈裁片的前中经向线与人台的前中线对齐并固定，将前领口中线位置与人台的前领口中线对齐并固定。

② 捋顺面料至肩部，修剪、打剪口并固定前领圈边缘。

③ 继续捋顺布料至后中线，修剪、打剪口并固定后领圈边缘。通常，领圈面料纱向会形成45°角的形态。

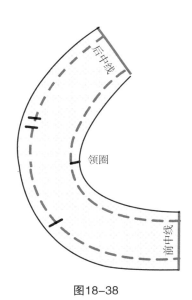

图18-38

④ 在面料上标记与人台对应的所有重要部位。绘制领圈的内、外边缘，同时标记缝制对位点：前身一个、后身两个。

⑤ 检查所有的缝合线。将领圈裁片从人台上取下，检查所有的缝合线。增加缝份并修剪多余的面料，将领圈裁片放回人台上，检查其精准性和合体度。

露肩连衣裙：前、后裙身的立体裁剪步骤

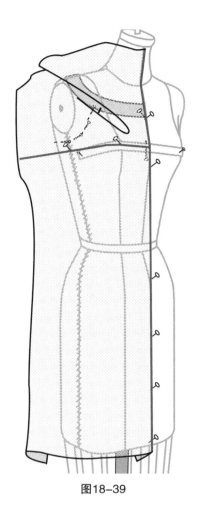

图18-39

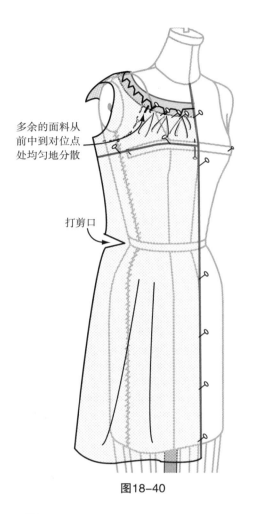

多余的面料从
前中到对位点
处均匀地分散

打剪口

图18-40

① 将面料和人台的胸高点对齐并固定。

② 将面料上的前中经向折线与人台的前中线对齐并固定，前中领圈放置在下层，并在胸带上别一颗大头针。

③ 纬向线与地面平行对齐。捋顺面料盖过侧缝线，并在侧缝线上用大头针固定。

④ 从胸围线向上捋顺多余的面料盖过领圈，同时捋顺面料水平地盖过袖窿弧线。

⑤ 捋顺领口线周围多余的面料，均匀打剪口，裁剪领口线并在胸围线上进行造型。形成一个集中发散的效果，固定多余的面料从前中到对位点处均匀地分散，并用大头针固定在合适的位置。

⑥ 在侧缝与腰线的交叉处，打剪口并修剪多余的面料，造型并将面料固定在侧缝线。

> 注　如果要增加裙身部分的波浪褶，就需要在领圈线处增加更多的抽褶量。褶量可以通过转移侧缝，在前中线处增加额外的面料来到达想要的效果。

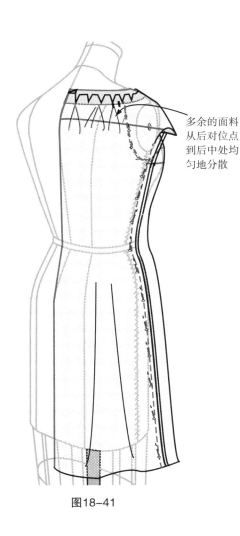

图18-41

多余的面料
从后对位点
到后中处均
匀地分散

露肩连衣裙：拓板

1 从人台上取下裁片。检查所有的缝合线，添加缝份并修剪多余的面料。

2 将最后完成的裁片放回人台上，并检查其准确性、合体度和协调性。

7 后裙身的立体裁剪：

a 将面料上的后中经向折线与人台的后中线对齐，并固定。

b 将面料与人台的横背宽线对齐，并固定。同时，将顺背部多余的面料，均匀打剪口，裁剪领圈线并进行造型。将多余的面料从侧缝捋顺至后中线，均匀分散并用大头针固定在合适的位置。

c 在侧缝与腰线的交叉处打剪口，修剪多余的面料，造型并将前、后侧缝线别合在一起（前、后裙身的波浪造型要一致）。

8 在面料上标记与人台所有对应的关键部位。

a 领口线。

b 袖窿造型线。

c 侧缝线：用虚线标记。

d 下摆线：标记设计的长度和形状。

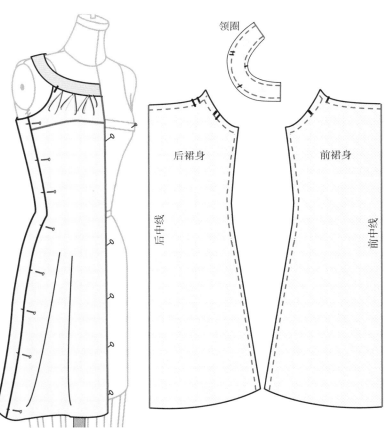

图18-42

斜裁吊带连衣裙

　　甜美、优雅如梦般的浪漫，就是超级时尚的斜裁裙。通常选用流畅的面料制作，如绉缎、双绉或者是平纹丝绸。

　　由于斜纱本身具有较强的拉伸性，从20世纪20年代的设计师玛德琳·薇欧奈（Madeleine Vionnet）到90年代的设计师唐纳·卡兰（Donna Karan），都喜欢用这种纱向的面料来创作新的连衣裙款式，也使斜裁连衣裙在零售业中赢得认可。斜裁连衣裙更容易穿脱，并且穿着舒适。

　　斜裁连衣裙是无袖设计，领口线在胸部上方，用很细的肩带固定。裙身使用斜裁法，更加合体、容易穿脱以及符合身体的运动。斜裁连衣裙逐渐替代了紧身连体套装，可以单穿，也可以搭配一件开襟羊毛衫、定做的外套或一条打底裤。

图18-43

斜裁吊带连衣裙：准备人台

　　根据设计效果，用大头针或标识带在人台上标记设计的领口线和袖窿弧线。从人台上取下胸带。

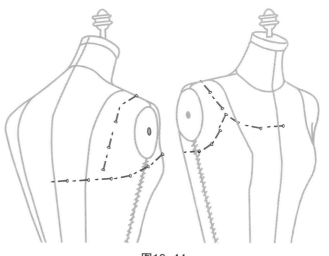

图18-44

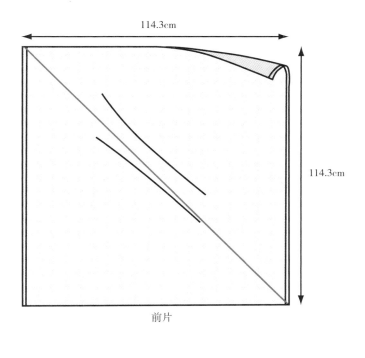

前片

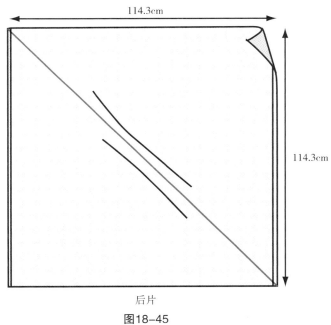

后片

图18-45

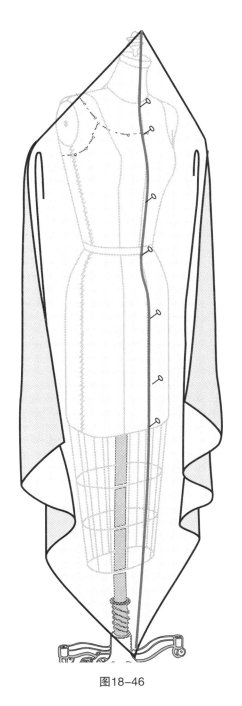

图18-46

斜裁连衣裙：准备面料

① 根据裙子的长度和宽度，测量并裁剪两块114.3cm
（45英寸）的正方形面料。

② 在面料上绘制一条正斜对角线。

斜裁连衣裙：立体裁剪步骤

① 将面料上的对角线与人台的前中线对齐并
固定，在设计的胸围线上方至少多出7.6cm（3
英寸）。

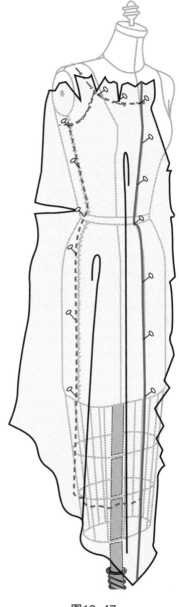

图18-47

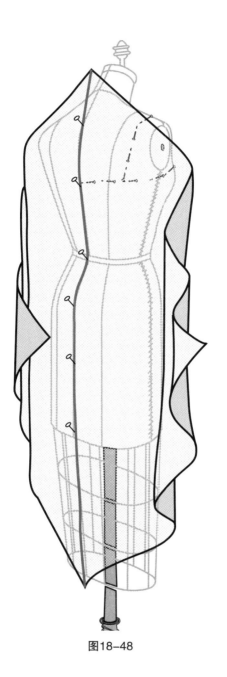

图18-48

② 捋顺前领围线，修剪、均匀打剪口并固定。从前中线大约5.1cm（2英寸）开始，沿布料上端向领口线打剪口，并固定领口款式线。

③ 在胸围下塑造轻柔、流动感的波浪褶，而胸部是紧贴身体的。当一个斜褶固定在胸围线上，一个轻柔的波浪褶将会在胸部下形成，并扩展到下摆线。

④ 从第一次修剪的领口款式线处大约5.1cm（2英寸）开始，修剪、均匀打剪口并固定。将顺剩下的胸部区域的面料，并造型。继续将顺布料至另一侧，盖过胸部并朝向侧缝。

⑤ 从侧缝将顺布料至腰围线，修剪、均匀打剪口并固定。当侧缝合适时，第二个轻柔的波浪褶就会在臀围线至公主线的中间形成，完成腰围线下的侧缝造型。

⑥ 在前片上标记与人台对应的所有关键部位：
　　a 前领口款式线。
　　b 侧缝与腰线的交叉点：标记对位点。
　　c 侧缝线：用虚线标记。
　　d 下摆线：依据人台的底部或者是中裆。

　　注　不要从人台上取下裁片。

⑦ 将面料上的斜纱与人台的后中对齐并固定，在设计的胸围线上方至少多出7.6cm（3英寸）。

8 捋顺后领口线，修剪、均匀打剪口并固定。从后中大约5.1cm（2英寸）开始，沿布料上端向领口线打剪口，并固定领口款式线。

9 在后领口下塑造轻柔、流动感的波浪褶。当一个斜褶固定在后领口线上，一个轻柔的波浪褶将会在背部下形成，并扩展到下摆线。

10 从第一次修剪的领口款式线处大约5.1cm（2英寸）开始，修剪、均匀打剪口并固定。捋顺剩下的背部区域的面料，并造型。继续捋顺布料至另一侧，盖过背部并朝向侧缝。

11 从侧缝捋顺布料至腰围线，修剪、均匀打剪口并固定。当侧缝合适时，第二个轻柔的波浪褶就会在臀围线至公主线的中间形成，完成腰围线下的侧缝造型。

12 别合前、后侧缝线，调整直到达到需要的侧缝形状。

13 在后片上标记与人台对应的所有关键部位：

a 后领口款式线。

b 侧缝与腰线的交叉点：标记对位点。

c 侧缝线：用虚线标记。

d 下摆线：依据人台的底部或者是中档。

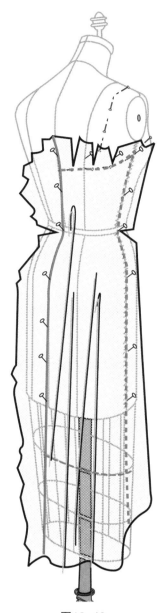

图18-49

后中线

前中线

后裙身

前裙身

图18-50

图18-51

⑭ 测量设计所需要的细肩带的长度并裁剪，增加 2.5cm（1英寸）作为缝份。

⑮ 检查前、后裙身。将裙片从人台上取下，检查 所有的缝合线，添加缝份并修剪多余的面料， 别合前、后裙身。

⑯ 将完成好的裁片重新放回人台上，并检查其准 确性，合体度和均衡性。

第19章

礼服裙设计

- » 立体装饰礼服裙设计
- » 高腰挂脖礼服裙设计
- » 抹胸紧身礼服裙设计
- » 单肩抹胸礼服裙设计

礼服裙设计

晚礼服常选用悬垂感极强的面料，塑造精美流畅的褶皱，它是华丽性感的代名词。同时搭配设计荷叶边、放射式的褶裥、多层的褶裥、斜纹裁剪和碎褶，使礼服变得更加飘逸灵动。设计者通过本章的学习，掌握了娴熟的立体裁剪技术，就能为客户设计出别具特色的晚礼服造型。

无论设计者是依据设计稿，或只是一个脑海里的概念，都可以通过眼睛的观察和手的操作去直观地塑造面料的线条和形状。酒会礼服或晚礼服的立体裁剪，在本章的讲解中，激发设计者的想象力和创造力，通过有目的地使用服装所需要的面料，直接在人台上进行立体裁剪。立体裁剪对于悬垂感极强的柔软面料是极具优势的，因为很难确定面料的用量，同时造型不准确的话，都会影响其合体性。经验丰富的设计师，才能毫不费力地利用已有的技能，在人台上表达自己的原创设计。

图19-1

学习目标

通过本章的学习，设计者应该能够：

» 通过前面章节的学习，增强抹胸晚礼服的立体裁剪技能。
» 学会计算完成一款服装立体裁剪所需要的面料。
» 学会在人台上进行面料立体裁剪的精细造型。
» 学会处理面料在人台上的各种造型，如廓型、发射式褶裥以及足够的廓型松量。
» 保持整体的平衡流畅，不在面料上进行过度的设计。
» 发挥创造力，并激发各种灵感来完善晚礼服的设计。
» 提高用立体裁剪技术处理面料的灵活性，掌握定义和评判设计的市场价值。

图19-2

立体装饰礼服裙设计

有"雕塑"效果的立体裁剪设计，是指用添加的面料做立体装饰性的褶裥或碎褶；或者是围绕着胸部进行抽褶并发射的设计，侧缝合体保持原样。在胸部抽碎褶或缝活褶，腰部顺畅下垂造型，其大量布料的褶皱堆积效果围裹在上半身，使礼服整体给人以妖娆性感、撩拨心弦的感觉。

立体装饰礼服裙设计：准备人台

取掉人台上的胸带（抹胸），根据设计的效果，在人台上标记出发射状的打褶造型线（如图所示前中的菱形造型，同时可以设计成不同的尺寸、形状，或者是固定在一侧的肩部或臀围上部）。进行立体装饰部分形状的设计和立体裁剪（添加缝份），并固定在人台上。

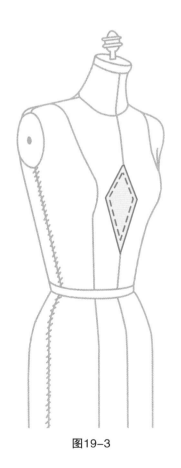

图19-3

立体装饰礼服裙设计：准备面料

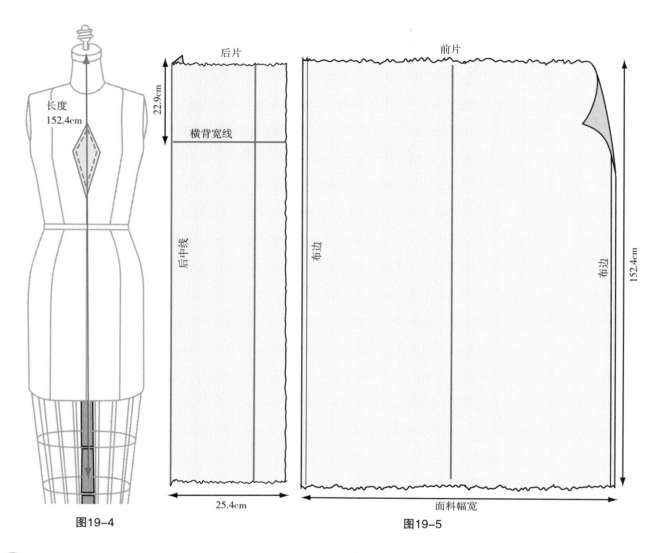

图19-4

图19-5

1 前、后片的长度：测量，沿经向的布纹量取 152.4~203.2cm（60~80英寸），就是面料的长度。

2 前片的宽度：
   a 前片的立体裁剪，需要整块面料的幅宽。
   b 在面料的中间位置，绘制经向布纹线。

3 后片的宽度：
   a 后片的立体裁剪，需要测量后中线至侧缝的距离再加上20.3cm（8英寸），就是面料的宽度，至少45.7cm（18英寸）。
   b 距离布边25.4cm（10英寸），绘制经向线。
   c 距离面料的上端22.9cm（9英寸），绘制垂直于经向线的纬向线。

立体装饰礼服裙设计：前片的立体裁剪步骤

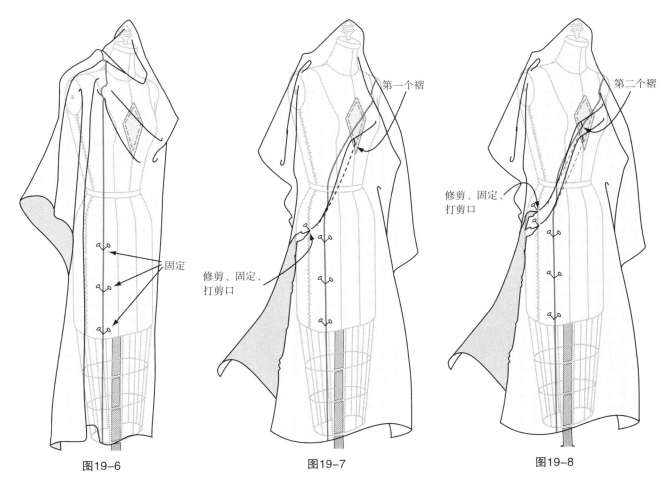

图19-6

图19-7

第一个褶

修剪、固定、
打剪口

固定

图19-8

第二个褶

修剪、固定、
打剪口

1. 将前片的经向线与人台公主线
   的中心平衡线对齐并固定，从
   人台的底部边缘到臀围线，沿
   经向线至少固定三枚大头针。
   进行礼服裙靠下部分的立体裁
   剪时，把所有多余的面料固定
   在肩部和人台的顶部。

2. 固定横穿人台前中线部分的面
   料，进行立体裁剪。保持面料
   的经向布纹线与人台的前中线
   平行，用两枚或者是更多的大
   头针将前中位置处的面料牢牢
   固定。

3. 距离人台的侧缝大约5.1cm（2
   英寸）处修剪面料，从底部边
   缘至发散褶皱造型的最低处打
   剪口。

   a 在侧缝线上发散褶皱的最低
     处，固定一枚大头针。

   b 从侧缝至大头针固定处打
     剪口。

   c 折叠设计效果中的第一个
     褶，至侧缝处消失并固定。
     布纹将会在前中形成一个
     角度，当沿这个方向继续打
     褶时，造型就会变得更加夸
     张。同时，第一个褶的操作
     是整个打褶过程中最难的，
     要有耐心。

4. 操作第二个褶。

   a 捋顺侧缝处的面料，在第
     二个褶的地方用一枚大头针
     固定。

   b 从侧缝至大头针固定处打
     剪口。

   c 折叠设计效果中的第二个
     褶，至侧缝处消失并固定。

第三个褶

图19-9

图19-10

⑤ 继续固定、修剪和操作余下的褶。大约每隔
2.5cm（1英寸）固定并修剪侧缝，在每一个固
定和修剪的地方折叠一个新的褶，都呈发散
状。同时，修剪和固定另一侧的侧缝线。

⑥ 侧缝处的立体裁剪完成后，沿顺时针方向向上
捋顺袖窿和肩部的面料，注意不要拉伸。

⑦ 修剪掉人台上后身的多余面料，保留大约
10.2cm（4英寸）的余量，再次调整肩部的褶
皱造型。

⑧ 从经向线处的面料边缘向褶皱中心打剪口。

⑨ 修剪褶皱设计周围已经操作完成的面料，留足
缝份和上身的褶裥造型量。

⑩ 在褶皱设计位置捏褶。

  a 利用落在胸围下的多余面料，从
    左到右固定褶皱设计缝合线。每
    一个褶皱在胸部自然下垂，胸部
    无任何造型和余量。

  b 修剪褶皱设计处多余的面料（一
    个一个褶进行），固定并调整
    形态。

⑪ 修剪领口线。在多余的面料中保留
  至少5.1cm（2英寸），用来调整领
  口的形状和缝份。

⑫ 固定裁剪领口线。修剪领口线、肩
  部和侧缝处多余的面料。

⑬ 在面料上标记与人台对应的关键
  部位：

  a 肩线。

  b 设计的前袖窿造型。

  c 设计的前领口造型。

  d 侧缝线。

  e 褶皱设计线（缝合线）和褶皱位
    置。

⑭ 选做的额外造型量：如果要在前中
  进行夸张的造型，可以通过修剪、
  固定更多的面料至褶皱设计位置，
  捏褶并绘制增加的褶皱效果。如果
  在褶皱设计处将面料微微立起，礼
  服裙就更容易达到层叠的效果。

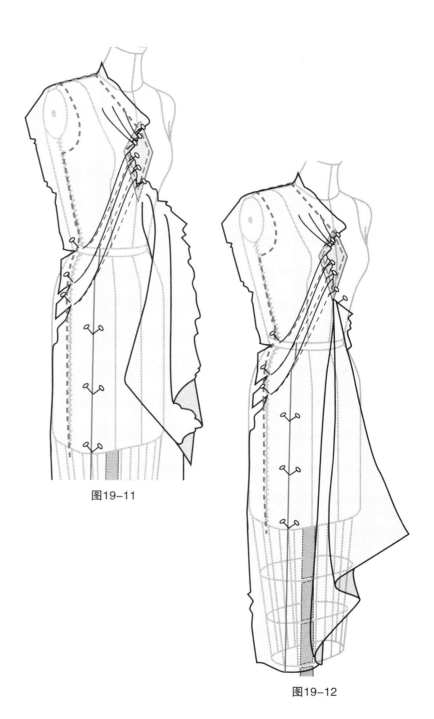

图19-11

图19-12

立体装饰礼服裙设计：后片的立体裁剪步骤

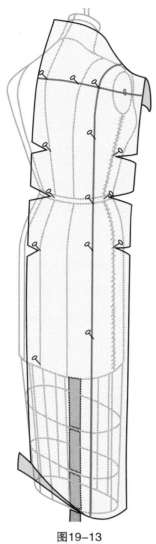

图19-13

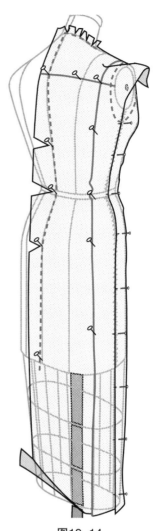

图19-14

1. 将后片的纬向布纹线与人台的横背宽线对齐并固定。

2. 将后片的经向线与人台公主线的中心平衡线对齐并固定，同时从人台的底部边缘沿人台的后中线固定。

3. 在后中线与腰围线和侧缝线的交点处，以及交点上、下各一处打剪口。

4. 抚顺布料，修剪并固定合体的后中缝。在后腰点处留大约1.9cm（$\frac{3}{4}$英寸）的松量，是为了在纬向布纹线和臀围线上无任何造型和余量。

5. 修剪、均匀打剪口和整理后领口线。

6. 后肩线的立体裁剪。抚顺面料并盖过肩线，修剪后肩线。

7. 修剪、均匀打剪口和整理后侧缝线。别合前、后侧缝，修剪前、后侧缝线。

8. 在面料上标记与人台对应的关键部位：

   a 设计的后领口线。

   b 肩线：与前肩线匹配。

   c 设计的袖窿造型。

   d 侧缝线。

⑨ 将立体裁剪完成的裁片从人台上取下，检查所有的缝合线。依据褶
皱设计的效果，添加前、后片的缝份，并修剪多余的面料。

别合前、后片放回人台上，调整最后的褶皱造型，并检查其准确
性，合体度和协调感。

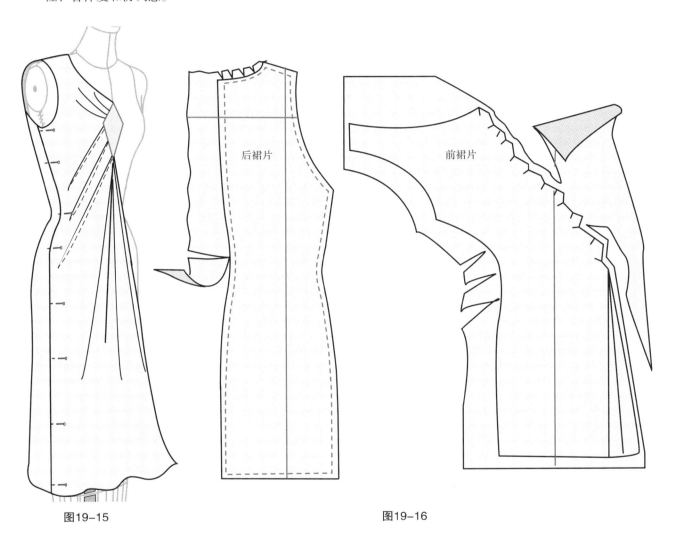

图19-15

图19-16

后裙片

前裙片

高腰挂脖礼服裙设计

　　高腰挂脖的礼服裙设计，是从1930年开始出现的较新款式，呈现希腊式的复古风格。这种款式通常选用比较柔软的面料，如雪纺。一般先将布料打褶，再固定于领圈和腰部，给人一种非常时尚的感觉。在现代时尚潮流中，颈部通常是视觉设计中心，因此它常常配以珠宝或闪亮的装饰来吸引注意力。

图19-17

高腰挂脖礼服裙设计：准备人台、领圈和腰片

取掉人台上的胸带（抹胸）。

1. 根据设计的效果，在人台上标记出设计的领圈线。

2. 同时，立体裁剪完成所设计的领圈，详见第429页第18章的具体操作。

3. 准备和裁剪前片、后片的露腰设计，详见第119～121页第7章的具体操作。

4. 用大头针别出袖窿和领圈形状，如图所示。

图19-18

高腰挂脖礼服裙设计：准备面料

① 测量并裁剪一块正方形的柔软面料，作为上身前片［如图所示，边长是71.7cm（28英寸）］。

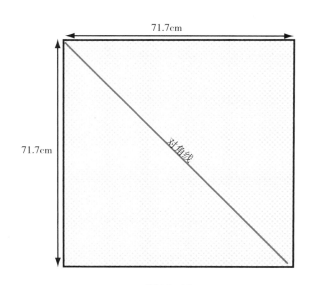

图19-19

② 绘制面料的对角线。如图所示，绘制对角线左、右侧的前中线。在面料上标记左前中线和右前中线，操作中就不易混淆。

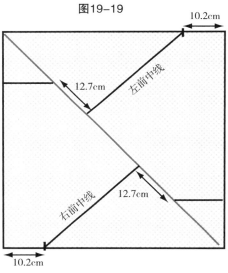

图19-20

③ 依据其他测量数据和线条形状，如图所示预先裁剪面料。

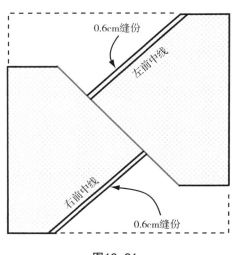

图19-21

高腰挂脖礼服裙设计：立体裁剪步骤

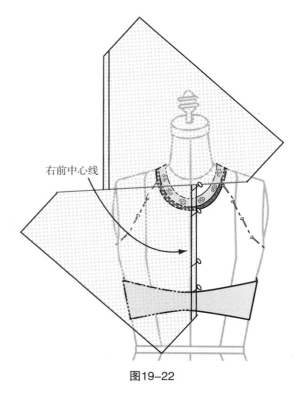

右前中心线

图19-22

① 将右前中线固定在人台的前中线上，对齐并固定前中领口，同时在腹部面料应该至少向下超过5.1cm（2英寸）。

② 沿顺时针方向打褶，先在腹部的分割线打剪口。

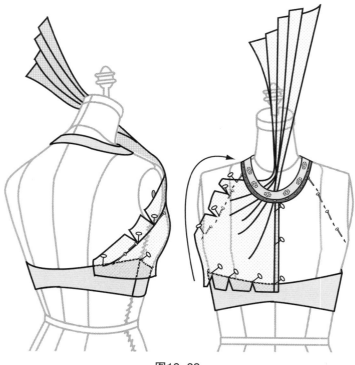

图19-23

③ 挵顺面料盖过侧缝，如图所示向后方固定，然后继续沿顺时针方向打褶并裁剪袖窿和领圈部分。

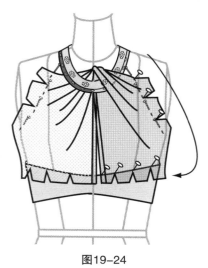

图19-24

④ 处理领圈下面多余的面料。

⑤ 将面料穿过领圈向下旋转置于左侧的腹部，左前中线与人台的前中线对齐。

⑥ 挵顺袖窿处的面料至侧缝，修剪并均匀打剪口，调整胸下部分至后片完成。

7 标记所有的褶皱。检查所有的缝合线，添加缝份并放回人台，检查其合体性。

8 斜裁裙身的操作，详见第433~436页第18章的内容。同时注意，裙身的褶向是收于腰线，而不是领圈线。

图19-25

图19-26

抹胸紧身礼服裙设计

抹胸紧身胸衣，是一种贴体无肩带的紧身上衣设计，包裹住胸部，穿着舒适。传统的抹胸紧身胸衣，有公主分割线和开得很低的前、后领口。前身的公主分割线通常用来创造、塑型和增加公主分割线和侧缝处的贴体度。

抹胸紧身胸衣，需要独特的缝纫技术和多层设计效果，这两点都非常重要。制作一件高品质紧身女胸衣，需要三层面料：一层外穿面料，一层衬里，一层缝制在衬里和外层面料之间的塑型内衣骨架。衬里和塑型内衣骨架都有前公主分割线和侧缝，其后片是一个整片或有后公主分割线。外穿设计可以变化丰富，但是三层的领口必须保持一致。

低腰设计的抹胸紧身礼服裙

帝国式高腰抹胸紧身礼服裙

基本腰围线抹胸紧身礼服裙

图19-27

抹胸紧身礼服裙设计的款式变化

抹胸紧身礼服裙的款式变化丰富，这里讲解其三种基本的款式变化：

» 基本腰围线抹胸紧身礼服裙，有合体的腰围分割线和一条拼接的裙子或装饰性短裙设计。

» 低腰设计的抹胸紧身礼服裙，腰部风格线在腰围线和中臀围线之间。

» 帝国式高腰抹胸紧身礼服裙，有清晰的胸部造型设计。

抹胸紧身礼服裙设计：抹胸紧身胸衣的立体裁剪

经典的抹胸紧身上衣制作，需要用特制的鱼骨和高超的缝纫技术。塑型内衣骨架这一层需要用鱼骨（紧身胸衣的中间层），或者是罩杯式整形内衣。这一层被缝在上衣外层和衬里之间，也需要有公主分割线。

图19-28

抹胸紧身礼服裙设计：准备人台

取掉人台上的胸带（抹胸），根据抹胸紧身礼服裙设计的效果，在人台上标记出设计的领口线。如果抹胸紧身礼服裙设计，有高腰线和胸罩设计，或者是低腰分割设计，那么这些轮廓线都需要用大头针或标识带在人台上标记出来。

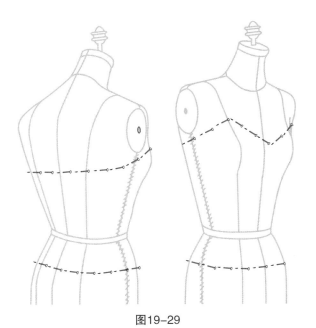

图19-29

抹胸紧身礼服裙设计：准备面料

1. 在人台上，从领口至腰围处测量前、后片的长度（沿经向），并加上10.2cm（4英寸）。

2. 将面料分成两片。沿布边对折，沿经向将面料撕剪成两片。使用其中一片作为前片，另一片则为后片。

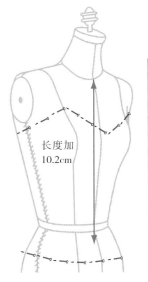

长度加
10.2cm

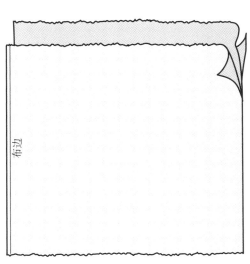

布边

图19-30

③ 使用步骤①、②准备的面料中的一片，沿胸围线（沿纬向）从人台的前中线至侧缝测量，加上10.2cm（4英寸）就是前中片的宽度，剩下的前片面料作为前侧片。

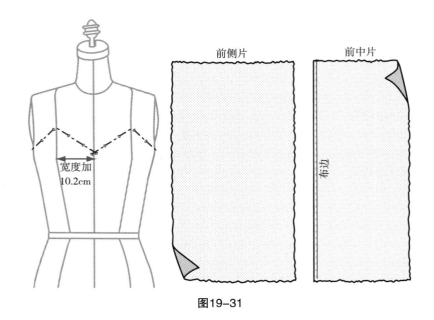

图19-31

④ 使用步骤①、②准备的面料中的另一片，测量从人台的后中线至侧缝的距离，再加上10.2cm（4英寸）就是后片的宽度。

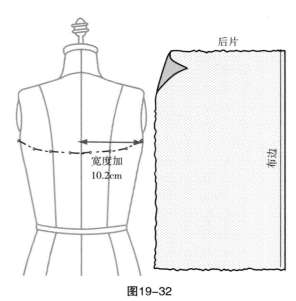

图19-32

⑤ 绘制前、后片面料上的经向中线。
a 距离布边2.5cm（1英寸），绘制前中片经向中线，并扣烫平服。
b 在前侧片的中间位置，绘制经向中线。
c 距离布边2.5cm（1英寸），绘制后片经向中线，并扣烫平服。

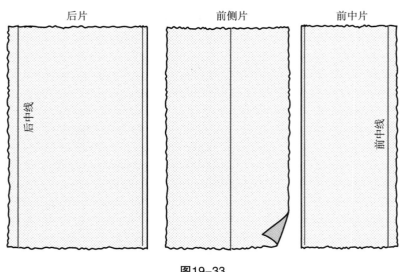

图19-33

抹胸紧身礼服裙设计：抹胸紧身胸衣的立体裁剪步骤

1. 将前中片的经向布纹折线与人台的前中线对齐并固定，前中片上端应该至少超过胸围线上方7.6cm（3英寸），下端超过腰围线下方7.6cm（3英寸）。

2. 公主分割线的立体裁剪。捋顺面料，从人台的前中盖过公主分割线并固定。

3. 在前中片上标记与人台对应的所有关键部位：

   a 胸部设计线。

   b 公主分割线和设计线的对位点：胸高点上、下3.8cm（$1\frac{1}{2}$英寸）处。

   c 腰围线。

   修剪多余的面料，添加缝份。

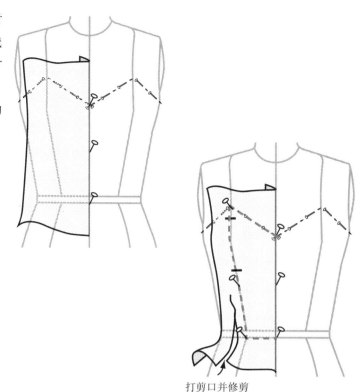

打剪口并修剪

图19-34

4. 将前侧片的经向中线与人台的公主线中心平衡线对齐并固定，前侧片上端应该至少超过胸围线上方7.6cm（3英寸），下端超过腰围线下方7.6cm（3英寸）。

5. 从前侧片的下端至腰围线，沿经向布纹线打剪口。

6. 从前侧片的经向中线开始，捋顺面料至人台的侧缝。在适当的位置处固定侧缝和腰围线，布纹方向不能偏移。

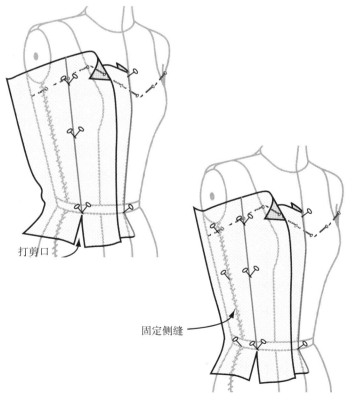

打剪口

固定侧缝

图19-35

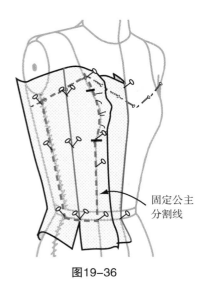

图19-36

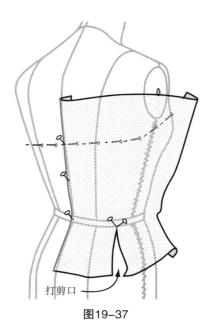

图19-37

打剪口

固定公主
分割线

7 从前侧片的经向中线开始，捋顺面料至人台的公
主线中心平衡线。在适当的位置处固定公主分割
线和腰围线，布纹方向不能偏移。

8 在前侧片上标记与人台对应的所有关键部位：

a 胸部设计线。

b 公主分割线和设计线的对位点，和前中片一致。

c 腰围线。

d 侧缝线。

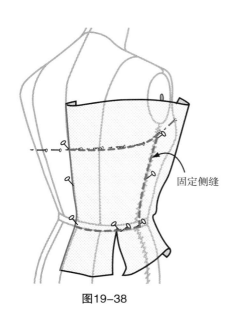

图19-38

固定侧缝

9 修剪多余的面料，添加缝份。

10 将后片的经向布纹折线与人台的后中线对齐
并固定，后片上端应该至少超过胸围线上方
7.6cm（3英寸），下端超过腰围线下方7.6cm
（3英寸）。

11 从后片的下端至腰带，沿中线经向布纹方向打
剪口，捋顺面料固定侧腰点。

12 捋顺布料至侧缝，在适当的位置处固定侧缝和腰
围线，布纹方向不能偏移。

13 在后片上标记与人台对应的所有关键部位：

a 胸部设计线。

b 腰围线。

c 侧缝线。

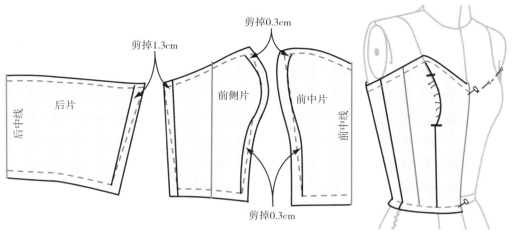

剪掉0.3cm

剪掉1.3cm

剪掉0.3cm

后中线　后片

前侧片　前中片　前中线

图19-39

图19-40

14 检查所有的缝合线。取下所有的裁片，并检查所有的缝合线。

a 特别合体的腰线，需要再调整公主分割线。通过在对位点上、下各向里剪掉0.3cm（$\frac{1}{8}$英寸），绘制新的公主分割线。

b 腋下的合体性，在胸围线处的前、后侧缝线上各向里剪掉1.3cm（$\frac{1}{2}$英寸），绘制新的侧缝线至腰围线。

15 添加缝份，并修剪多余的面料。对齐所有对位点，并别合所有裁片放回到人台上，检查其准确性，合体度和均衡性。

注　建议在人台上的肩部连接，检查最终的造型。

16 立体裁剪的裁片转移成平面纸样。纸样是做外层设计和衬里的基础，在后续的讲解中，这种公主线紧身胸衣将会作为抹胸紧身胸衣纸样的基础。

低腰或罩杯设计变化的立体裁剪

参照前面章节中，相似的公主线造型的立体裁剪操作。

低腰设计：进行公主分割线的立体裁剪时，延长公主线和侧缝处的缝份，修剪新的腰围线。参照第168~175页，长款公主线上衣的细节说明。相同的胸部轮廓、侧缝和胸围区域，如前所述进行操作。

罩杯设计：如图所示制作胸部区域，参照罩杯的设计线，在胸围线处做分割缝合线。相同的胸部轮廓、侧缝和胸围区域，如前所述进行操作。

图19-41

抹胸紧身礼服裙设计：外层上衣的立体裁剪

如果抹胸紧身胸衣设计的外层和内层的公主分割线不一致，就必须将外层和内层分开造型。注意，抹胸紧身胸衣内层必须和外层设计一样的领口。

抹胸紧身胸衣设计的外层，可以设计省、荷叶边、褶裥、多层造型或者抽缩在一起，塑造凹凸效果的胸部，不用设计公主分割线。依据外层设计的面料和款式，抹胸紧身胸衣可以和裙身构成鸡尾酒裙、运动裙或者奢华拖地的晚礼服。

这里讲解的是在抹胸紧身胸衣的基础纸样上，设计不同造型的抹胸紧身胸衣。

① 根据抹胸紧身胸衣的设计效果，进行外层上衣的立体裁剪（如图所示的简单例子，是抹胸紧身胸衣外层设计造型的参考）。

> 注 抹胸紧身胸衣的领口造型，必须与基础抹胸紧身胸衣样板的领口相同。但是，在这些层的形态造型中，外层设计可以是打褶、折叠、荷叶边或者是抽缩在一起。
>
> 同样，公主分割线不是必须设计的，而侧缝是必要的。

② 标记关键部位，并将面料从人台上取下来。

③ 检查并添加缝份，修剪多余的面料。

④ 将所有裁片缝制在一起，后中留一个开口（通常安装拉链）。

低腰设计的抹胸紧身礼服裙

帝国式高腰抹胸紧身礼服裙

图19-42

抹胸紧身礼服裙设计：抹胸紧身塑型内衣的缝制和绱鱼骨

塑型内衣技术

塑型服装的功能主要靠缝制的鱼骨支撑，可以最大限度地塑型，塑型的材料夹杂在外层面料和衬里之间。鱼骨是一种有弹性的窄条材料，由轻薄的骨片或网状图案的塑料制作而成，用来强化接缝和紧身衣的边缘，束紧身体时起到支撑和防滑的作用。

鱼骨的类型

传统的轻薄骨片———把塑料、鲸骨或者是钢丝制品，切成细条后用面料包裹。每条细条的两端有裁剪余量［大约1.3cm（$\frac{1}{2}$英寸）］，余量翻折至鱼骨边缘的内侧。

有弹性的金属丝———根据设计可做成金属丝，用1.3cm（$\frac{1}{2}$英寸）宽的斜纹布条，将两条相同长度的金属丝，缝合在一起来造型。

网状的塑料鱼骨———用尼龙制作，有各种宽度的鱼骨。可能缝制在塑型内衣的接缝处，或者用Z字缝替代（无鱼骨）。

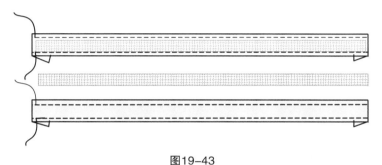

图19-43

抹胸紧身礼服裙设计：缝制塑型内衣

抹胸紧身塑型内衣的面料

牢固的机织物面料，如口袋布、斜纹布、府绸或粗缎，常用来制作抹胸紧身塑型内衣。如果内部结构比较轻薄，可选用不同的材料做里料。比如100%的纯棉面料，需要预缩处理。

1. 拷贝一个抹胸紧身胸衣的样板，并裁剪面料（如上所述）。抹胸紧身胸衣的塑型内衣裁片，是以前面讲解的基本抹胸紧身胸衣的纸样拷贝得到的。

2. 将抹胸紧身塑型内衣裁片缝制在一起，包括公主分割缝和侧缝，在后中线处留一个开口，并将所有的缝份分缝熨烫平服。

绱鱼骨的操作说明，详见下页。

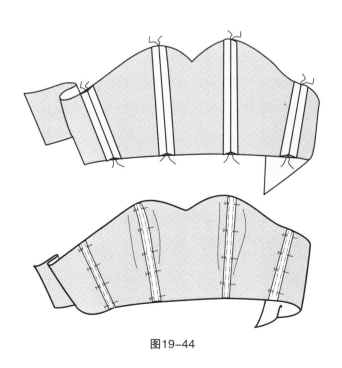

图19-44

③ 将鱼骨条固定在每个公主分割缝及侧缝上。鱼骨条应该放在内衣的反面，遮住缝制。

注 每个细条的两端有裁剪余量［大约1.3cm（$\frac{1}{2}$英寸）］，余量翻折至鱼骨条边缘的内侧。

④ 将鱼骨条缝在公主分割缝和侧缝上，用拉链压脚或滚边压脚进行缝制。

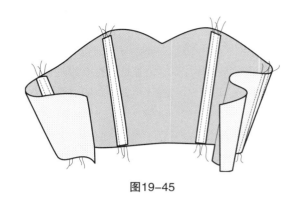

图19-45

低腰设计和罩杯设计的造型量和鱼骨的变化

根据低腰设计和罩杯设计的不同造型，需要选择以下不同的鱼骨制作，满足其造型量的不同需求。

加强造型 如果要加强塑身造型，就需要增加鱼骨的数量，可以缝制在不同的位置，比如从顶端斜向到底端横穿侧胸片。

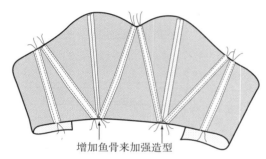

增加鱼骨来加强造型

图19-46

加长造型 将鱼骨缝制在侧缝和公主分割缝上，用拉链压脚或滚边压脚缝制。

额外的腰部支撑：在腰围处的内侧，放置和缝制布带。布带可以保护腰部并在衣服里起到额外的支撑作用。修剪腰围在公主分割缝和侧缝处的缝份，加长设计。

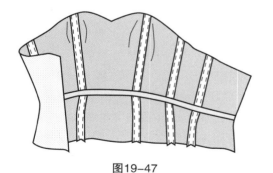

图19-47

罩杯设计 将罩杯的截面绘制在样板纸上。不添加任何缝份，根据选用的面料，裁剪罩杯。

将罩杯裁片用Z字缝缝制在一起。将罩杯放置在裁片的内侧，距离领口线的上端2.5cm（1英寸），绘制罩杯的轮廓。将塑型衣身与罩杯的边缘紧密地缝制在一起。

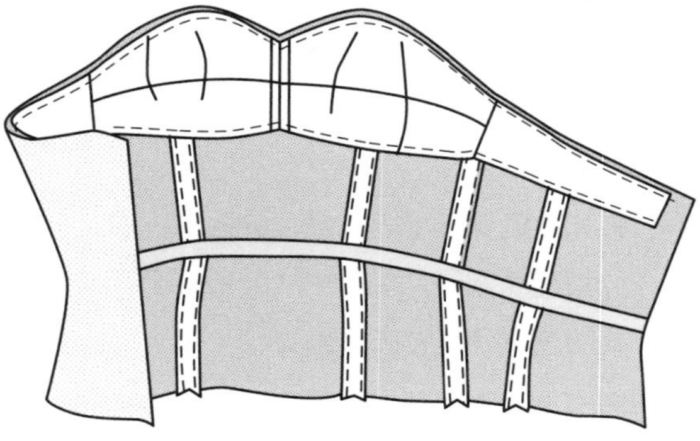

图19-48

抹胸紧身礼服裙设计：缝制抹胸紧身胸衣的衬里

抹胸紧身胸衣的衬里，需要按外轮廓线准备裁片。衬里同样增加了塑型量，并全部隐藏在外层和塑型内衣里。和塑形内衣一样的形态，只是没有鱼骨，且通常选用比外层更轻薄的面料。

1. 使用和抹胸紧身塑型内衣相同的公主分割线样板，根据衬里面料进行修剪。

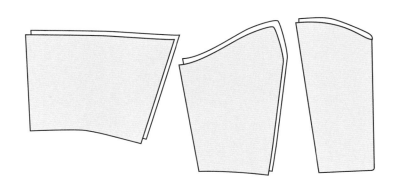

图19-49

2. 将所有的衬里裁片缝制在一起，在后中线处留一个开口。将所有的缝份分缝熨烫平服。

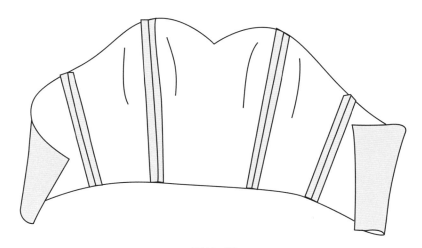

图19-50

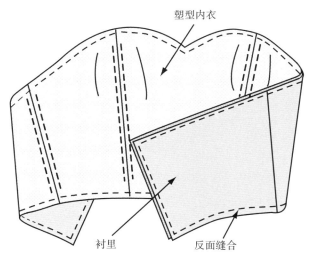

塑型内衣

衬里   反面缝合

图19-51

3. 塑型内衣固定在衬里的反面。粗缝所有的外轮廓边缘，以便衬里和塑型内衣看起来有融为一层的效果。

抹胸紧身礼服裙设计：缝制抹胸紧身胸衣的外层和绱衬里

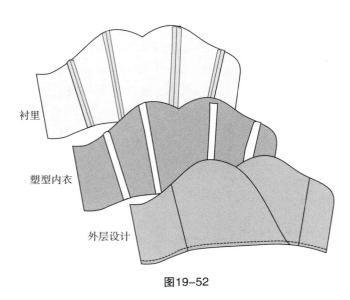

图19-52

1️⃣ 将外层裁片缝制在一起，在后中线处留一个开口（通常用来装拉链）。

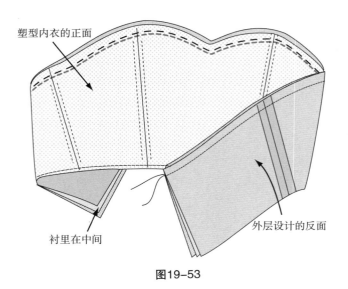

图19-53

2️⃣ 将衬里（和塑型内衣一起）固定在外层衣片上，正确匹配外轮廓。

3️⃣ 将胸围线缝制在一起，缝份是0.6cm（$\frac{1}{4}$英寸）。

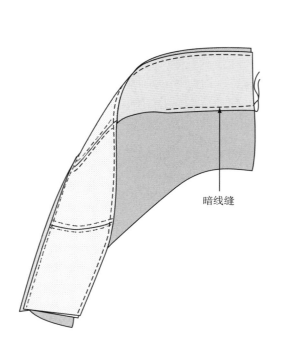

图19-54

4️⃣ 用暗线缝将所有的缝份缝到衬里。暗线缝，是指首先将衬里（和塑型内衣一起）缝制完成，然后将所有的外层缝份折叠与衬里对齐，并紧密地缝制边缘。

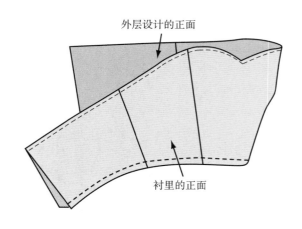

图19-55

5️⃣ 翻转裁片，以便衬里和外层的正面朝外。

图19-56

6　抹胸紧身胸衣已经缝制完成，可以与裙子部分进行缝合。连接裙子的腰缝，在后中缝处固定并装拉链，拉链长至裙子腰线下17.8cm（7英寸）。

7　在腰围处的内侧，放置和缝制布带。布带可以保护腰部并在衣服里起到额外的支撑作用。

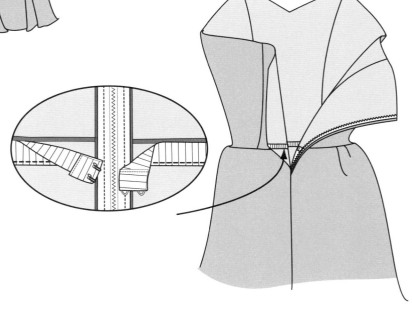

图19-57

图19-58

单肩抹胸礼服裙设计

单肩抹胸礼服裙是一款典型的实例，长及臀部的紧身衣结构，合体腰型搭配单肩造型，裙身部分采用不对称设计，给人以修长、纤细的感觉，令着装者倍感愉悦。

单肩抹胸礼服裙设计：准备低腰的衬里

1. 人台和面料的准备与抹胸紧身胸衣的一致：立体裁剪紧身抹胸衬里（详见第451~452页），不同的是需要加长10.2cm（4英寸）至臀部。注意，领口的形状必须和外层设计的形状相匹配。

2. 立体裁剪塑型内衣和腰部紧身上衣设计一致，不同的是需要加长至臀部。（因为这款设计是不对称的，只在一侧做公主分割线的造型。左、右身一旦缝制完成固定在人台上，可以直接裁剪臀围的造型。）

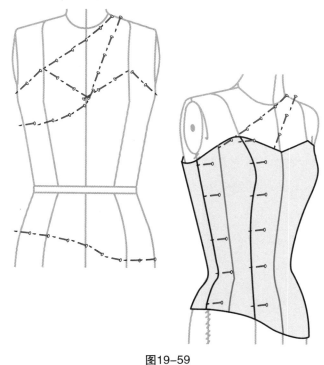

图19-59

单肩抹胸礼服裙设计：准备外层设计的面料

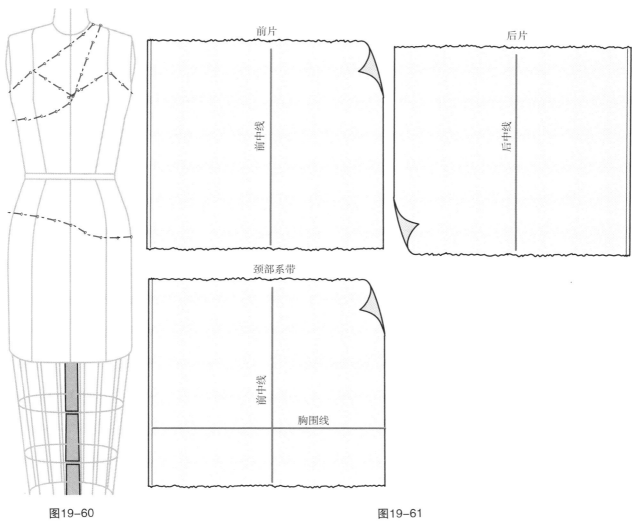

图19-60

图19-61

① 为礼服裙的外层设计准备面料：

　a 在人台上，从领口至臀部测量前、后片的长度（沿经向），再加上10.2cm（4英寸）。

　b 对折分成两片。沿经向将面料剪成两片，使用一片作为前片，另一片作为后片。

　c 在前、后片的中间位置，分别绘制前中、后中经向中线。

② 准备颈部系带面料：测量从领口至胸围线的距离，再加上10.2cm（4英寸）裁剪，将面料分成两部分（只有一片将会用作前身的颈部系带）。在裁片的中间位置，绘制前中经向线。在裁片的中间位置，绘制一条与前中布纹垂直的线（纬向布纹线），代表胸围线。

③ 准备裙身部分的面料：参照第258~264页基础圆形裙的制作方法，不同的是裙身在设计的臀围线处做造型而不是腰线。

单肩抹胸礼服裙设计：上衣的立体裁剪步骤

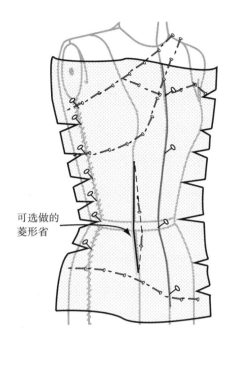

可选做的
菱形省

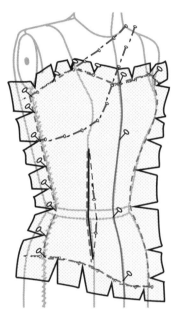

图19-62

前片的立体裁剪步骤

1. 将面料的前片经向中线与人台的前中线对齐并固定，面料上端应该至少高出胸围设计线7.6cm（3英寸），下端长于臀围设计线7.6cm（3英寸）。

2. 捋顺面料穿过胸围线至侧缝，在侧缝上大约间隔5.1cm（2英寸）打剪口。裁剪侧缝的余量，并确定其轮廓型状。

    根据面料的柔软性，有的礼服裙需要设计一个菱形省，放置在胸围罩杯以下至臀围设计线处（左、右的省长可以不同）。

3. 捋顺领口处的面料盖过领口设计线，并修剪、均匀打剪口。

4. 捋顺臀围处的面料盖过臀围设计线，并修剪、均匀打剪口。

5. 标记所有关键部位，检查并添加缝份。

后片的立体裁剪步骤

1. 将面料的后片经向中线与人台的后中线对齐并固定，面料上端应该至少高出胸围设计线7.6cm（3英寸），下端长于臀围设计线7.6cm（3英寸）。

2. 捋顺领口处的面料盖过领口设计线至侧缝，并修剪、均匀打剪口。

3. 在侧缝上大约间隔5.1cm（2英寸）打剪口，裁剪侧缝的余量，并确定前、后侧缝线的轮廓型状。

    根据面料的柔软性，有的礼服裙需要设计一个菱形省，放置在公主分割线，下落至臀围设计线（左、右的省长可以不同）。

4. 捋顺臀围处的面料盖过臀围设计线，并修剪、均匀打剪口。

5. 标记所有关键部位，检查并添加缝份。别合前、后片，并放回到人台上。

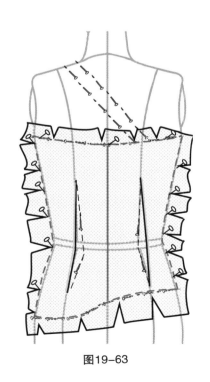

图19-63

颈部系带的立体裁剪步骤

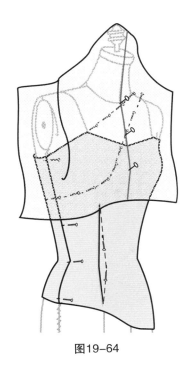

图19-64

① 将面料的前身经向中线与人台的前中线
对齐并固定，面料下端应该至少长出胸
围设计线7.6cm（3英寸），高出人台上
端7.6cm（3英寸）。

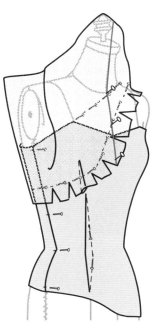

② 固定穿过胸围线到侧缝的面料，并修
剪侧缝处胸部以下的面料，保留至少
2.5cm（1英寸）的面料作为检验和缝
份量。（根据面料和罩杯尺寸，在胸
部下可以设计一个省，就在这个时候
进行省的造型。）

图19-65

③ 修剪颈部系带面料，均匀打剪口，保
留至少2.5cm（1英寸）作为检验和缝
份量。

④ 捋顺面料盖过左肩，并穿过后身向下
至后身领口线，在适当的位置用大头
针固定。

⑤ 标记所有关键部位，检查并添加缝
份。将颈部系带部分固定在衣身部
分，检查其合体度。

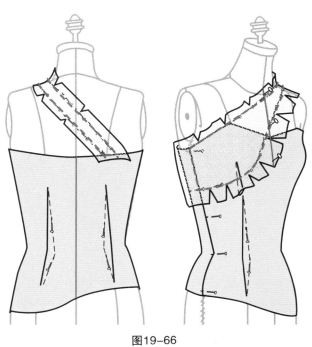

图19-66

单肩抹胸礼服裙设计：裙身的立体裁剪步骤

如前所述，单肩抹胸礼服裙的裙身部分采用不对称设计，腰部合体给人以修长、纤细的感觉，令着装者倍感愉悦。

单肩抹胸礼服裙的裙身部分就是斜裁圆裙，准备工作及立体裁剪和斜裁圆裙一致，详见第258~264页第12章。唯一的不同之处，就是裙身在设计的臀围线处做造型而不是腰线。

将面料的布纹线与人台的侧缝线对齐并固定，面料至少应该高出臀部设计线7.6cm（3英寸），并且留下的面料足够长至裙长位置。继续造型、固定、修剪臀围设计线，如斜裁圆裙所示，最后完成标记和检验。

图19-67

第20章

板型修正方法

» 上衣、连衣裙和外套的板型修正

» 袖子和袖窿的板型修正

» 针织衫的板型修正

» 裤子的板型修正

» 裙子的板型修正

板型修正方法

立体裁剪板型修正方法就是检验和修改服装合体度的方法，它历史悠久、应用广泛。本章的重点是使用立体裁剪板型修正方法，解决上衣、衬衫、连衣裙、夹克、袖子、针织衫、裙子和裤子的合体度问题。

设计公司通常会雇佣专业的试衣模特，试衣模特通常具有公司目标顾客的三维尺寸，适合试穿产品样衣。每个设计作品的制作流程和最终造型，都是设计师、设计助理和制板师一起合作，通过在试衣模特身上反复试穿、修正、评价得到的。在模特的试穿过程中，设计师容易观察到样衣的适穿性，即是否达到设计的合体度、风格特征、舒适度和活动功能。设计师们很清楚，如果服装的比例合适，整体造型就会美观，能够隐藏人体缺陷、优美动人，令着装者心情愉悦、自然舒适。

图20-1

学习目的

通过本章的学习，设计师应该会：

» 评价和解决服装的合体度问题。使用立体裁剪板型修正方法，解决上衣、衬衫、连衣裙、夹克、袖子、针织衫、裙子和裤子的合体度问题。
» 评价前中线、后中线以及侧缝是否自然下垂。
» 理解并修正前后身、侧缝以及袖窿弧线的平衡性。
» 评价并修正原型、上衣以及连衣裙的关键部位，如省、肩缝、侧缝以及放松量等。

» 评价并修正领圈线、公主线以及袖窿弧线的合体度。
» 评价并修正袖子的活动量。
» 评价并修正袖子关键部位，如袖山高、腋下缝及其松量。
» 检验并修正针织衫板型。
» 评价并修正裤子的腰围、裤腿形状、裆深和裆弯的合体度。
» 评价并修正裙子的腰围、悬垂性和放松量。

上衣、连衣裙和外套的板型修正

评价一件设计作品的合体度，需要从以下设计和板型的细节进行检验。如果这些检验的细节方面不合格，成衣就会崩裂、扭转和偏斜。

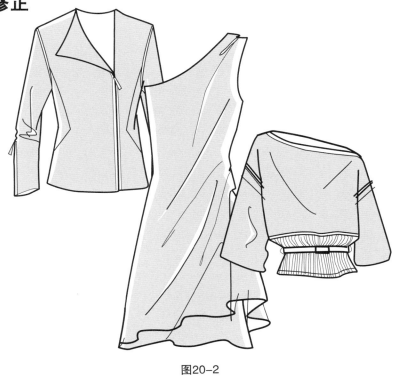

图20-2

板型细节的检验

许多合体度问题，是源于板型的细节操作没有做或做得不到位。

竖直线

检查：人体的前中线和后中线要一直保持竖直方向，即垂直于地面。因此，服装的经向布纹线应该平行于前、后中线。否则，衣服就会产生扭转或牵扯。

修正：参照第1章保持平衡性（铅锤理论）部分的内容，以及立体裁剪的原理和技巧，理解立体裁剪的基本操作原则。

前、后片的平衡

检查：前、后侧缝线应该保持相同的形状，长度一致。对于合体的原型，上衣、衬衫、连衣裙和外套，其侧缝线处的布纹方向与经纱应该保持相同的角度。前片纸样比后片纸样宽1.3cm（$\frac{1}{2}$英寸），是由于胸部的凸量较大。如果前片和后片的尺寸一样或者更小，那么完成后的服装就会扭转、偏斜或牵扯。

修正：如果前片比后片要大些，通过增加或者减少侧缝处的围度尺寸进行修正，同时调节袖隆弧线长度（参照本章第475页，袖隆弧线的平衡和造型）。

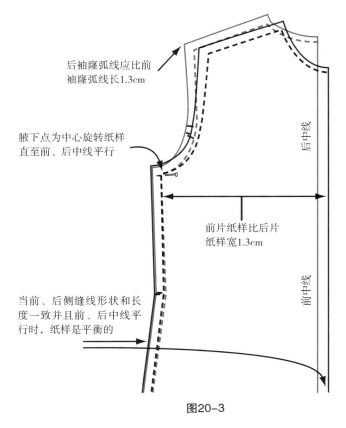

后袖隆弧线应比前袖隆弧线长1.3cm

腋下点为中心旋转纸样直至前、后中线平行

后中线

前片纸样比后片纸样宽1.3cm

前中线

当前、后侧缝线形状和长度一致并且前、后中线平行时，纸样是平衡的

图20-3

侧缝的平衡

检查：侧缝的形状和长度要匹配，否则完成后的服装会扭转。

修正：将前片和后片的纸样依次上下对齐，在腋下点处将侧缝线固定在一起。然后以腋下点为中心，旋转纸样直至前、后中线平行。如果侧缝的形状不匹配，可以在侧缝处增加或减少围度尺寸直至他们相匹配，如图所示。

袖窿弧线的平衡

检查：后片的袖窿弧线比前片的袖窿弧线长1.3cm（$\frac{1}{2}$英寸），是因为从后袖窿的中点至肩点的距离比从前袖窿中点至肩点的距离长（如果前、后袖窿弧线一样长，就会导致后肩线拉扯前片，前片纸样向后偏斜）。平衡的袖窿造型，袖子是稍微前倾下垂、手臂自然弯曲。

修正：参照本章袖子和袖窿的板型修正部分，详见具体操作。

如果服装的平衡性出了问题，穿着的时候就会向前或者向后偏斜、扭转、纱线纬斜或者牵扯。设计作品必须保持平衡性，也就是服装的侧缝线要自然下垂，并且与人体或者人台的侧缝对齐。经向布纹线与侧缝线成一定的角度，是板型准确、裁剪合身的前提。

服装合体度的评价

检查样板，评价服装的关键部位。从肩部开始向下进行，首先检查布纹、省以及设计线是否准确，款式设计的松量是否合适；然后，检查领口线、公主线、育克线和袖子的风格特征；最后，检查纽扣、扣眼、口袋及配件的位置是否合理。

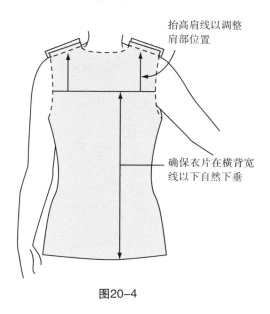

抬高肩线以调整
肩部位置

确保衣片在横背宽
线以下自然下垂

图20-4

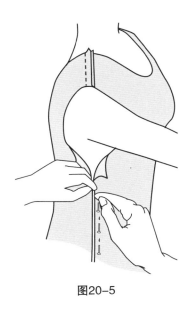

图20-5

检查前、后片的悬垂感

检查：前、后中线是否自然下垂。同时，前片胸围线是否与纬纱方向一致，横背宽线以下是否自然下垂。

修正：

» 如果前中线不是自然下垂，可以调整放松肩线。向上抬高或向下降低肩线，然后调节服装的前、后中线部位，直至服装随身体自然下垂。

» 注意调节后的肩线、前领口和后领口是否有改变。根据设计需要，也可以在领部或肩部加大松量进行调整。

» 最后，再次检查和调整这些部位，修正样板。

检查服装的松量

检查：每一款服装都设计有一定的松量，才能达到其设计效果。松量不够时，其缝制线迹就比较突出、造型紧绷，松量太大时，前、后片缝合处就容易豁开。

修正：固定过紧或过松的侧缝线，再次调整松量并绘制其形状，在侧缝处重新造型。

评价侧缝是否有牵扯或扭转现象

检查：侧缝的牵扯或扭转是很普遍的现象，就是因为前、后侧缝没有保持平衡，或者是服装造型松量不匹配。当前、后中线平行于经向布纹线时，前、后侧缝线与经向布纹线的角度就会相同，且侧缝线的形态和长度就会一致。

修正：参照第469~470页侧缝的平衡部分，再次检查纸样。

评价前颈部、胸部和后颈部

检查：领口线应该随身造型，平躺时与身体紧密接触。观察前颈部、胸部和后颈部，是否有任何紧绷、起褶或豁开现象。

修正：首先要检查肩线的合体度，然后参照后续肩线的修正和领口松量的调整部分进行修正。

肩线立体裁剪板型修正

检查： 肩部的造型需要和模特的肩膀形态保持一致，然后再匹配其长度。观察肩线是否需要调整长短，是否需要向前或向后移动。

修正： 保持前、后中线不偏移，轻轻向上将顺面料至肩部。根据调整需要，可以打开肩缝。然后修正领口线（增加或者减少松量）至肩线处，不要拉扯或扭转面料。经过反复调节，修剪肩部的边缘可能已经无法满足调整要求，需要重新绘制。

再次固定并标记新的肩线和领口线。根据需要，在领部和肩部添加一小片面料，用来绘制新的肩线和领口线。同时，标记肩线的长度，应与模特的肩线长一致。将新的标记转到纸样上，用直尺重新绘制线迹。

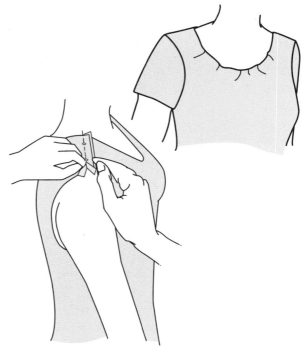

图20-6

领口线立体裁剪板型修正

检查： 领口线应该平服，紧贴身体。

修正： 修正完肩部后，如果前、后领口处仍然豁开，就需要调整领口的合体度。可以在领口线上做省，直至领口与颈部服帖，然后将省转到纸样上。

- » 后领口省：做后领口省［通常省量大小为0.6~1.3cm（$\frac{1}{4}$~$\frac{1}{2}$英寸）］，并将省转到纸样上。
- » 前领口省：做前领口省［通常省量大小为1.3~2.5cm（$\frac{1}{2}$~1英寸）］，并将省转到纸样上。

将省转到纸样后，从领口至袖窿弧线的中部，用细实线绘制其弯曲的省形。裁剪并合并省量，从领口到袖窿融为一体，如图所示重新调整领口线。

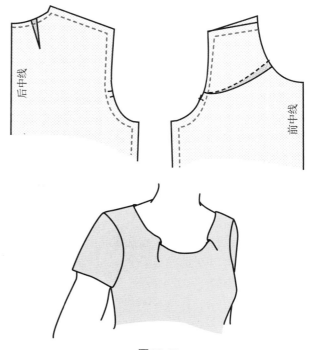

图20-7

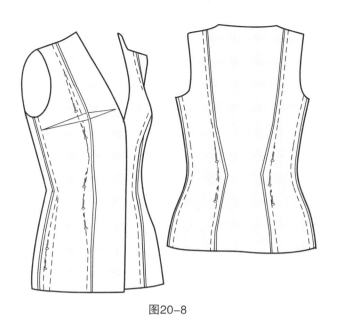

图20-8

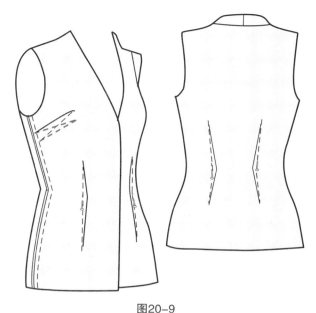

图20-9

公主线和臀部的板型修正

检查： 公主线（通常在肩部或袖窿）的板型修正最简单，公主线是影响服装廓型和总体设计效果的重要因素。这是因为，当服装的公主线与人台或试衣模特的公主线位置对齐时，设计师可以调整公主线的设计，从而轻易地改变胸部罩杯、腰围线、侧缝线和臀部造型，达到最终的设计效果和合体度。

修正： 在人台或试衣模特上，根据设计需要，调整腰部、胸部和臀部的形状，重塑前、后公主线和侧缝线。

» 胸部的修正。打开公主缝合线，在胸部罩杯区域上、下至少5.1cm（2英寸）处，重塑公主线与人台的胸部的匹配状态。切展加量可以增大胸部丰满度，切展减量可以减小胸部丰满度。

» 腰部的修正。在模特的腰线位置，增大或减小公主线的缝合量，重塑前、后腰部的造型，标记新的缝合线。

» 臀部的修正。在模特的臀围线位置，增大或减小侧缝线的缝合量，重塑前、后臀部的造型，标记新的缝合线。

评价省道的位置和大小

检查： 胸省和腰省的造型。省形应平缓呈锥形，省尖消失于身体最丰满的部位。检查每一个胸省、腰省或菱形省，确定其布局合理、大小合适。

修正： 调整腰省匹配人台的形状，可以增加或者减少在腰部捏起的省量。

» 所有胸省的省尖朝向胸高点，如果省线影响整体美观，可以重新调整并确保其省尖朝向胸高点。

» 腰省或菱形省，在腰部的造型作用可以代替缝合线，如公主线或腰部分割线。

评价整体廓型

修正： 修正整体廓型的大小，通常有以下两种不同的方法：

» 修正腰围至下摆之间的部分：如果服装的长度保持不变，就需要在腰围至下摆的中间位置，通过调整内部结构线的弯曲度来改变廓型的大小。

» 修正下摆线：如果服装的长度可以改变，就直接调节下摆线的高低来改变廓型的大小。

袖子和袖窿的板型修正

　　袖子，是指包裹手臂从肩点至手腕的部分，详见第5章袖子部分。当手臂上下或前后移动时，着装者应该感觉舒适、袖型美观。同时，袖子和袖窿弧线衔接平顺，袖肥、肘围和腕围处的松量要适度。当检验袖子的合体度和舒适性时，袖子满足手臂的活动量也是重要的考量因素。根据这些板型修正细节，如图所示进行袖子的检验并修正。

评价袖窿的合体度

　　检查：前、后袖窿平服贴于身体，手臂自然弯曲下垂时，没有任何的牵扯、挤压、折叠或缝隙。

　　修正：捋顺面料从袖窿的中部向上至肩线，重塑袖窿弧线。根据需要可以打开肩缝，修改肩部袖窿弧线，注意不要拉扯或者扭转面料，固定和标记新的缝合线。大多数时候，前、后肩线的倾斜度不需要造型一致，这时袖窿弧线就起到平衡袖子的作用，使其自然下垂。

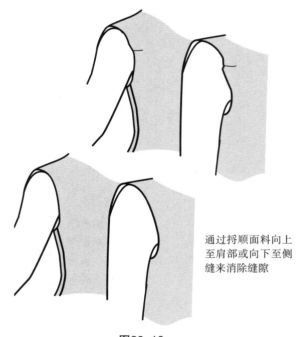

通过捋顺面料向上至肩部或向下至侧缝来消除缝隙

图20-10

检查袖子的布纹方向和悬垂性

　　检查：袖中线的布纹方向与经向布纹线一致，手臂自然弯曲下垂时，袖子的肘围处保持竖直，前臂处平服贴于手臂。纬向线（袖肥线）与布纹方向呈90°的夹角，并平行于地面，袖身无任何牵扯现象。

　　修正：如果效果不佳，检查袖窿的平衡性、形状以及肘围处的对位是否准确。

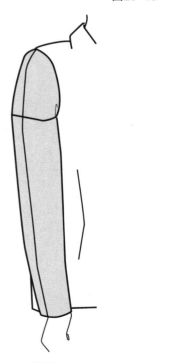

图20-11

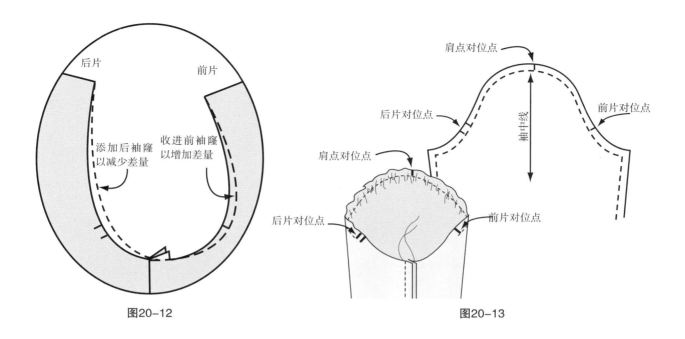

图20-12

图20-13

袖窿的平衡性和造型

缝合肩线和侧缝线，袖窿的平衡性和造型直接影响袖子的垂坠感。后片的袖窿弧线比前片的袖窿弧线长1.3cm（$\frac{1}{2}$英寸），是因为从后袖窿的中点至肩点的距离比从前袖窿中点至肩点的距离长（如果前、后袖窿弧线一样长，就会导致后肩线拉扯前片，前片纸样向后偏斜），传统的袖窿弧线呈马蹄状。

检查： 检查袖窿的平衡性，首先测量前、后袖窿弧线的长度。如果后片的袖窿弧线与前片的袖窿弧线的差量不是1.3cm（$\frac{1}{2}$英寸），检查肩线和侧缝线的形状是否正确，然后重塑并修正袖窿。

修正：

» 增加前、后袖窿弧线的差量：在前袖窿中部收进0.6cm（$\frac{1}{4}$英寸），重塑袖窿造型，保持肩点和腋下点处的形状不变。

» 减少前、后袖窿弧线的差量：在后袖窿中部添加0.6cm（$\frac{1}{4}$英寸），重塑袖窿造型，保持肩点和腋下点处的形状不变。

» 板型修正要点：通过收进或添加0.6cm（$\frac{1}{4}$英寸）修正的袖窿仍然不平衡，说明在造型、检查或者绘制袖窿的过程中，存在错误的操作。

袖山顶点的对位

检查： 袖山顶点的对位是检验的关键点，直接影响袖子的正确缝制。前、后袖片的袖山顶点应该与衣身的肩点对位匹配，同时袖山顶点在袖中线偏前片0.6cm（$\frac{1}{4}$英寸）处，与肩点对位缝合后，才能保证与手臂自然弯曲下垂的形态一致。

修正： 如果对位点没对齐或缝制错位，袖子也会扭转或倾斜。同样，如果袖山顶点不在袖中线偏前片0.6cm（$\frac{1}{4}$英寸）处，就会导致袖窿不平衡、袖窿造型不正确或两者都有（再次观察袖子的平衡性及其造型）。

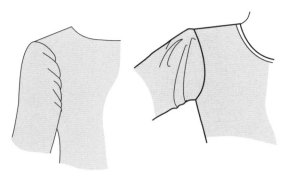

袖子在袖山或腋下发生牵扯

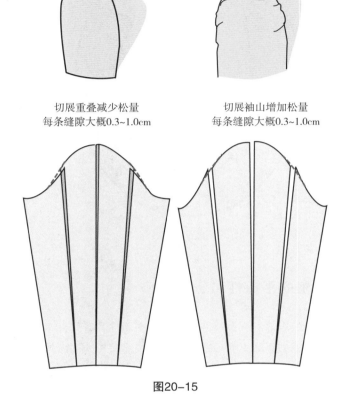

切展重叠减少松量
每条缝隙大概0.3~1.0cm

切展袖山增加松量
每条缝隙大概0.3~1.0cm

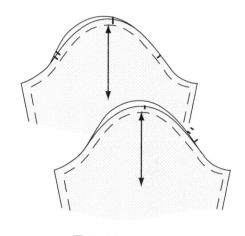

图20-14

图20-15

检查袖子是否扭转或牵扯

检查：在前片或后片的腋下缝合处，产生斜褶的现象，说明腋下缝合线不平衡。检查袖子的前、后腋下缝合线是否在同一平面，观察袖子的造型是否准确。如果袖片没有肘省，当其对折时，前、后腋下缝合线的长度和形状应该保持一致。

修正：重新修正（添加或者删减）腋下缝合线，从袖口至腋下点直到前后匹配。

检查：在袖山至袖子前腋下缝处产生扭转现象，说明后片袖山没有足够的造型量。

修正：在后片袖山额外添加1.3cm（$\frac{1}{2}$英寸）的松量，均匀分配在后片对位点至袖山顶点，刚好过肩点与前片衔接顺畅。

袖山松量

检查：袖山要有恰当的松量（通常1.9~3.8cm（$\frac{3}{4}$~$1\frac{1}{2}$英寸）。

注　松量根据不同的袖型设计而有所不同，也取决于袖子的缝制工艺和面料品质。同时，松量还是袖片缝制难易度和袖山造型的保障。

修正：增加或减少袖子松量：

» 切展袖山增加松量：从袖山曲线到腕围线把袖片四等分剪开加量，每条缝隙增加的量大概在0.3~1.0cm（$\frac{1}{8}$~$\frac{3}{8}$英寸），然后重新绘制顺畅的袖山曲线。

» 切展重叠减少松量：从袖山曲线到腕围线把袖片四等分剪开，重叠缝隙并根据设计需要减量，重新绘制顺畅的袖山曲线。

袖窿弧线尺寸：袖子太紧或者太松

检查：模特着装后，大多数情况是衣身合体，而袖窿显得太小或者太大。做好标记，这种现象的原因是每个模特需要的袖肥尺寸不同，可以通过调节袖窿的大小进行修正。注意，肩线和侧缝线也要随之修正，同时调整服装的合体度。

修正：

» 减小袖窿：抬高袖窿弧线的腋下点 1.3~2.5cm（$\frac{1}{2}$~1英寸），用法式弯尺在前、后对位点间绘制新的袖窿弧线（如图所示）。得到较小的袖窿，选择小一个或两个码的袖子与之匹配。

» 增大袖窿：下落袖窿弧线的腋下点 1.3~2.5cm（$\frac{1}{2}$~1英寸），用法式弯尺在前、后对位点间绘制新的袖窿弧线（如图所示）。得到较大的袖窿，选择大一个或两个码的袖子与之匹配。

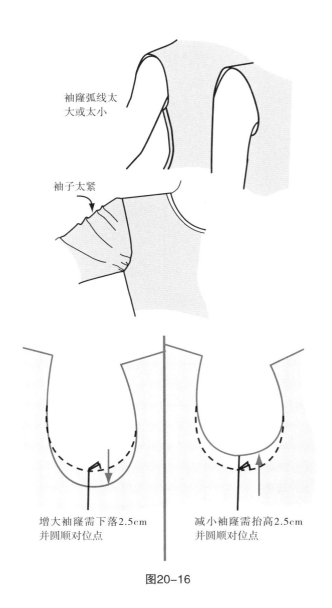

袖窿弧线太大或太小

袖子太紧

增大袖窿需下落2.5cm并圆顺对位点

减小袖窿需抬高2.5cm并圆顺对位点

图20-16

> **不建议的操作：** 有些设计师在调节袖窿尺寸时，通过在袖窿中部切展加量或减量完成，这种板型修正方法不建议使用。因为这样操作后，虽然调整了袖窿的大小，但同时也调整了省尖、腰线和整体的长度。省尖、腰部造型和整体长度，应该逐个进行调整，详见每部分正确的板型修正方法及操作。

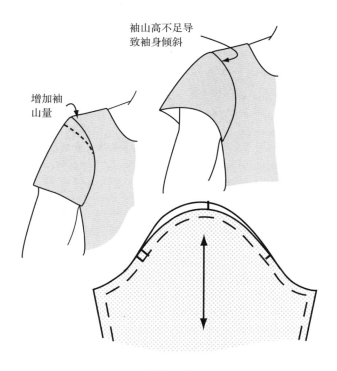

图20-17

袖山高

检查： 在模特上检查袖山高。袖山高是指袖山顶点至臂根围的垂直距离，臂根围平行于地面。

修正： 检查袖山是否有以下现象：

» 袖山高不足，缝合时有缝隙。

» 袖山高不足，袖身斜向牵扯袖山顶部。

» 袖山高过大，袖山产生堆积。

如果发生上述现象，固定前、后袖窿对位点间的上面部分进行调整。保持臂根围平行于地面，向上捋顺布料至袖山顶点，通常袖山需要保留较多的余量，调节袖片圆顺自然下垂并固定。注意做好标记，把所有改变转到袖子的纸样上。

袖子活动量

检查： 当手臂上下或前后移动时，如果袖子有牵扯现象，就需要增加腋下缝合线的长度和袖肥尺寸。

修正： 增加袖子的活动量，可以在原型袖的基础上调整，具体操作如下：

1. 拓印袖片轮廓线，绘制臂根围线（第一条臂根围线）。

2. 距离第一条臂根围线2.5cm（1英寸），在其上方绘制第二条臂根围线。

3. 如图所示对折袖片，并绘制其四等分线。

4. 以袖山曲线上的四等分点为轴心，旋转原型袖片与第二条臂根围线相交，重复完成另一侧的操作。

5. 用法式弯尺，绘制新的袖山曲线。

值得注意的是，这种方法直接就增加了腋下缝合线的长度和袖肥尺寸，袖片就有了更大的活动空间。更多的操作细节，请参照第5章袖片活动量调整的具体内容。

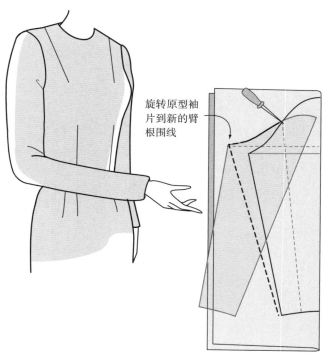

旋转原型袖片到新的臂根围线

图20-18

针织衫的板型修正

针织面料的伸缩性和回弹力是其主要特征，穿着舒适，适合常服、晚礼服和运动服。针织面料的特性影响着成衣的外观和可穿性。针织衫有两种方法制作成衣——裁剪缝制和手工编织。本章讲解的是裁剪缝制针织衫的板型修正。针织面料也是成匹或成卷按照码数出售的。大多数的针织服装设计公司是在人台上进行立体裁剪，这种方法容易把控整体造型，进行无省一片式合体裁剪。

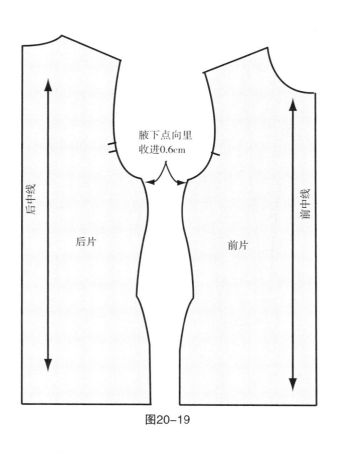

腋下点向里收进0.6cm

后中线
后片
前中线
前片

图20-19

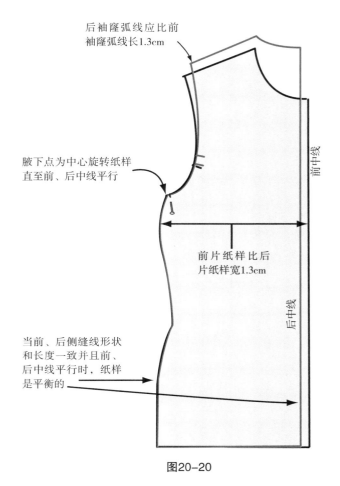

后袖窿弧线应比前袖窿弧线长1.3cm

腋下点为中心旋转纸样直至前、后中线平行

前片纸样比后片纸样宽1.3cm

前中线

后中线

当前、后侧缝线形状和长度一致并且前、后中线平行时，纸样是平衡的

图20-20

伸缩性和回弹率

参照第303页第14章针织衫设计，回顾一下针织面料的种类及其伸缩性和回弹率。

检查样板细节

检查：前面讲到的板型修正方法，同样适用于针织服装。与机织服装主要有两点不同，其中之一是针织服装的合体造型不需要设计省道，相反其弹性更易随身造型；另外一点是，腋下缝合线是向里调整来弥补袖窿弧线长度的不足。其他部位的调整细节，请参照本章前面的相关内容。

需要检查的部位有：

» 侧缝的平衡。

» 前后平衡。

» 袖窿平衡。

» 侧缝、腋下缝、袖窿的整体平衡。

修正：在原型板型的基础上，腋下点向里收进 0.6cm（$\frac{1}{4}$英寸），后中向里收进5.1cm（2英寸），侧缝线调整成弧线。这样就能弥补袖窿弧线长度的不足，详见第14章的具体内容。

裤子的板型修正

当模特站立、坐下、伸展、弯曲和行走时，穿着的裤子都要自然舒适。

设计的裤子要想穿着舒适，必须在模特身上反复试穿、调整板型，同时协调其设计要素。这部分讲解裤子板型调整的要领，包括腰头、腰部合体度、裆深、内外侧缝线的平衡等内容。

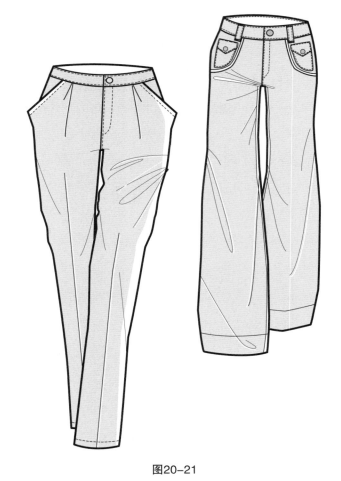

图20-21

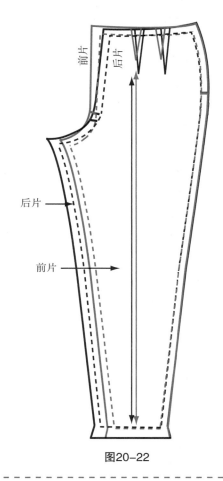

图20-22

检查裤子的平衡性

检查：在中裆线至裤口线之间，后裤腿比前裤腿宽2.5cm（1英寸）。这个差量就能保持前、后裤腿的平衡，否则裤子容易牵扯或扭转。

修正：别合前、后外侧缝线，长度和形状都要保持一致。前、后内侧缝线的长度和形状也要保持一致，从裆弯线以下，后片比前片大。前、后内侧缝线互相平行，前、后经向布纹线也互相平行。如果板型无法调整，请参照第13章裤子制板部分的具体内容。

裤腿扭转问题

如果前、后裤片的外侧缝、内侧缝、经向布纹线都不平衡，裤腿就会扭转，需要检查裤子制板。

评价前、后裆弯线至腰围线的形态（裆深）

检查：每个模特的裆深各不相同，因此高个模特和矮个模特的裆弯自然也不一样。下述的立体裁剪操作，在保持裆弯造型不变的情况下，根据模特裆深和腰部形态，减小或增加裆弯长度与之匹配。

修正：裆深是指从裆弯低点至腰围线的裆弯弧线长度。如果已连着腰头部分，要减掉腰头的宽度，然后在腰线处增加5.1cm（2英寸）。

用斜纹布带紧紧系在模特的腰上，捋顺从裆弯低点至腰围的前、后裤片。

» 如果从裆弯低点至腰围有余量，直接在腰线位置裁剪掉。

» 如果从裆弯低点至腰围不够长，就在腰线位置加量，重塑腰线和裆深的造型。

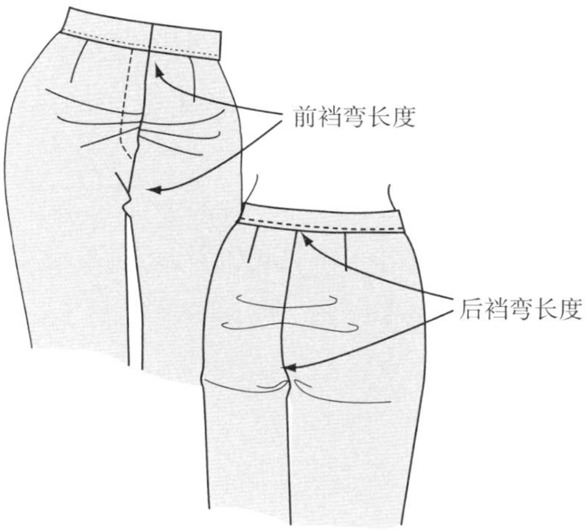

图20-23

不建议的操作： 有些设计师在调节裆弯尺寸时，通过在裆弯中部切展加量或减量完成，这种板型修正方法不建议使用。因为这样操作后，虽然调整了裆弯的大小，但同时也破坏了裆弯的形态、穿着不舒适。请参照上面的板型修正方法，调整裆深和腰围形态与模特匹配。

评价腰线造型

调整好从裆弯低点至腰围的长度（如前所述的修正步骤），在斜纹布带下缘标记新的腰围线。

评价裤腿扭转问题

如果前、后裤片的外侧缝、内侧缝、经向布纹线都不平衡，裤腿就会扭转，需要检查裤子制板（详见前述具体内容）。

再次检查整体长度

如果裤口的位置未达到设计长度，可以调整裤长。保持裤腿造型不变，在四条侧缝线上均匀调整裤口、形态一致。

检查裤腿造型

裤子外侧缝线的形态决定其整体造型，可以调节外侧缝线的长短满足整体设计造型。

检查裤腿长度

可以在中裆线上下调整裤腿的长度，然后连顺内、外侧缝线。

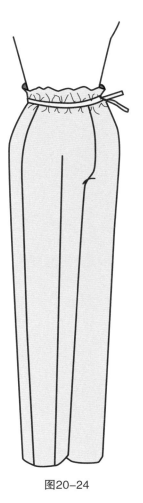

图20-24

前裆弯长度

后裆弯长度

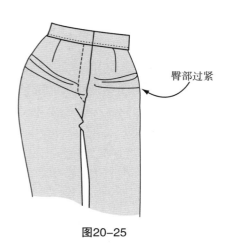

图20-25

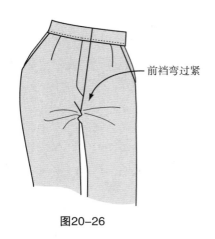

图20-26

检查裤子松量

检查： 每一条裤子设计都要有一定的松量，才能使臀部、腹部和腰部的造型合体舒适。

修正： 根据裤子设计需要的松量，可以调整侧缝线来增减腰部的松量。要保证整体造型的一致性，对应其他部位的松量也通过调整侧缝线完成。

评价前裆弯低点的合体度

检查： 在前裆弯低点处，是否有牵扯现象。

修正： 如果有牵扯现象，需要在前裆弯处裁掉 0.6~1.3cm（$\frac{1}{4}$~$\frac{1}{2}$英寸）。打开前裆弯缝合线，根据设计需要按照上面的方法进行调整，然后修顺整条裆弯弧线。

图20-27

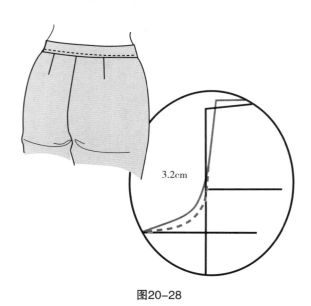

图20-28

评价后中腰部的合体度

检查： 在后中腰部位置，检查是否有牵扯或堆积现象。

修正： 打开后中线，根据模特体型调整其造型。

检验后裆弯

检查： 后裆弯是否随身造型，是否有余量堆积现象。如果模特的臀部扁平，在后裆弯就容易产生堆积现象。

修正： 需要减小裆弯尺寸，在后裆弯处抬高造型除掉余量。

裙子的板型修正

　　设计的裙子要想穿着舒适，必须在模特身上反复试穿、调整板型，同时协调其设计要素。这部分讲解裙子板型调整的内容包括裙子松量、腰部造型、腰部合体度和缝合线的平衡等。

图20-29

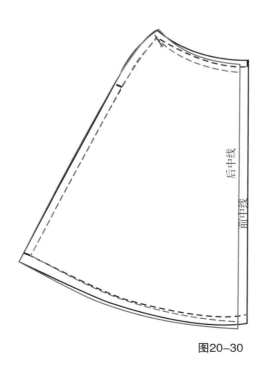

图20-30

检查裙片的平衡

　　检查：别合前、后裙片的侧缝，对齐侧腰点。以侧腰点为轴心，旋转后片直到前、后中线平行，侧缝的形状和长度保持一致，前片要比后片大1.3cm（$\frac{1}{2}$英寸）（如图所示）。

　　修正：如果无法修正，请参照第4章和第12章，回顾一下裙子的立体裁剪操作部分。

评价裙子和腰线的悬垂性

检查： 裙子的腰线控制着裙子的整体造型，可以通过立体裁剪方法调整腰线，使裙子自然下垂。在调整腰线的同时，要保持臀围线平行于地面。

修正： 取下腰头（如果已经连接好腰头），用斜纹布带紧紧系在模特的腰上。上下调整腰线，保持下摆线和臀围线平行于地面。依据模特的体型重塑腰线，在斜纹布带的下缘标记新的腰围线，具体操作如下：

» 调整腰线的上下位置：根据设计需要调整腰线的上下位置，就是增加或减少腰围线的长度，同时保持下摆线和臀围线平行于地面。

» 调整后片的悬空量：后片腰部位置需要调节，减少悬空位置的面料余量，避免后中线处拉起，臀部悬空。

» 调整裙长：可以调节下摆线的上下位置，如果调节时下摆形态有变化，则需要调整腰线至下摆线中间位置的线型，连顺侧缝线。

检查裙子松量

检查： 每一条裙子设计都要有一定的松量，才能使臀部、腹部和腰部的造型合体舒适。

修正： 根据裙子设计需要的松量，可以调整侧缝线来增减腰部的松量。要保证整体造型的一致性，对应其他部位的松量也通过调整侧缝线完成。

图20-31

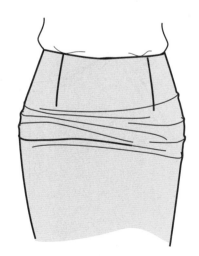

图20-32

尺码换算表

测量单位

英制单位	国际单位
长度	
英寸（in）	厘米（cm）
英尺（ft）	毫米（mm）
码（yd）	米（m）
面积	
平方英寸（in²）	平方厘米（cm²）
平方英尺（ft²）	平方毫米（mm²）
平方码（yd²）	平方米（m²）
质量	
盎司（oz）	克（g）
每平方码盎司重（oz/yd²）	每平方米克重（g/m²）

尺码换算
英制单位换算成国际单位

英制单位	换算	国际单位
长度换算		
in	2.54	cm
in	25.4	mm
ft	304.8	mm
ft	0.3048	m
yd	0.9144	m
面积换算		
in²	6.4516	cm²
in²	645	mm²
yd²	0.83612736	m²
质量换算		
oz	28.35	g
oz/yd²	33.90575	g/m²

尺码换算
国际单位换算成英制单位

国际单位	换算	英制单位
长度换算		
cm	0.3937	in
mm	0.03937	in
mm	0.00328	ft
m	3.28084	ft
m	1.09361	yd
面积换算		
cm²	0.1550	in²
mm²	0.00155	in²
m²	1.19599	yd²
质量换算		
g	0.0353	oz
g/m²	0.0294935	oz/yd²

英制单位换算成国际单位

英寸		英尺	码	厘米	毫米
⅛	0.125			0.317	3.175
³⁄₁₆	0.188			0.477	4.775
¼	0.250			0.635	6.350
⅜	0.375			0.952	9.525
½	0.500			1.270	12.700
⅝	0.625			1.587	15.875
¾	0.750			1.905	19.050
1	1.000			2.540	25.400
1 ¼	1.250			3.175	31.750
1 ½	1.500			3.810	38.100
1 ¾	1.750			4.445	44.450
2	2.000			5.080	50.800
2 ¼	2.250			5.715	57.150
2 ½	2.500			6.350	63.500
2 ¾	2.750			6.985	69.850
3	3.000			7.620	76.200
3 ¼	3.250			8.255	82.550
3 ½	3.500			8.890	88.900
3 ¾	3.750			9.525	95.250
4	4.000			10.160	101.600
4 ¼	4.250			10.795	107.950
4 ½	4.500			11.430	114.300
4 ¾	4.750			12.065	120.650
5	5.000			12.700	127.000
5 ¼	5.250			13.335	133.350
5 ½	5.500			13.970	139.700
5 ¾	5.750			14.605	146.050
6	6.000	½ 英尺		15.240	152.400
6 ¼	6.250			15.875	158.750
6 ½	6.500			16.510	165.100
6 ¾	6.750			17.145	171.450
7	7.000			17.780	177.800
7 ¼	7.250			18.415	184.150
7 ½	7.500			19.050	190.500
7 ¾	7.750			19.685	196.850
8	8.000			20.320	203.200
8 ¼	8.250			20.955	209.550
8 ½	8.500			21.590	215.900
8 ¾	8.750			22.225	222.500
9	9.000			22.860	228.600
9 ¼	9.250			23.495	234.950
9 ½	9.500			24.130	241.300
9 ¾	9.750			24.765	247.650
10	10.000			25.400	254.000
10 ¼	10.250			26.035	260.350
10 ½	10.500			26.670	266.700
10 ¾	10.750			27.305	273.050
11	11.000			27.940	279.400
11 ¼	11.250			28.575	285.750
11 ½	11.500			29.210	292.100
11 ¾	11.750			29.845	298.450
12	12.000	1 英尺		30.480	304.800
24	24.000	2 英尺		60.960	609.600
36	36.000	3 英尺	1 码	91.440	914.400
48	48.000	4 英尺		121.920	1,219.200
60	60.000	5 英尺		152.400	1,524.000
96	96.000	8 英尺		243.840	2,438.400
108	108.000	9 英尺	3 码	274.320	2,743.200
120	120.000	10 英尺		304.800	3,048.000